高等职业教育计算机类专业“十二五”规划教材

# SQL Server 2005 数据库原理及应用

主　编　孙继红　黄龙泉
副主编　王　磊　左文涛　唐　晔
参　编　郑俊海
主　审　方士杰

国防工業出版社
·北京·

# 内容简介

本书体现工学结合的高职教育人才培养理念，强调“实用为主，必需和够用为度”的原则。在知识与结构上有所创新，采用项目式编写体例，不仅符合高职学生的认知特点，而且紧密联系一线生产实际，真正实现学以致用。

全书以网上书城数据库为载体，全面介绍了数据库设计、数据操纵和数据库管理的相关知识。全书共分为11个项目，每个项目包含若干任务、一个项目实训和适量练习题。每个工作任务均包含精心设计的大量实例，便于学生学习和掌握。本书将知识点和技能训练融入各个任务中，实现了“教、学、做”一体化。

本书可供高职院校计算机软件技术、计算机网络技术、电子商务等相关专业学生使用，也可作为网络数据库初、中级开发人员与管理人员的入门参考书。

**图书在版编目(CIP)数据**

SQL Server 2005数据库原理及应用/孙继红，黄龙泉主编. —北京：国防工业出版社，2012.3
高等职业教育计算机类专业“十二五”规划教材
ISBN 978-7-118-07977-7

Ⅰ.①S...　Ⅱ.①孙...②黄...　Ⅲ.①关系数据库-数据库管理系统，SQL Server 2005-高等职业教育-教材　Ⅳ.①TP311.138

中国版本图书馆CIP数据核字(2012)第024500号

※

国防工業出版社出版发行
（北京市海淀区紫竹院南路23号　邮政编码100048）
鑫马印刷厂印刷
新华书店经售

*

开本 787×1092　1/16　印张 16¾　字数 382千字
2012年3月第1版第1次印刷　印数1—4000册　定价29.00元

**（本书如有印装错误，我社负责调换）**

国防书店：(010)88540777　　发行邮购：(010)88540776
发行传真：(010)88540755　　发行业务：(010)88540717

# 前　言

教材建设是高职院校教育教学工作的重要组成部分，高职教材作为体现高等职业教育特色的知识载体和教学的基本工具，直接关系到高职教育能否为一线工作岗位培养符合要求的应用型人才。本书体现工学结合的高职教育人才培养理念，强调“实用为主，必需和够用为度”的原则，采用项目式编写体例。

全书以一个实际的网上书城数据库为载体，全面介绍使用 Microsoft SQL Server 2005 数据库管理系统进行数据库管理的各种操作，包括数据库设计、数据操纵和数据库管理等。

本书具有以下特色：

（1）项目驱动。全书将数据库的常用操作分为 11 个项目，每个项目包含若干任务，每个任务中包括若干编者精心设计的案例。以 Microsoft SQL Server 2005 具体的实际应用需求出发，从数据库应用软件开发的角度组织知识内容，将知识点融入到实际项目开发中，注重解决具体问题的方法和实现技术。

（2）真实案例，一案到底。项目以网上书城数据库为中心来组织内容，实训和练习题也分别采用不同的数据库，要求学生完成类似的项目，采用“大案例一案到底”的组织方式使零散的知识具有连贯性，使学生对数据库的认识更加完整。同时，加强案例与实际生活的联系，使案例具有实用性和趣味性。

（3）以实用技能为核心。本书选取内容遵循实用原则和“80/20 原则”。实用原则是指所选择的技术一定是能够解决工作中实际问题的技术；“80/20 原则”是指企业 80% 的时间在使用 20% 的核心技术。因此，本书摒弃了大量的非核心的理论知识及技术，专注于常用的核心技术讲解及训练。“以用为本，学以致用，不用不学，学了就会”是本书内容选择的原则。

（4）实现“教、学、做”一体化。每一任务均是先提出任务目标，然后由教师演示完成任务过程，最后由学生模仿完成类似的任务。在“教、学、做”过程中，通过三重循环使学生掌握知识点：第一重为认识和模仿；第二重为熟练和深化；第三重为创新和提高。

本书由广东科贸职业学院组织编写，由孙继红、黄龙泉担任主编，王磊、左文涛、唐晔担任副主编，郑俊海参与编写，方士杰担任主审。本书编写过程中，得到了广州科技职业技术学院和广州市机电技师学院以及本院同事的大力支持和帮助，在此一并表示感谢。

本书可供高职院校计算机软件技术、计算机网络技术、电子商务等相关专业学生使用，也可作为网络数据库初、中级开发人员与管理人员的入门参考书。

由于编者水平有限，书中的错误和不足之处在所难免，恳请读者批评指正。

编　者

# 目　录

# 项目 1　数据库管理环境的建立

## 项目简介

数据库技术的发展，已经成为先进信息技术的重要组成部分，是现代计算机信息系统和计算机应用系统的基础和核心。同时，数据库技术也是程序开发人员必须掌握的技术之一。建立一个行之有效的管理信息系统已成为每个企业或组织生存和发展的重要条件。本项目主要介绍数据库技术的发展历史、数据库系统模型及相关知识。通过本项目的学习，读者应该掌握数据库基本概念、模型和常用的数据库管理系统，掌握 SQL Server 2005 的安装与配置。

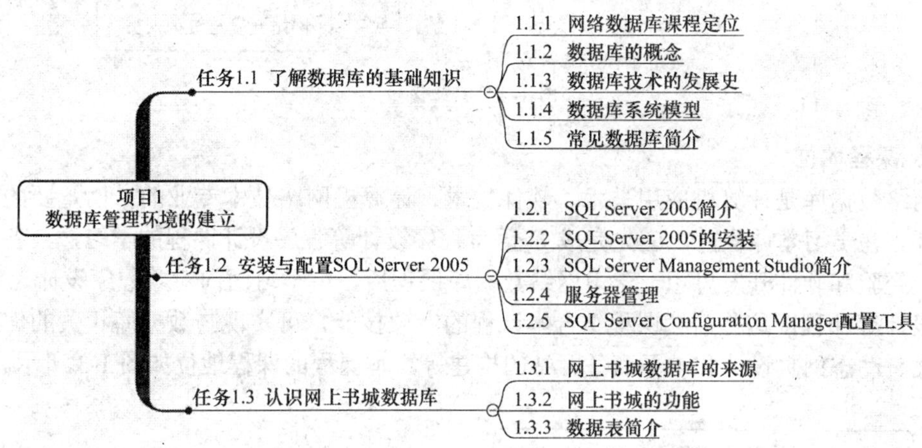


图 1-1　本项目知识要点

## 单词学习

1. database：数据库
2. configuration：配置
3. management：管理
4. model：模型
5. table：表
6. analysis：分析
7. native client：本地客户端
8. server：服务器

## 任务 1.1　了解数据库的基础知识

### 1.1.1　网络数据库课程定位

#### 1. 职业岗位需求

近年来 SQL Server 数据库应用开发人员十分受欢迎，就业前景非常广阔。其工作主要分为两大部分：一是进行应用开发，按照设计要求编写代码并进行测试工作；二是对数据库进行安装、创建、维护、备份与恢复及性能优化等管理工作。网络数据库课程主要讲授数据库创建、数据库管理、数据库设计、数据库 SQL 语言编程等专项技能，以使数据库管理员、系统管理员、程序员和网站设计员等熟练完成数据库管理、系统维护、信息系统开发和网站设计等工作，同时达到数据库应用(高新)资格证书的基本要求。本课程涉及的职业岗位如图 1-2 所示。

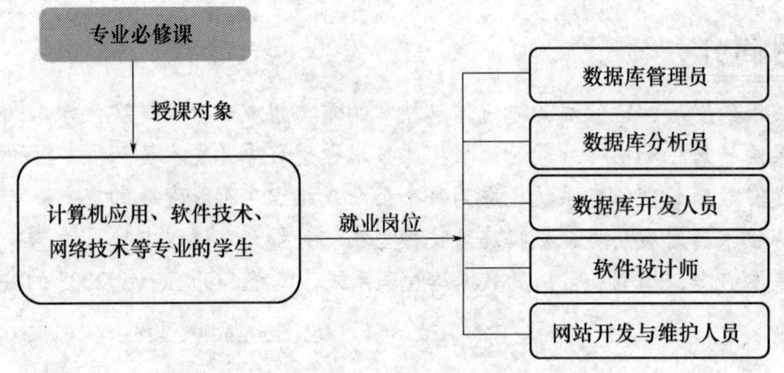


图 1-2　职业岗位

### 2. 课程地位

网络数据库是计算机应用技术、软件技术、计算机网络技术专业的一门重要的专业必修课。在学习本课程前，应先完成 C 语言程序设计等程序设计课程的学习，具备一定的编程经验和软件开发思想。学习网络数据库课程后，可学习面向对象程序设计、WEB 程序设计等课程，这些后续课程结合本课程的专项技能，可实现与数据库相关的信息系统开发、动态网页设计和电子商务网站的构建等。本课程的课程地位如图 1-3 所示。

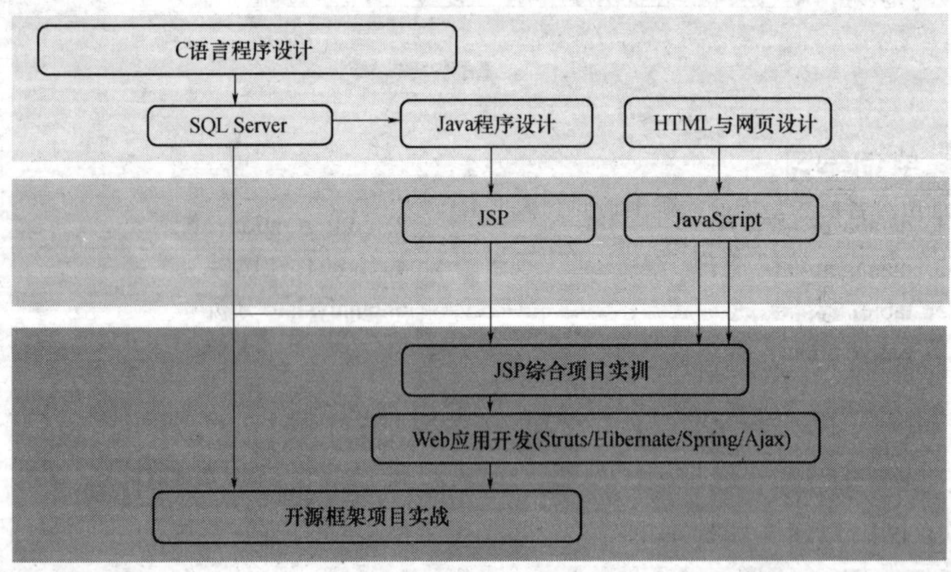


图 1-3　网络数据库课程地位

## 1.1.2　数据库的概念

数据库(Database，DB)是将数据按一定的数据模型组织、描述和存储，具有较小的冗余度、较高的数据独立性和易扩展性，并可为各种用户共享的数据集合。

简单来说，数据库是“按照数据结构来组织、存储和管理数据的仓库”。在日常工作中，常常需要将相关的数据放进这样的“仓库”，并根据管理的需要进行相应的处理。例如，公司或事业单位的人事部门需要把本单位员工的基本情况(包括员工号、姓名、出生年月、学历、籍贯、工资等)存放在员工信息表中，如表 1-1 所示。

表 1-1　员工信息表

| 员工号 | 姓名 | 性别 | 出生年月 | 学历 | 籍 贯 | 工资 |
|---|---|---|---|---|---|---|
| Yg1001 | 孔燕 | 女 | 1972-8 | 本科 | 广东广州 | 3000 |
| Yg1002 | 李晓明 | 男 | 1982-4 | 本科 | 湖南长沙 | 2800 |
| Yg1003 | 张家杰 | 男 | 1976-3 | 大专 | 湖北武汉 | 2300 |
| Yg1004 | 何少华 | 男 | 1981-2 | 硕士 | 云南大理 | 3500 |
| Yg1005 | 蔡洪英 | 女 | 1978-5 | 本科 | 广西桂林 | 3200 |

从数据库的定义看，使用数据库可以高效且条理分明地存储数据，它使人们能够更加迅速和方便地管理数据，主要体现在以下几个方面。

(1) 可以结构化存储大量的数据信息，方便用户进行有效的检索和访问。一般企业的数据库容量会高达数百 MB，而如银行、证券公司这类信息量较大的部门，其业务数据量会高达 GB，甚至达到 TB。因此，数据库中存放的数据一般不能直接在内存中进行处理，需要使用大容量而速度相对较低的外部存储设备支持。

(2) 可以有效地保持数据信息的一致性、完整性，降低数据冗余。保存在数据库中的数据，可以很好地保证数据有效、不被破坏，而且数据库自身有避免重复数据的功能，以此来降低数据的冗余。

(3) 可以满足应用的共享和安全方面的要求。各个不同的用户甚至可以使用不同的编程语言、不同的访问方式同时访问同一个数据库。当然，数据库会提供安全访问机制，以保证所有合法用户均能正确地访问到数据。

(4) 数据库中的数据能够持久性存在。数据库作为信息的存储工具，里面的数据需要在一定时间内保持有效性。例如交易行的业务数据、公司企业的商业数据等，这些资料往往需要保存几年、几十年甚至更长。在这种情况下，人们甚至会使用光盘等可靠性比一般磁盘更高的存储介质进行数据库的数据备份。

## 1.1.3　数据库技术的发展史

### 1. 文件系统阶段

文件系统阶段是指计算机不仅用于科学计算，而且大量用于管理数据的阶段(20 世纪 50 年代后期到 60 年代中期)。在硬件方面，外存储器有了磁盘、磁鼓等直接存取的存储设备。在软件方面，操作系统中已经有了专门用于管理数据的软件，称为文件系统。

基于文件系统的数据库系统虽然功能简单，但因为文件系统通常都能提供目录结构简单的文件组织形式，又往往直接作为操作系统的基本用户界面提供给客户使用，所以在管理较少、较简单的数据，或者仅仅只是用来备份存储，极少用来查询，或查询要求比较简单的情况下，能够满足一定的应用需求。由于已经有了直接存取的存储设备，文件也就不再局限于顺序文件，还产生了索引文件、链表文件等，因而，对文件的访问可以是顺序访问，也可以是直接访问。

**2. 初级阶段——第一代数据库**

Database(数据库)一词首先被美国系统发展公司在 20 世纪 60 年代为美国海军基地研制数据库时使用。1968 年，国际商用机器公司 IBM 在数据库管理系统方面取得了重大的突破，率先研制成功集成数据存储系统——信息管理系统(Information Management Systems，IMS)它可以运行多个程序，共享同一个数据库，属于层次数据库模型系统。层次数据库的数据模型是有根的定向有序树，网状模型对应的是有向图。这两种数据库奠定了现代数据库发展的基础。这两种数据库具有如下共同点：支持三级模式(外模式、模式、内模式)；保证数据库系统具有数据与程序的物理独立性和一定的逻辑独立性；用存取路径来表示数据之间的联系；有独立的数据定义语言；具有导航式的数据操纵语言。

**3. 中级阶段——第二代数据库**

在 20 世纪 70 年代，IBM 向世人证明了自己的实力。其下属的 San Jose 研究所提出了关系数据库模型的概念，开创了数据库的关系方法和关系规范化的理论。这个关系模型的提出是以关系的数学理论为基础，具有严谨的数学理论支持，也继承了数学理论的完美和结构上的简单等优点。这个关系数据库理论的提出者 E. F. Code 因此获得了计算机科学的最高奖项——ACM 图灵奖。

关系数据库系统使用结构化查询语言(Structured Query Language，SQL)作为数据库定义语言(Database Definition Language)和数据库操作语言(Database Manipulation Language)，这种语言和普通的面向过程的语言(如C语言)以及面向对象的语言(如C++语言)不同，它一诞生，就成为关系数据库的标准语言。SQL语言使得关系数据库中的数据库表查询可以用简单的、声明性的方式进行，大大简化了程序员的工作。

**4. 高级阶段——新一代数据库**

第三代数据库产生于 20 世纪 80 年代，随着科学技术的不断发展，各个行业领域对数据库技术提出了更多的需求，关系型数据库已经不能完全满足需求，于是产生了第三代数据库。主要有以下特征：支持数据管理、对象管理和知识管理；保持和继承了第二代数据库系统的技术；对其他系统开放，支持数据库语言标准，支持标准网络协议，有良好的可移植性、可连接性、可扩展性和互操作性等。第三代数据库支持多种数据模型(如关系模型和面向对象的模型)，并和诸多新技术相结合(如分布处理技术、并行计算技术、人工智能技术、多媒体技术、模糊技术)，广泛应用于多个领域(如商业管理、GIS、计划统计等)，由此也衍生出多种新的数据库技术。

在现实环境中，考虑到商业应用的目标，数据库生产厂商各自为数据库加入了一些提高效率和提高可用性的功能，舍弃了一些不太现实的约束，不同的数据库厂商在不同基础上的选择，导致了关系数据库系统向不同方向的发展。比如，在这个阶段中，Oracle 加入了“并行”的元素，并开始了向“关系—对象”型数据库的发展，这样的发展也慢慢形成了新一代的数据库系统，并且“关系—对象”型数据库正在持续发展。

### 1.1.4　数据库系统模型

数据模型是数据库系统的一个关键概念，是描述记录内数据项间的联系以及记录之间联系的数据结构形式。它应满足三方面要求：能较真实地模拟现实世界；容易被人理解；便于在计算机上实现。

在数据库的发展史上，最常用的数据库模型有：层次模型(Hierarchical Model)、网状模型(Network Model)和关系模型(Relational Model)。

**1. 层次模型**

层次模型是数据库系统中最早使用的一种模型，用树形结构来表示各类实体及实体间的联系。每个节点表示一个记录类型，记录之间的边线表示节点之间的联系。每个节点上方的节点称为该节点的双亲节点，而其下方的节点称为该节点的子节点。没有子节点的节点称为叶节点。

层次数据库系统的典型代表是IBM公司的IMS，这是1968年IBM公司推出的第一个大型的商用数据库管理系统，曾经被广泛的使用。目前，仍有某些特定用户在使用该系统。

层次模型的结构示意图如图1-4所示。

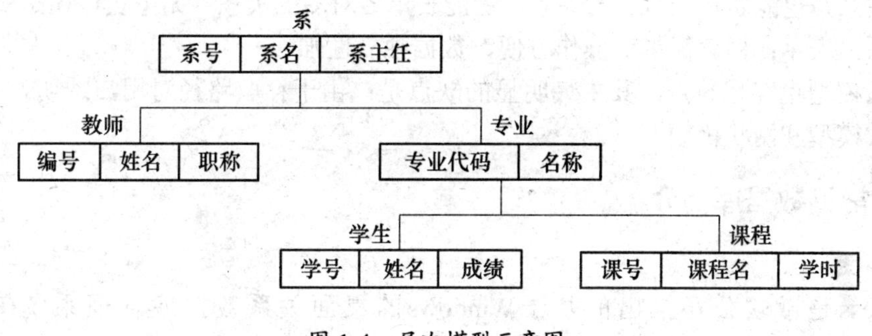


图1-4　层次模型示意图

层次模型的优点：数据结构类似金字塔，不同层次之间的关联性直接而且简单；对于实体之间，联系是固定的，且预先定义好应用系统，性能较高；提供良好的完整性支持。

层次模型的缺点：由于数据纵向发展，横向关系难以建立，数据可能会重复出现；不适合表示非层次性的联系；对插入和删除操作的限制比较多；查询子节点必须通过双亲节点；由于结构严密，层次命令趋于程序化。

**2. 网状模型**

用网状结构表示实体类型及实体之间联系的数据模型称为网状模型。在网状模型中，一个子节点可以有多个父节点，在两个节点之间可以有一种或多种联系。记录之间的联系是通过指针实现的。网状模型的数据结构比较复杂，虽然效率较高，但是编写应用程序难度较大，要求程序员必须熟悉数据库的逻辑结构。

网状模型的结构示意图如图1-5所示。

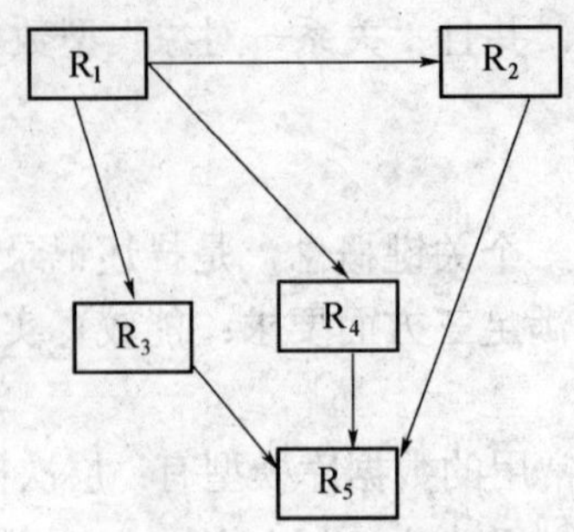


图 1-5 网状模型结构示意图

网状模型的优点：能够更为直接地描述现实世界；具有良好的性能，存取效率较高。

网状模型的缺点：其 DDL 语言极其复杂；数据独立性较差。而且随着应用环境的扩大，数据库的结构会变得越来越复杂，不利于用户使用。

**3. 关系模型**

关系模型是目前最常见的一种数据模型。关系模型的数据结构比较简单，便于实现和组织。关系数据库系统采用关系模型作为数据的组织方式。项目 2 中将详细介绍关系模型的相关内容。

关系模型的优点：建立在严格的数学概念基础上，具有较强的理论根据；可表示一对一的关系，也能表示一对多的关系，还能表示多对多的关系；无论实体还是实体之间，都用关系来表示；概念简单，操作方便，数据独立性强。

关系模型也存在缺点，其中最明显的缺点是：由于存取路径对用户透明，查询效率不如层次模型和网状模型。

## 1.1.5 常见数据库简介

**1. Access**

Access是微软公司推出的基于Windows的桌面关系数据库管理系统(Relational Database Management System，RDBMS)，是Office系列应用软件之一。Access在很多地方得到广泛应用，小型企业、大公司的部门和喜爱编程的开发人员等专门利用它来制作处理数据的桌面系统。它也常被用来开发简单的Web应用程序。Access是小型数据库，既然是小型的，就有它的局限性，数据库过大，一般百兆字节以上时性能会变差。

**2. SQL Server**

SQL Server是一个关系数据库管理系统。它最初是由Microsoft、Sybase和Ashton-Tate三家公司共同开发的，于1988年推出了第一个OS/2版本。在Windows NT推出后，Microsoft与Sybase在SQL Server的开发上就分道扬镳了。Microsoft公司将SQL Server移植到Windows NT系统上，专注于开发推广SQL Server的Windows NT版本；Sybase公司则较专注于SQL Server在UNIX操作系统上的应用。

从1992年到1999年，Microsoft公司陆续开发了基于Windows NT平台的SQL Server版本、基于Windows NT 3.1平台的SQL Server 4.2版本、SQL Server 6.0版本、SQL Server 6.5版本、SQL Server 7.0版本、SQL Server 2000版本。

2005 年底，Microsoft 公司又发布了 SQL Server 2005 试用版本。相对之前的版本，

SQL Server 2005 是一个全面的数据库平台，使用集成的商业智能(BI)工具提供了企业级的数据管理。SQL Server 2005 数据库引擎为关系型数据和结构化数据提供了更加安全可靠的存储功能，可以构建和管理用于业务的高可用和高性能的数据应用程序。

### 3. Oracle

Oracle 数据库管理系统是一个以关系型和面向对象为中心管理数据的数据库管理软件系统，其在管理信息系统、企业数据处理、Internet 及电子商务等领域有着非常广泛的应用。因其在数据安全性与数据完整性控制方面的优越性能，以及跨操作系统、跨硬件平台的数据互操作能力，使得越来越多的用户将 Oracle 作为其应用数据的处理系统。Oracle 数据库基于 Client/Server(客户端/服务器)模式结构。客户端应用程序执行与用户进行交互的活动，其接收用户信息，并向“服务器端”发送请求。服务器系统负责管理数据信息和各种操作数据的活动。

### 4. Sybase

1984 年，Mark B. Hiffman 和 Robert Epstern 创建了 Sybase 公司，并在 1987 年推出了 Sybase 数据库产品。Sybase 主要有三种版本，一是 UNIX 操作系统下运行的版本；二是 Novell Netware 环境下运行的版本；三是 Windows NT 环境下运行的版本。对于 UNIX 操作系统，目前广泛应用的为 Sybase 10 及 Syabse 11 for SCO UNIX。由于采用了 Client/Server 结构，应用被分在了多台机器上运行。更进一步，运行在客户端的应用不必是 Sybase 公司的产品。对于一般的关系数据库，为了让其他语言编写的应用能够访问数据库，提供了预编译。Sybase 数据库不只是简单地提供了预编译，而且公开了应用程序接口 DB-LIB，鼓励第三方编写 DB-LIB 接口。对于开放的客户，DB-LIB 允许在不同的平台使用完全相同的调用，因而使得访问 DB-LIB 的应用程序很容易从一个平台向另一个平台移植。

### 5. DB2

DB2是IBM公司研制的一种关系型数据库系统。DB2主要应用于大型应用系统，具有较好的可伸缩性，可支持从大型机到单用户环境，应用于OS/2、Windows等平台上。DB2提供了高层次的数据利用性、完整性、安全性、可恢复性，以及小规模到大规模应用程序的执行能力，具有与平台无关的基本功能和SQL命令。DB2采用了数据分级技术，能够使大型机数据很方便地下载到LAN数据库服务器，使得Client/Server用户和基于LAN的应用程序可以访问大型机数据，并使数据库本地化及远程连接透明化。它以拥有一个非常完备的查询优化器而著称，其外部连接改善了查询性能，并支持多任务并行查询。DB2具有很好的网络支持能力，每个子系统可以连接丨几万个分布式用户，可同时激活上千个活动线程，对大型分布式应用系统尤为适用。

### 6. MySQL

MySQL 是一个中小型关系型数据库管理系统，开发者为瑞典 MySQL AB 公司。该公司在 2008 年 1 月 16 号被 Sun 公司收购。目前 MySQL 被广泛地应用在 Internet 上的中小型网站中。由于其体积小、速度快、总体拥有成本低，尤其是开放源码这一特点，许多中小型网站为了降低网站总体拥有成本而选择了 MySQL 作为网站数据库。

目前 Internet 上流行的网站构架方式是 LAMP(Linux+Apache+MySQL+PHP)，即使用 Linux 作为操作系统，Apache 作为 Web 服务器，MySQL 作为数据库，PHP 作为服务器端脚本解释器。由于这四种软件都是免费或开放源码软件(FLOSS)，因此使用这种方式不用花一分钱(除人工成本之外)就可以建立起一个稳定、免费的网站系统。

# 任务 1.2 安装与配置 SQL Server 2005

## 1.2.1 SQL Server 2005 简介

SQL Server 是一种面向高端的关系数据库管理系统，SQL Server 2005 是 Microsoft 公司于 2005 年 11 月推出的 SQL Server 数据库管理系统的新版本，是目前广为使用的数据管理系统，是大规模联机事务处理(OLTP)、数据仓库和电子商务应用程序的优秀数据库平台。

### 1. SQL Server 2005 的体系结构

SQL Server 2005 是基于 Client/Server 体系结构的关系型数据库管理系统，它具有可伸缩性、可用性和管理性。SQL Server 2005 使用 Transact-SQL 语句在 Server 和 Client 之间传送请求，这种结构如图 1-6 所示。

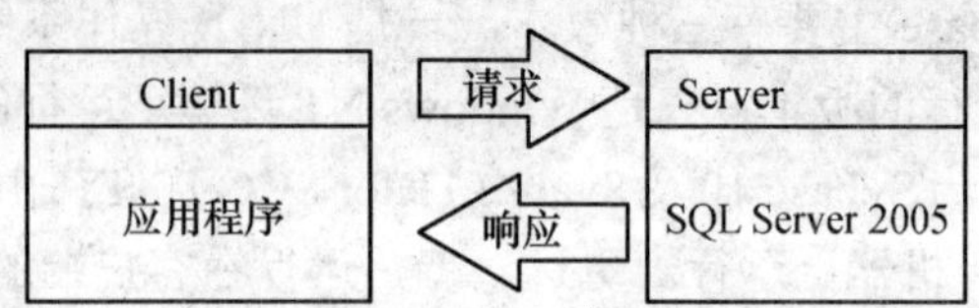


图 1-6 SQL Server 2005 客户/服务器结构示意图

SQL Server 2005 用 Client/Server 体系结构，把所有的工作负荷分解为 Server 机器上的任务和在 Client 机器上的任务。Client 应用程序负责商业逻辑和向用户提供数据，一般运行在一台或多台 Client 机器上，但也可以运行在 Server 上。Server 负责管理数据库的结构，其内容主要包括维护数据库中数据之间的关系，确保数据存储的正确性及在系统失败时恢复全部数据。Server 还分配可用的服务器资源，例如内存、网络和磁盘。Client 应用程序通过网络与 Server 通信。

### 2. SQL Server 2005 的版本

SQL Server 2005 的不同版本能够满足企业和个人独特的性能、运行以及价格的要求。软件安装时面临五个不同的 SQL Server 2005 版本，包括 SQL Server 2005 Enterprise Edition(企业版)、SQL Server 2005 Standard Edition(标准版)、SQL Server 2005 Workgroup Edition(工作组版)和 SQL Server 2005 Developer Edition(开发版)、SQL Server 2005 Express Edition(简易版)。这五个版本各自的特点如表 1-2 所示。

表 1-2 SQL Server 2005 不同版本的特点

| 版 本 | 特 点 |
|---|---|
| SQL Server 2005 Enterprise Edition(企业版) | 支持 32 位和 64 位操作系统，是 SQL Server 软件功能最强大的一个版本，它支持的处理数量不受限制，允许创建 SQL Server 群集来管理可用性和容错环境(如故障转移群集)。该版本达到了支持大型企业进行联机事务处理(OLTP)、高度复杂的数据分析、数据仓库系统和网站所需的性能水平 |

(续)

| 版　本 | 特　点 |
|---|---|
| SQL Server 2005 Standard Edition(标准版) | 支持32位和64位操作系统，适合中小型企业的数据管理和分析平台，它包括电子商务、数据仓库和业务流解决方案所需的基本功能。该版本集成了商业智能和高可用性功能，可以为企业提供支持其运营所需的基本功能 |
| SQL Server 2005 Workgroup Edition(工作组版) | 仅支持32位的操作系统，可以用作前端Web服务器，也可以用于部门或分支机构的运营。该版本包括SQL Server产品系列的核心数据库功能，并且可以轻松地升级至Standard Edition或Enterprise Edition。它是理想的入门级数据库，具有可靠、功能强大且易于管理的特点 |
| SQL Server 2005 Developer Edition(开发版) | 支持32位和64位操作系统，使开发人员可以在SQL Server上生成任何类型的应用程序。它包括SQL Server 2005 Enterprise Edition的所有功能，但有许可限制，只能用于开发和测试系统，而不能用作生产服务器。该版本可以根据生产需要升级至SQL Server 2005 Enterprise Edition |
| SQL Server 2005 Express Edition(简易版) | 仅支持32位的操作系统，是一个免费、易用且便于管理的数据库SQL Server 2005 Express与Microsoft Visual Studio 2005集成在一起，可以轻松开发功能丰富、存储安全、可快速部署的数据驱动应用程序。SQL Server 2005 Express是免费的，可以再分发(受制于协议)，还可以起到客户端数据库以及基本服务器数据库的作用 |

由于使用功能不同，不同版本的SQL Server 2005版本，会要求不同版本的Windows操作系统，而且需要安装不同版本的Service Pack。表1-3列出常见的Windows操作系统支持运行SQL Server 2005各种版本的情况。

表1-3　Windows操作系统支持的SQL Server 2005版本

| Windows操作系统版本 | 企业版 | 开发版 | 标准版 | 工作组版 | 简化版 |
|---|---|---|---|---|---|
| Windows 2000 | | | | | |
| Windows 2000 Professional Edition SP4 | | √ | √ | √ | √ |
| Windows 2000 Server SP4 | √ | √ | √ | √ | √ |
| Windows 2000 Advanced Server SP4 | √ | √ | √ | √ | √ |
| Windows 2000 Datacenter Edition SP4 | √ | √ | √ | √ | √ |
| Windows XP Home Edition SP2 | | √ | | | √ |
| Windows XP Professional Edition SP2 | | √ | √ | √ | √ |
| Windows 2003 Server SP1 | √ | √ | √ | √ | √ |
| Windows 2003 Enterprise Edition SP1 | √ | √ | √ | √ | √ |
| 注：对勾表示支持，空白表示不支持 | | | | | |

### 3. SQL Server 2005 的组件

SQL Server 2005包含丰富的组件，安装时可以根据需要对组件进行选择性安装。这些组件提供了一组图形工具和命令行使用工具，有助于用户、数据库开发人员和数据库管理员提高工作效率。根据组件的功能和使用环境，分为服务器组件、客户端组件、管理工具、开发工具、文档和示例五大类。

1) 服务器组件

服务器组件是在数据库服务器上安装运行的工具。该组件包括的主要工具如表 1-4 所示。

表 1-4　服务器组件

| 服务器组件 | 说　明 |
| --- | --- |
| SQL Server 数据库引擎 | 包括数据库引擎(提供存储、处理和保护数据的核心服务)、复制、全文搜索以及用于管理关系数据和 XML 数据的工具 |
| Analysis Services | 包括用于创建和管理联机分析处理(OLAP)以及数据挖掘应用程序的工具 |
| Reporting Services | 包括用于创建、管理和部署表格报表、矩阵报表、图形报表以及自由格式报表的服务器和客户端组件。Reporting Services 还是一个可用于开发报表应用程序的可扩展平台 |
| Notification Services | 它是一个平台，用于开发和部署将个性化即时信息发送给各种设备上的用户的应用程序 |
| Integration Services | 它是一组图形工具和可编程对象，用于移动、复制和转换数据 |
| 注：① Reporting Services 的安装需要 IIS5.0(Internet Information System 5.0)或更高版本。<br>② Reporting Services 的报表设计器组件需要 Microsoft Internet Explorer 6.0 SP1 | |

2) 客户端组件

客户端组件是安装在客户端，用于客户机和数据库服务器通信、通过网络管理数据的工具。该类组件主要包括安装用于客户端和服务器之间通信的组件，以及用于 DB-Library、ODBC 和 OLE DB 的网络库。

3) 管理工具

管理工具是用来方便、快捷地使用 SQL Server 2005 功能，提高系统效率的一组工具。该类组件包括的工具如表 1-5 所示。

表 1-5　管理工具组件

| 管 理 工 具 | 说　明 |
| --- | --- |
| SQL Server Management Studio(SSMS) | 它是 Microsoft SQL Server 2005 中的新组件。这是一个用于访问、配置、管理和开发 SQL Server 的所有组件的集成环境。SSMS 将 SQL Server 早期版本中包含的企业管理器、查询分析器和分析管理器的功能组合到单一环境中，为不同层次的开发人员和管理员提供 SQL Server 访问能力 |
| SQL Server 配置管理器 | 为 SQL Server 服务、服务器协议、客户端协议和客户端别名提供基本配置管理。 |
| SQL Server Profiler | SQL Server Profiler 提供了图形用户界面，用于监视数据库引擎实例或 Analysis Services 实例 |
| 数据库引擎优化顾问 | 数据库引擎优化顾问可以协助创建索引、索引视图和分区的最佳组合 |
| 注：要安装 SQL Server Management Studio，需要先安装 Internet Explorer 6.0 SP1 | |

4) 开发工具

开发工具(Business Intelligence Development Studio)用于商业智能开发的软件，用于Analysis Services、Reporting Services 和 Integration Services 解决方案的集成开发环境。

5) 文档和示例

文档和示例组件用于为用户和开发人员提供帮助信息。该类组件包括的工具如表 1-6 所示。

表 1-6 文档和示例

| 文档和示例 | 说明 |
|---|---|
| SQL Server 联机丛书 | 它是 SQL Server 2005 的核心文档 |
| SQL Server 示例 | 提供数据库引擎、Analysis Services、Reporting Services 和 Integration Services 的示例代码和示例应用程序 |

## 1.2.2 SQL Server 2005 的安装

**【例 1-2-1】**结合计算机的软、硬件环境和操作系统，选择合适的 SQL Server 2005 版本进行安装。

安装新的 SQL Server 2005 软件的关键之一就是选择合适的版本(本例选择开发版)及相关组件。整个安装过程都是在安装向导提示下完成的。具体的安装步骤如下：

(1) 在光驱中插入 SQL Server 2005 开发版安装光盘，若该光盘不能自动运行，则双击光盘根目录中的 autorun.exe 程序，打开安装选项界面，如图 1-7 所示。

图 1-7 安装选项界面

(2) 打开“最终用户许可协议”对话框，阅读许可协议，再选中“我接受许可条款和条件”复选框以接受许可条款和条件。单击“下一步”按钮继续安装，如图 1-8 所示。

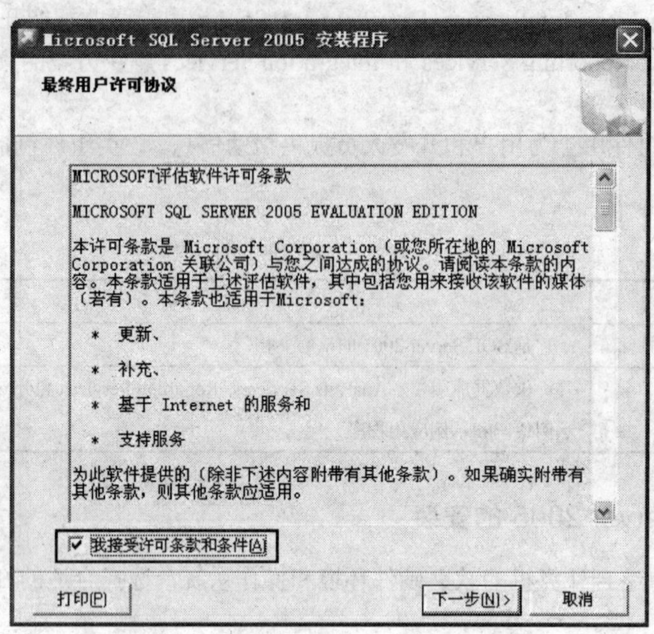


图 1-8 “最终用户许可协议”对话框

(3) 打开“安装必备组件”对话框，安装程序列出了安装 SQL Server 2005 之前必须安装的软件。单击“安装”按钮安装必备的组件，如图 1-9 所示。

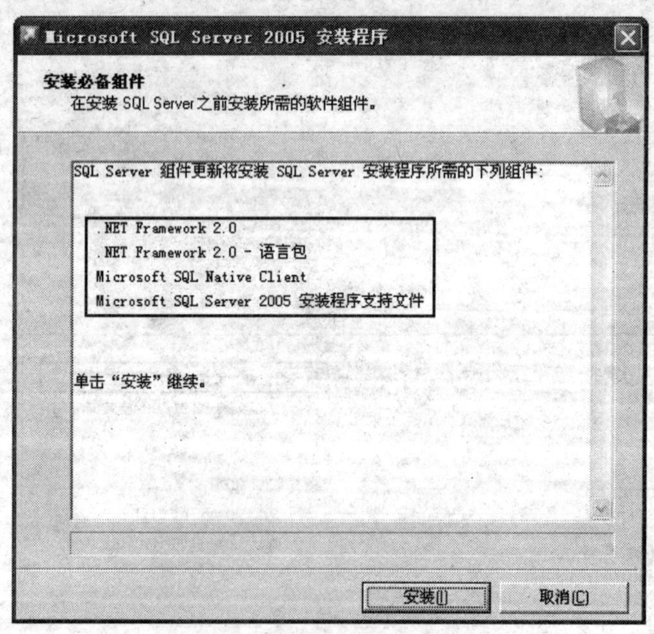


图 1-9 “安装必备组件”对话框

(4) 打开“欢迎使用 Microsoft SQL Server 2005 安装向导”对话框。单击“下一步”按钮继续安装，如图 1-10 所示。

图 1-10　“欢迎使用 Microsoft SQL Server 2005 安装向导”对话框

(5) 打开“系统配置检查”对话框进行系统配置检查。系统配置检查通过后，会显示相关信息，单击“下一步”按钮继续安装，如图 1-11 所示。

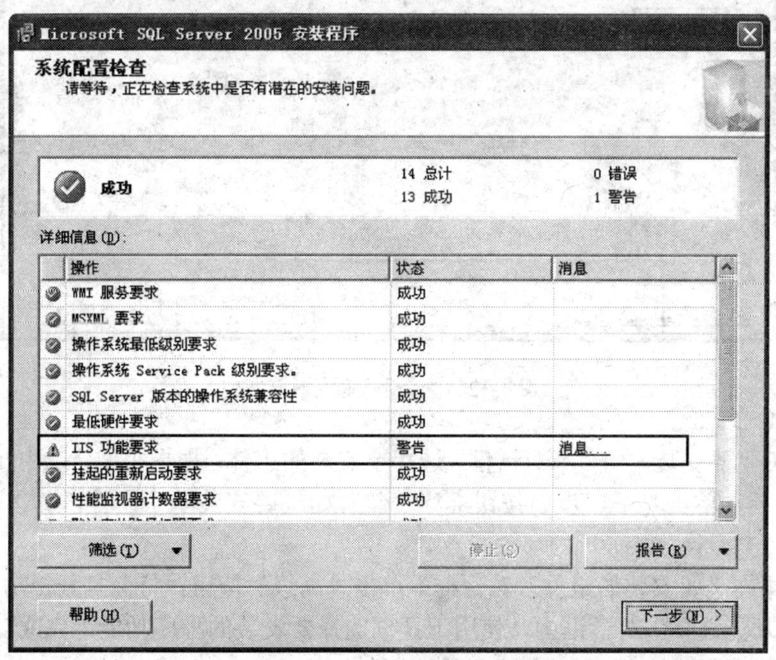


图 1-11　“系统配置检查”对话框

**提示**

- 在“系统配置检查”页上，将扫描安装计算机，看看是否存在可能阻止安装程序运行的情况。如果检查出“错误”信息，将不能继续安装，需要将错误信息解决之后才可以安装。如果检查出“警告”信息，可以继续安装。
- 由于所有版本的 SQL Server 2005 都需要 Microsoft Internet Explorer 6.0 SP1 或更新的版本，Microsoft Management Console(MMC)与 HTML Help 都需要用到 Internet Explorer，所以安装 SQL Server 2005 软件之前都应该先安装 IIS。

(6) 打开“注册信息”对话框，在“姓名”和“公司”文本框中，输入相关的信息。单击“下一步”按钮继续安装，如图 1-12 所示。

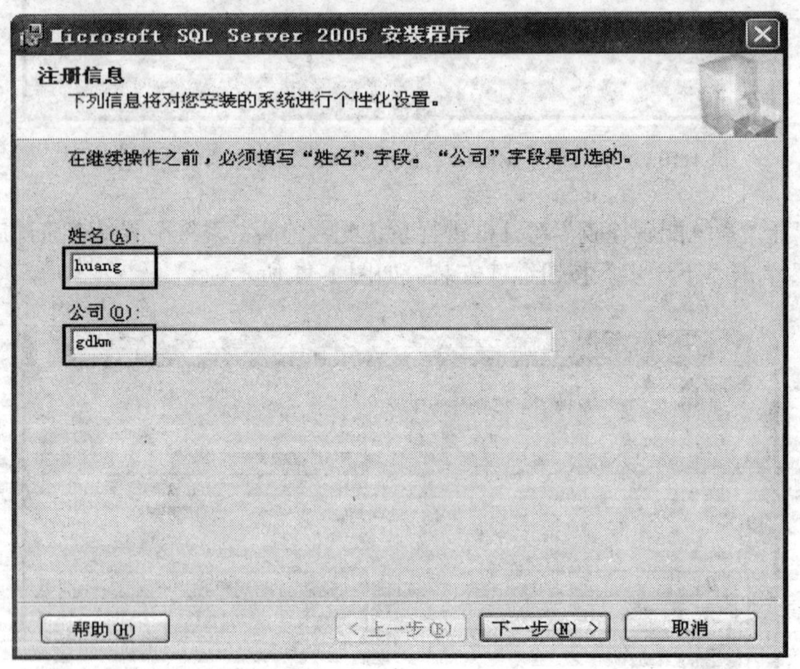


图 1-12 “注册信息”对话框

(7) 打开“要安装的组件”对话框，选择要安装的组件。根据需要，选中相应复选框，选择完毕之后，单击“下一步”按钮继续安装。如果要安装单个组件，单击“高级”按钮，如图 1-13 所示。

(8) 如果在“要安装的组件”对话框中单击“高级”按钮，将会打开“功能选择”对话框。在“功能选择”对话框中，使用下拉框选择要安装的程序功能。完成功能选择后，单击“下一步”继续安装，如图 1-14 所示。

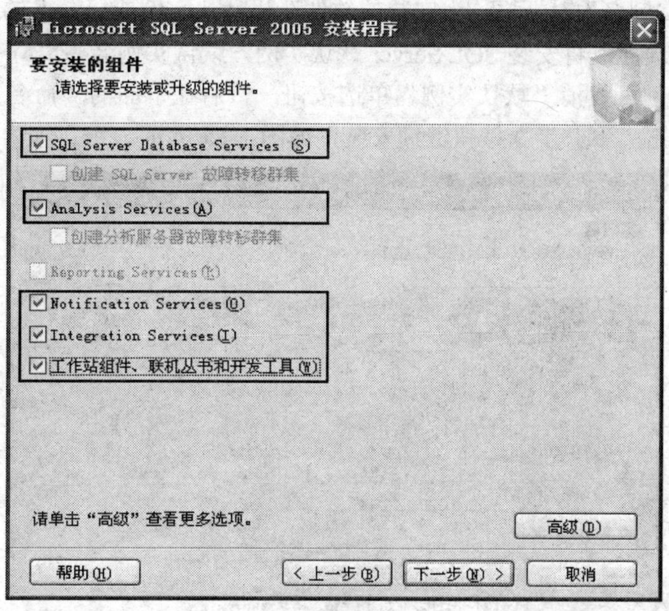


图 1-13　“要安装的组件”对话框

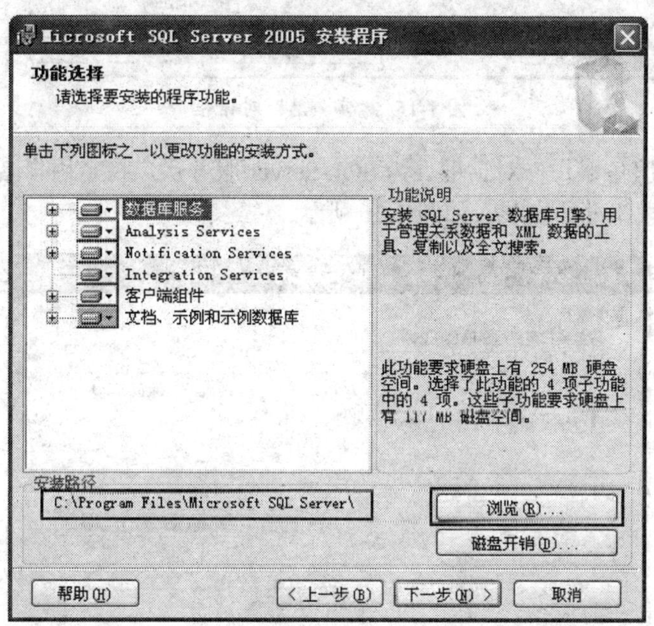


图 1-14　“功能选择”对话框

**提示**

如果要将组件安装到自定义的目录下，可以选择相应的功能，再单击“浏览”按钮。想了解所选择的功能占用磁盘空间的情况，可以单击“磁盘开销”按钮。

(9) 打开“实例名”对话框，为安装的软件选择默认实例或已命名的实例。如果选择“默认实例”单选项，将安装 SQL Server 默认实例，默认实例名为“MSSQLSERVER”。若安装命名实例，可取消“默认实例”单选按钮，然后在下面的“命名实例”文本框中输入实例名。单击“下一步”按钮继续安装，如图 1-15 所示。

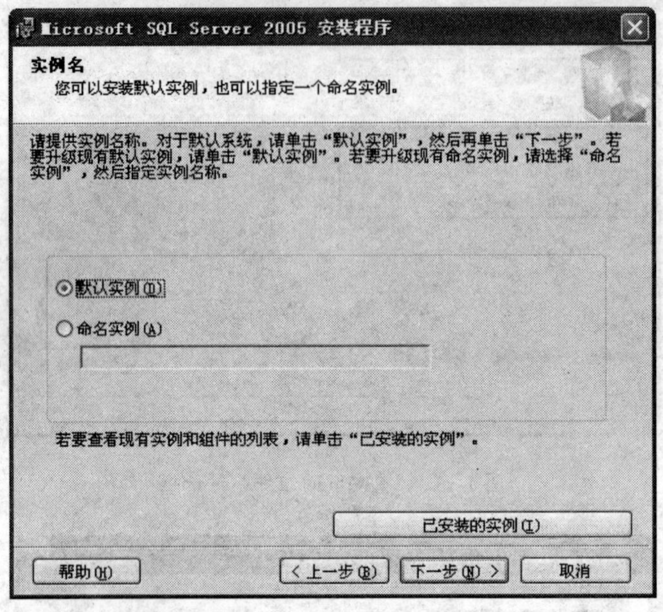


图 1-15 “实例名”对话框

(10) 打开“服务账户”对话框，为 SQL Server 服务账户指定用户名、密码和域名。单击“下一步”按钮继续安装，如图 1-16 所示。

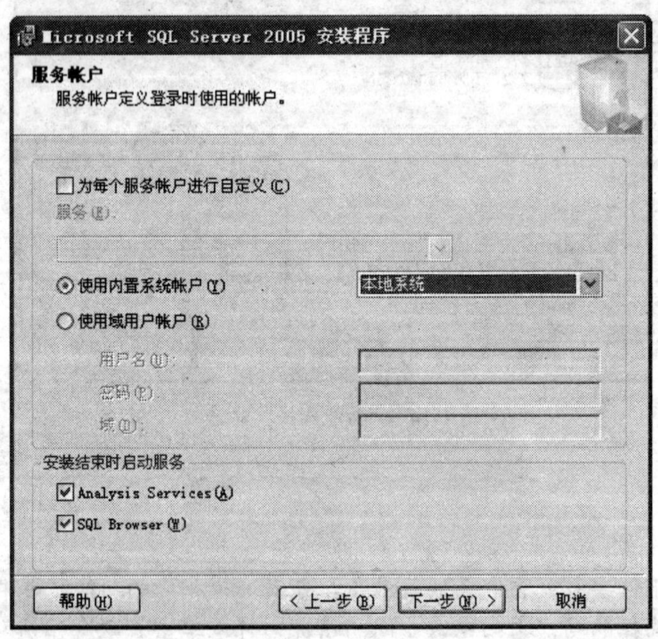


图 1-16 “服务账户”对话框

(11) 打开“身份验证模式”对话框，选择要用于 SQL Server 安装的身份验证模式。如果选择“混合模式(Windows 身份验证和 SQL Server 身份验证)”单选按钮，还必须输入并确认用于 sa 登录的密码。单击“下一步”按钮继续安装，如图 1-17 所示。

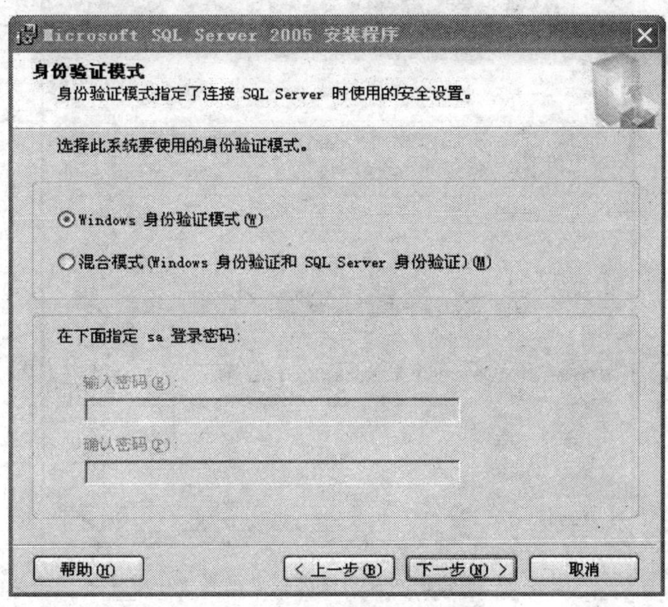


图 1-17　“身份验证模式”对话框

(12) 打开“排序规则设置”对话框，指定 SQL Server 实例的排序规则。可以为各个组件分别指定排序规则，单击“下一步”按钮继续安装，如图 1-18 所示。

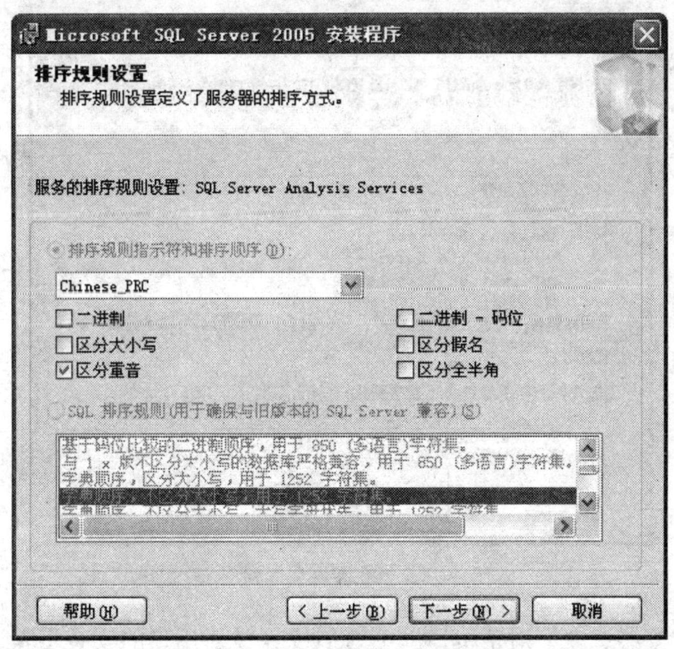


图 1-18　“排序规则设置”对话框

(13) 打开“错误和使用情况报告设置”对话框，可以消除(不选择)复选框以禁用错误报告。单击“下一步”按钮继续安装，如图 1-19 所示。

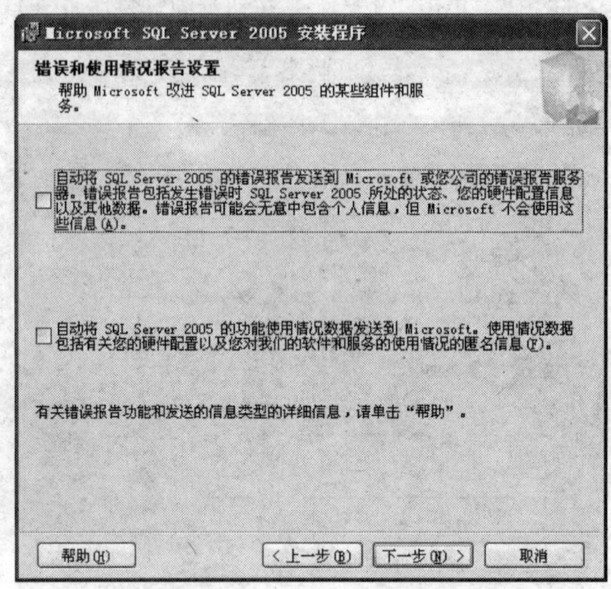


图 1-19 “错误和使用情况报告设置”对话框

(14) 打开“准备安装”对话框，查看要安装的 SQL Server 功能和组件的摘要。单击“下一步”按钮继续安装，如图 1-20 所示。

图 1-20 “准备安装”对话框

(15) 打开“安装进度”对话框，SQL Server 系统对用户的安装步骤进行统计列表，提示用户在安装过程中出现的错误及完成情况。确定完成所有的进度后，单击“下一步”按钮继续安装，如图 1-21 所示。

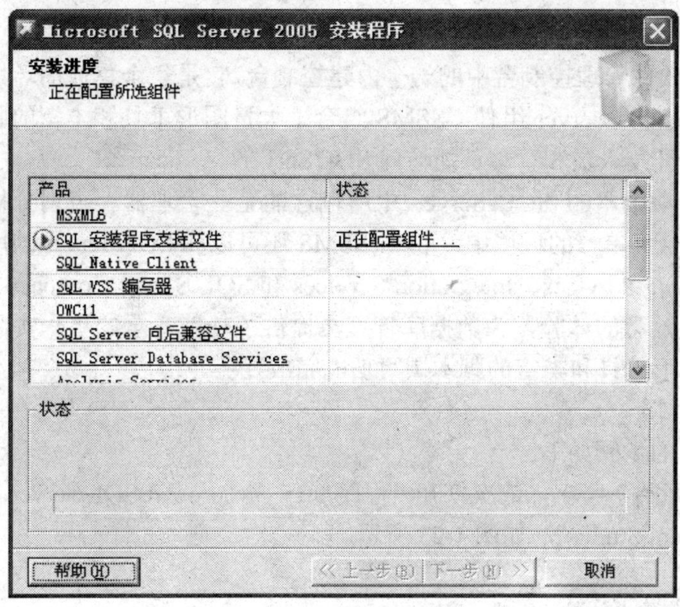


图 1-21　“安装进度”对话框

(16) 在“完成 Microsoft SQL Server 2005 安装”对话框中，SQL Server 系统提示安装的摘要日志及外围应用配置器工具的设置情况，如图 1-22 所示。重新启动系统后，即可使用 SQL Server2005。

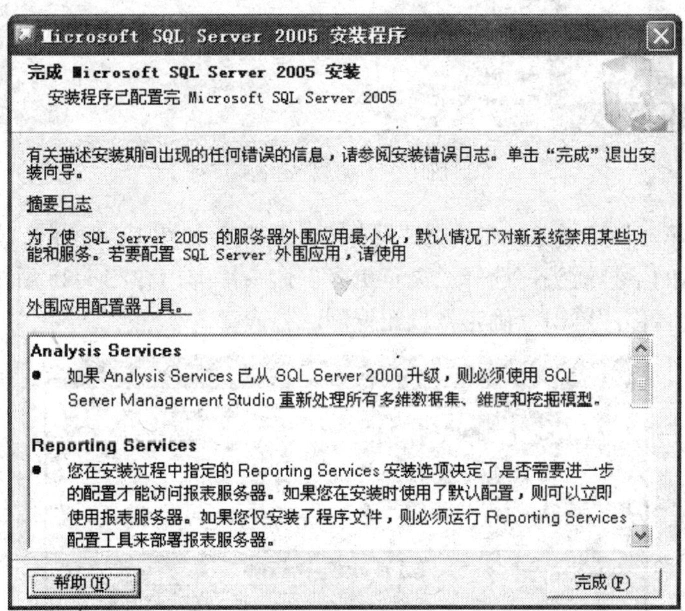


图 1-22　“完成 Microsoft SQL Server 2005 安装”对话框

### 1.2.3　SQL Server Management Studio 简介

【例 1-2-2】安装好 SQL Server 2005，启动 SQL Server Management Studio(SSMS)，熟悉 SSMS 的基本组成，了解其中各部分的功能。尝试在 SSMS 中执行查询的方法和操作步骤。

1. 初步了解 SSMS

SSMS 是微软件管理控制台中的一个内建控制台，它是一个集成的环境，用记于访问、配置和管理所有 SQL Server 组件。SSMS 组合了大量图形工具和丰富的脚本编辑器，使各种技术水平的开发人员和管理都能访问 SQL Server。

SSMS 将早期版本的 SQL Server 中所包含的企业管理器、查询分析器和 Analysis Manager 功能整合到单一的环境中。此外，SSMS 还可以和 SQL Server 的所有组件协同工作，例如 Reporting Services、Integration Services 和 SQL Server Compact 3.5 SP1。SSMS 为开发人员提供熟悉的体验，为数据库管理员提供了功能齐全的单一实用工具，使其能够通过易用的图形工具和丰富的脚本撰写功能完成任务。

2. 启动 SSMS

启动 SSMS 的步骤如下：

(1) 单击“开始”菜单，依次打开“程序”→“Microsoft SQL Server 2005”→“SQL Server Management Studio”，如图 1-23 所示。

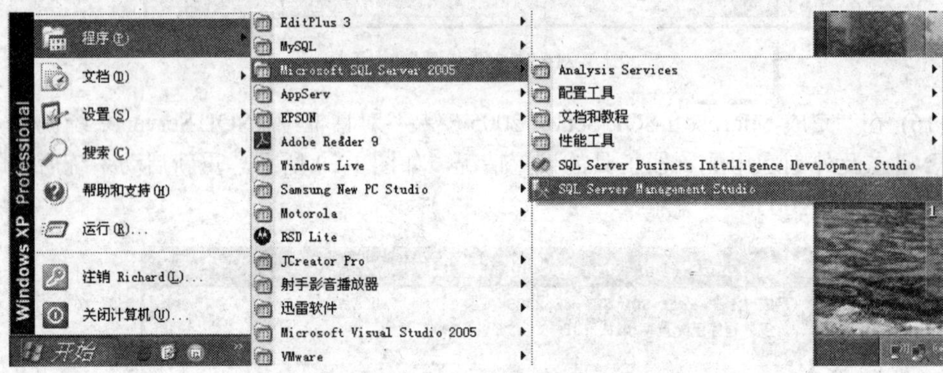


图 1-23 启动 SSMS

(2) 如果是第一次启动 SSMS，需要选择登录账户，如图 1-24 所示。单击“服务器名称”文本框后面的下拉箭头，选择“浏览更多”命令，弹出如图 1-25 所示的对话框。选择需要的服务器名称，单击“确定”按钮返回。

图 1-24 “连接到服务器”界面

图 1-25　选择要连接的服务器名称

(3) 选择好服务器类型、服务器名称和身份验证模式后，再单击“连接”按钮，即可进入 SSMS 的管理界面，如图 1-26 所示。

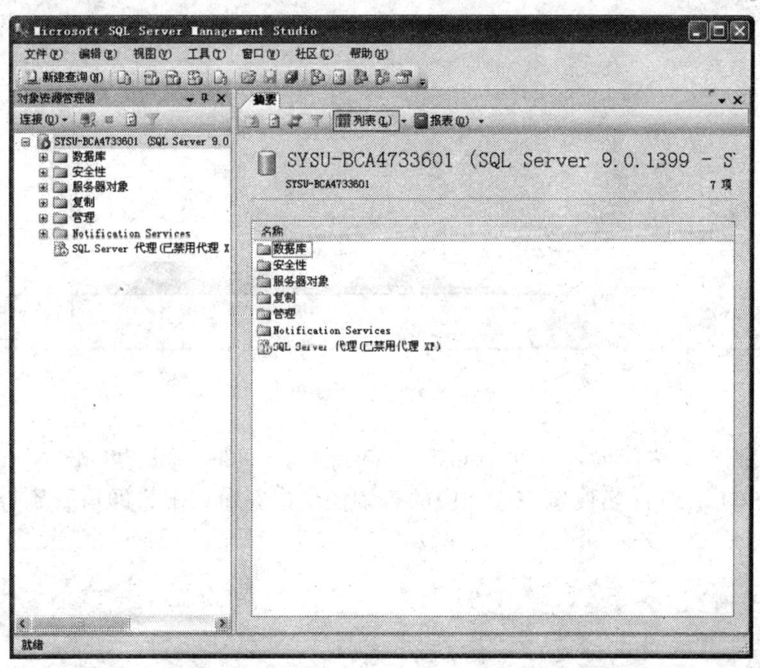


图 1-26　SSMS 管理界面

在“连接到服务器”界面中，会让用户选择一个服务器。如果单击“服务器名称”文本框后面的下拉箭头，选择“浏览更多”命令后，“本地服务器”中没有任何东西，就表示安装错了。如果有，则展开“数据库引擎”，选择其中一个。如果选择本地服务器，直接在服务器名称输入一点“.”，打开的即为本地服务器(本书从项目 2 开始，使用“.”作为本地服务器名称)。

### 3. 在 SSMS 中执行查询

SSMS 查询窗口是一个图形界面的查询工具，用它可以提交 Transact-SQL 语言，然后发送到服务器，并返回执行结果。具体的查询步骤如下：

(1) 启动 SSMS，单击“新建查询”按钮，系统弹出查询窗口，如图 1-27 所示。

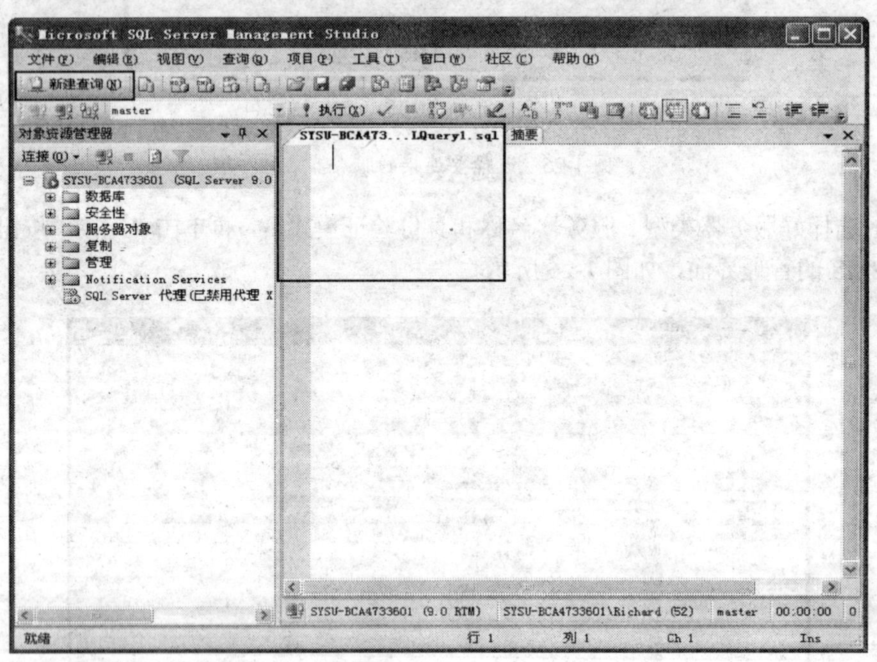

图 1-27　新建查询

(2) 在代码窗口中，输入下列 Transact-SQL 语句，此时，可以单击“分析”、“执行”按钮连接到 SQL Server 实例以完成相应的查询操作，在窗口下方即可看到查询结果，如图 1-28 所示。

```
USE BookShop
GO
SELECT * FROM Goods
GO
```

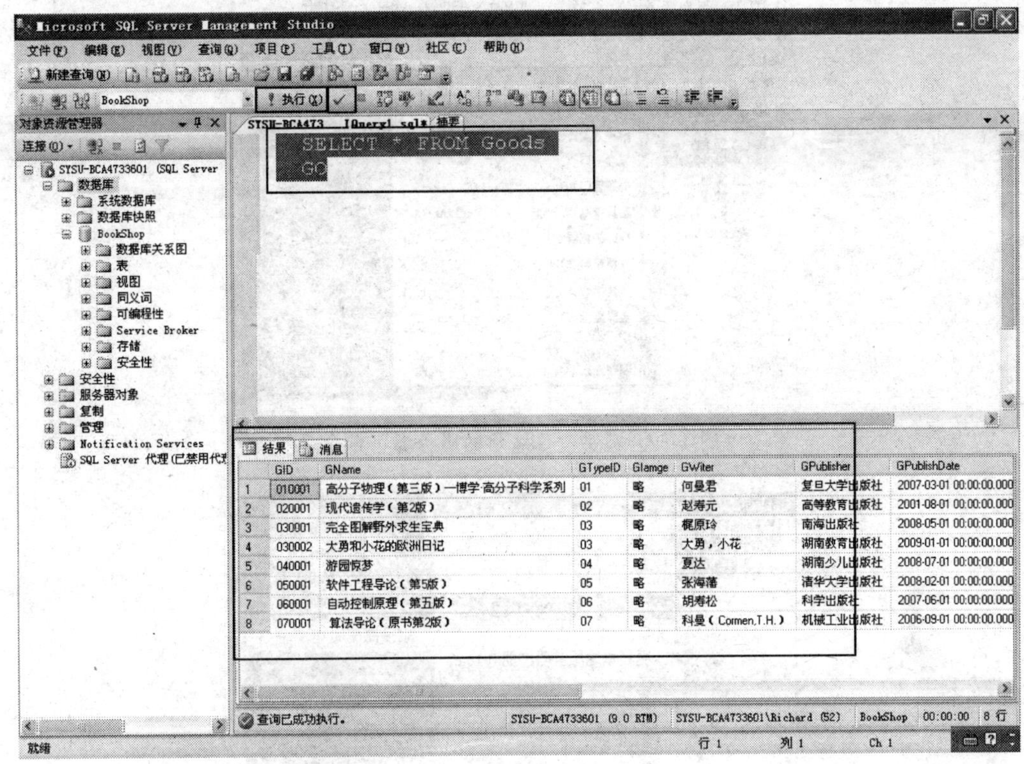

图 1-28 查询窗口

## 1.2.4 服务器管理

SQL Server 的日常管理是在 SSMS 中进行的，但是在管理服务器之前必须将管理的服务器注册到 SSMS 中。在安装过程中，系统自动注册了本地 SQL Server 服务器。

### 1. 注册服务器组

注册服务器组是为了在 SSMS 中登记服务器时可以把服务器加入到一个指定的服务器组中，以便对不同类型和用途的 SQL Server 服务器进行管理。例如，某公司销售部有 2 台 SQL Server 服务器，技术部有 2 台 SQL Server 服务器，可以将他们组织在同一个服务器组中，该组代表公司服务器组；也可以创建 2 个服务器组，分别管理两个部门的服务器，方便管理。

创建服务器组的步骤如下：

(1) 从 SQL Server 2005 程序中打开 SSMS，从“视图”菜单下拉列表中选择“已注册的服务器”，如图 1-29 所示。

(2) 在“已注册的服务器”列表中，右击“数据库引擎”，在弹出的快捷菜单中选择“新建”命令，然后单击“服务器组”命令，如图 1-30 所示。

(3) 弹出“新建服务器组”对话框，在“组名”文件框中，输入服务器的唯一名称，例如“Sales”；在“组说明”文本框中，输入描述服务器组的信息，单击“保存”按钮，即可创建服务器组，如图 1-31 所示。

图 1-29 启动“已注册的服务器”命令

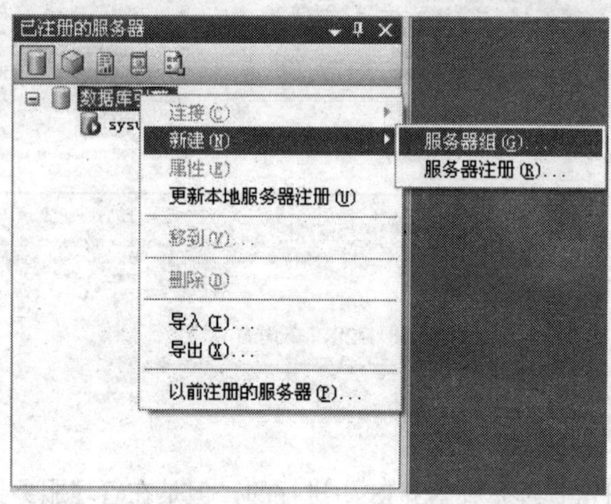


新建服务器组

指定服务器组的名称和说明。新服务器组可以存储在根目录下，也可以作为其他服务器组的子组存储。

组名(N): Sales

组说明(D):

选择新服务器组的位置(L):

数据库引擎

保存(V) 取消 帮助

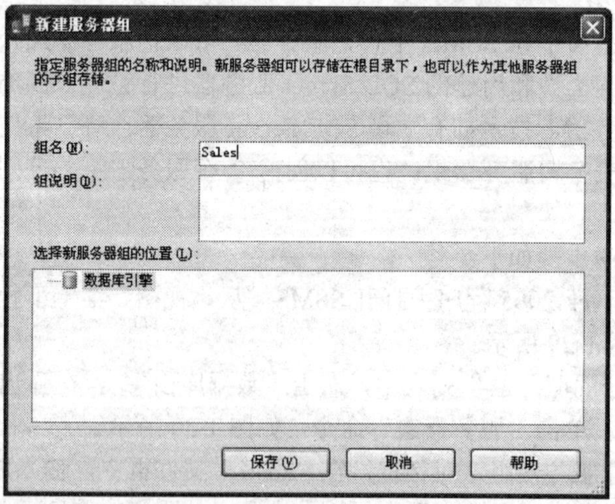

图 1-31 “新建服务器组”对话框

### 2. 注册服务器

创建完成后，新建的服务器组 Sales 出现在“已注册的服务器”列表中，但此时该服务器中还没有任何 SQL Server 服务器。注册服务器就是在 SSMS 中登录服务器，然后把它加入到指定的服务器组中。

具体的操作步骤如下：

(1) 启动 SSMS，在“视图”菜单中选择“已注册的服务器”。在弹出的窗口内右击“Sales”服务器组，弹出如图 1-32 所示的快捷菜单。

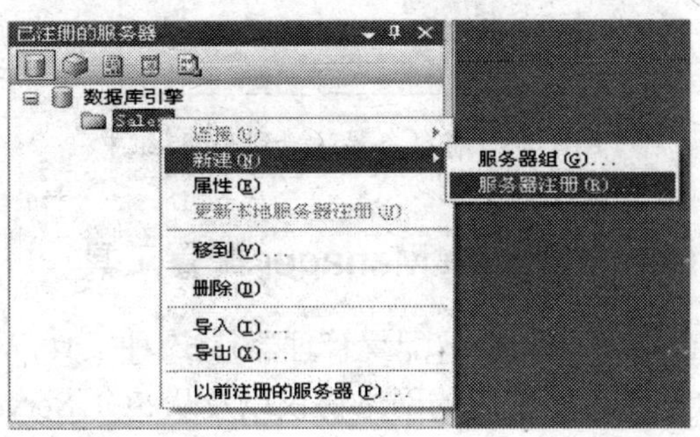


图 1-32　“服务器注册”命令

(2) 在菜单中选择“新建”→“服务器注册”命令，系统弹出如图 1-33 所示的“新建服务器注册”对话框。

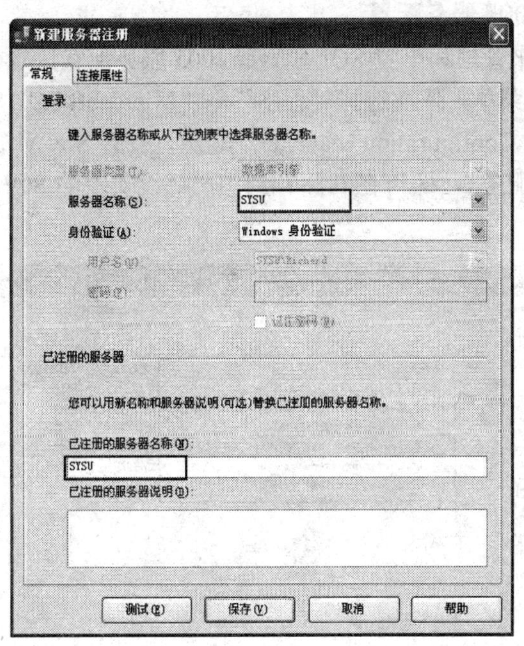


图 1-33　“新建服务器注册”对话框

(3) 在“常规”选项卡中的“服务器名称”文本框中输入所注册的服务器名，如“SYSU”。在“连接”区域中有两种连接认证方式：

① 使用 Windows 身份验证。在这种方式下，只要是 Windows 的合法用户，SQL Server

服务器允许他们连接访问，使用 Windows 的用户管理器可以添加、修改或删除用户的访问权限。

② 使用 SQL Server 身份验证。在这种方式下，需要客户端应用程序连接所需要的登录标识以及口令。管理员名默认为“sa”。

(4) 设定完毕后，单击“保存”按钮，开始注册服务器，结果如图 1-34 所示。

图 1-34 将服务器注册到 Sales 组中

### 1.2.5 SQL Server Configuration Manager 配置工具

SQL Server Configuration Manager(配置管理器)是一种工具，用于管理与 SQL Server 相关联的服务、配置 SQL Server 使用的网络协议以及从 SQL Server 客户端计算机管理网络连接配置。SQL Server Configuration Manager(SSCM)是一种可以通过“开始”菜单访问的 Microsoft 管理控制台管理单元，也可以将其添加到任何其他 Microsoft 管理控制台的显示界面中。Microsoft 管理控制台(mmc.exe)使用 Windows System32 文件夹中的“SQLServerManager10.msc”文件打开 SQL Server 配置管理器。

#### 1. SQL Server 2005 服务配置

可以使用 SSCM 来管理和配置 SQL Server 2005 服务配置。操作步骤如下：

(1) 打开“开始”菜单，依次选择“程序”→“Microsoft SQL Server 2005”→“配置工具”→“SQL Server Configuration Manager”选项，打开 SSCM 窗口。左侧窗口中，选择“SQL Server 2005 服务”，即可在右侧看到当前已经安装的 SQL Server 2005 服务，如图 1-35 所示。

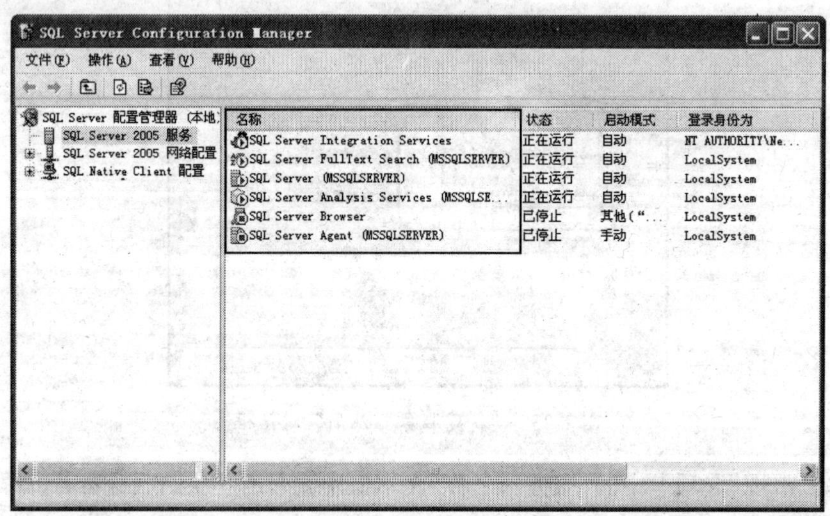


图 1-35 SSCM 窗口

(2) 在服务名称上右击，即可弹出一个快捷菜单，可以对相应的服务执行“启动”、“停止”、“暂停”和“重新启动”等命令，可启动和停止相应的服务，如图 1-36 所示。

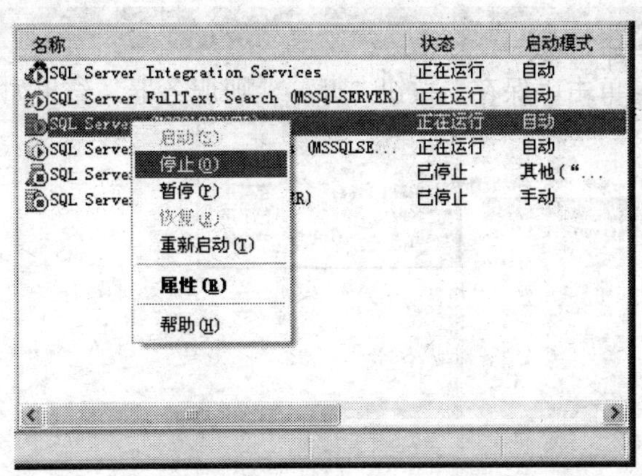


图 1-36　启动和停止服务

(3) 右击“SQL Server(MSSQLSERVER)”，弹出“SQL Server(MSSQLSERVER)属性”对话框，如图 1-37 所示。默认打开的是“登录”选项卡，在该选项卡中，可以设置服务账户。

(4) 可以在“服务”选项卡里设置服务的启动模式。打开“服务”选项卡，选择“启动模式”选项，然后单击右侧的下拉列表框，选择服务的启动模式，如图 1-38 所示。

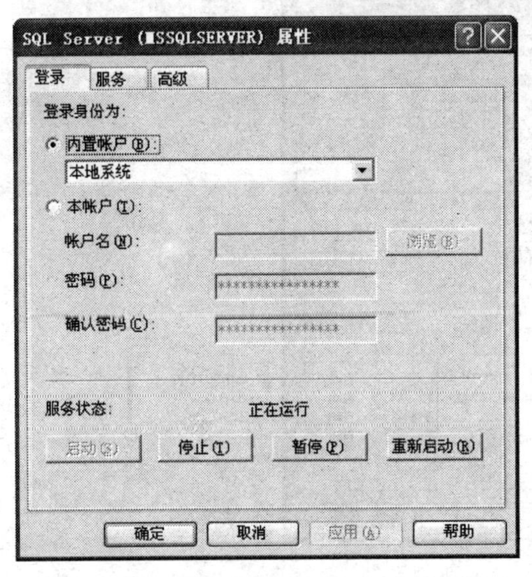


图 1-37　“SQL Server(MSSQLSERVER)属性”对话框

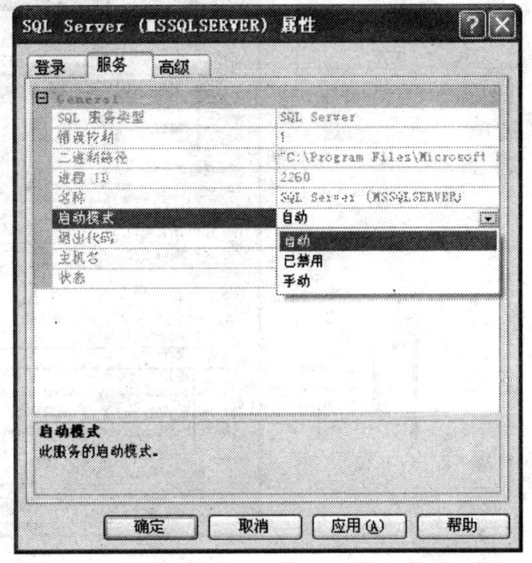


图 1-38　“服务”选项卡

## 2. SQL Server 2005 网络配置

通过 SSCM 工具，可以设置 SQL Server 2005 的网络配置。具体操作步骤如下：

(1) 打开“开始”菜单，依次选择“程序”→“Microsoft SQL Server 2005”→“配置工具”→“SQL Server Configuration Manager”选项，打开 SSCM 窗口。

(2) 在左侧窗口中，依次打开“SQL Server 2005 网络配置”→“MSSQLSERVER 的协议”选项，即可看到 SQL Server 2005 支持的网络协议类型，如图 1-39 所示。

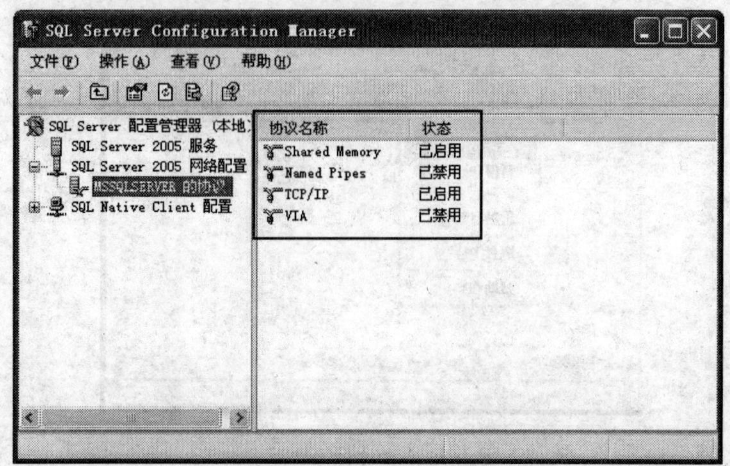


图 1-39 SQL Server 2005 支持的网络协议

(3) 双击某个协议，打开该协议的属性对话框，通过该对话框对网络协议进行配置。例如双击“TCP/IP”，即可打开“TCP/IP 属性”对话框，可以修改该协议的 IP 地址和端口号，如图 1-40 所示。

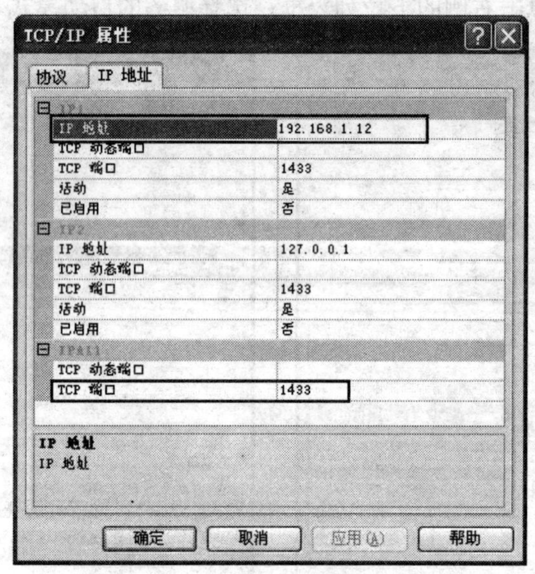


图 1-40 “TCP/IP 属性”对话框

### 3. 客户端配置

如果要在客户端连接远程的 SQL Server 2005 服务器，则需要在客户端计算机上安装配置网络协议。具体操作步骤如下：

(1) 打开“开始”菜单，依次选择“程序”→“Microsoft SQL Server 2005”→“配置工具”→“SQL Server Configuration Manager”选项，打开 SSCM 窗口。

(2) 在左侧窗口中，打开“SQL Native Client”，然后双击“客户端协议”。在右侧窗口中即可看到客户端已经配置的网络协议，如图 1-41 所示。

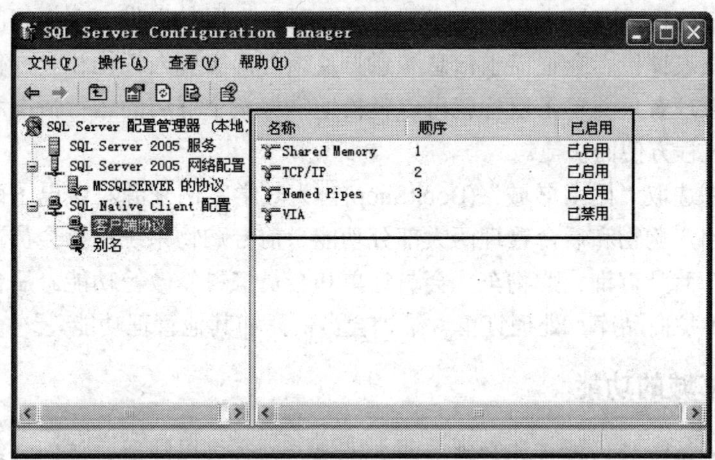


图 1-41　客户端协议

(3) 双击某个协议，即可打开该协议的属性对话框，通过该对话框可对客户端协议进行配置，如图 1-42 所示。

图 1-42　客户端 TCP/IP 协议属性对话框

# 任务 1.3　认识网上书城数据库

## 1.3.1　网上书城数据库的来源

随着 Internet 的迅速发展，网络购物变得越来越流行。网上商城作为网上交易的主要平台，推动了电子商务的发展。下面通过一个具体的案例，介绍网上书城数据库的设计与开发过程。

通过对实体书店的考察和了解，发现书籍展示、书籍浏览、书籍查询和下订单等现实生活中的购书流程都可以在网络中实现，并且可以为用户提供一个更好的交流平台，用户可以对书发表评价、登记需求信息和意见反馈等，实现人性化和个性化的服务。而在后台方面，管理者只要单击鼠标就可以轻松地掌握整个书店的运行情况和用户基本需求信息，整个过程方便而快捷。

因此，本书选取“网上书城”(BookShop)作为教学案例来源。该电子商务系统要求能够实现前台用户购物和后台管理两大部分功能。前台购物系统包括会员注册、会员登录、商品展示、商品查询、购物车、会员订单和会员资料修改等功能。后台管理系统包括管理用户、维护商品库、处理订单、维护会员信息和其他管理功能。

### 1.3.2 网上书城的功能

该网上书城系统分为顾客和管理员两大模块。顾客可以注册、访问、维护个人资料页面、商品展开页面、商品详细信息页面、购物车页面，使用帮助和注销等；管理员使用的页面包括商品类型维护、商品维护、顾客信息维护、订单处理等。网上书城系统功能结构图如图 1-43 所示。

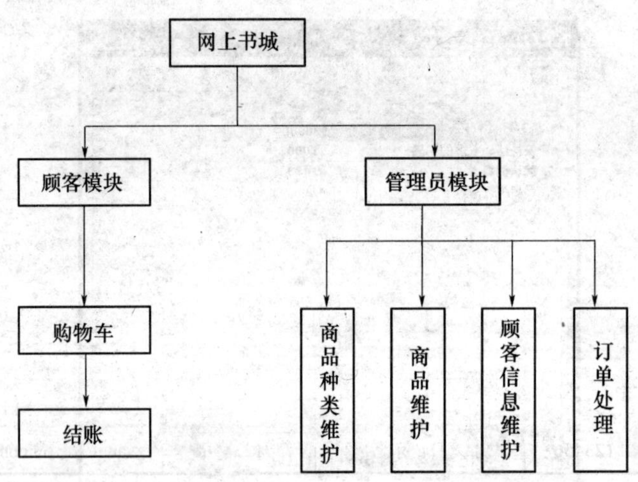


图 1-43 网上书城系统功能结构图

### 1.3.3 数据表简介

根据系统功能描述和实际业务分析，对 BookShop 电子商城的数据库进行设计，主要数据表及其内容如下所示。

#### 1. 顾客信息表

创建登录到书城购物后，系统需要知道所登录顾客的信息，因此需要一个记录顾客信息的顾客信息表(Customers 表)。顾客信息表的结构如表 1-7 所示。

表1-7 顾客信息表的结构

| 序号 | 属性名称 | 含 义 | 数据类型 | 为空性 | 备 注 |
|---|---|---|---|---|---|
| 1 | CID | 客户编号 | char(6) | not null | 主键约束 |
| 2 | CTrueName | 真实姓名 | varchar(30) | not null | |
| 3 | Cpassword | 客户密码 | varchar(30) | not null | |
| 4 | CSex | 性别 | char(2) | not null | 检查约束 |
| 5 | CAddress | 客户地址 | varchar(50) | null | |
| 6 | CMobile | 手机号码 | varchar(11) | not null | |
| 7 | CEmail | 电子邮箱 | varchar(50) | null | 检查约束 |
| 8 | CRegisterDate | 用户注册日期 | datetime | not null | 默认当前日期 |

顾客信息表的详细内容如表1-8所示。

表1-8 顾客信息表的详细内容

| CID | CTrueName | Cpassword | CSex | CAddress | CMobile | CEmail | CRegisterDate |
|---|---|---|---|---|---|---|---|
| C0001 | 刘小和 | 123456 | 男 | 广东广州市 | 13512345678 | liuxh@163.com | 2009/8/6 |
| C0002 | 张嘉靖 | 123456 | 男 | 广东广州市 | 13512345679 | zhangjj002@163.com | 2010/9/4 |
| C0003 | 罗红红 | 123456 | 女 | 广东珠海市 | 13512345680 | | 2008/11/24 |
| C0004 | 李浩华 | 123456 | 女 | 广东珠海市 | 13512345681 | lihaohua@163.com | 2008/11/24 |
| C0005 | 吴美霞 | 123456 | 女 | 湖南长沙市 | 13512345682 | wumeixia@163.com | 2010/10/22 |
| C0006 | 陈毅名 | 123456 | 男 | 江西南昌市 | 13512345683 | chenym@163.com | 2010/12/21 |
| C0007 | 黄小波 | 123456 | 男 | 湖北武汉市 | 13512345684 | huangxb@163.com | 2011/1/22 |
| C0008 | 张丰盛 | 123456 | 男 | 广东桂林市 | 13512345685 | zhangfs@163.com | 2009/7/25 |
| C0009 | 许志敏 | 123456 | 女 | 广东珠海市 | 13512345686 | xzhiming@163.com | 2011/1/6 |
| C0010 | 王天成 | 123456 | 男 | 广东佛山市 | 13512345687 | wangtc@163.com | 2007/7/24 |

### 2. 商品类别表

商品过多的时候不便于选择和查询，为了对商品进行分类管理，需要一个商品类别表(Category表)。其结构如表1-9所示。

表1-9 商品类别表结构

| 序号 | 属性名称 | 含 义 | 数据类型 | 为空性 | 备 注 |
|---|---|---|---|---|---|
| 1 | CaID | 类别ID | char(2) | not null | 主键约束 |
| 2 | CaName | 类别名称 | varchar(20) | null | |
| 3 | CaDeleted | 删除标记项 | bit | null | 用true和false表示是否被删除 |

商品类别表的详细内容如表 1-10 所示。

表 1-10　商品类别表详细内容

| CaID | CaName | CaDeleted | CaID | CaName | CaDeleted |
|---|---|---|---|---|---|
| 01 | 自然科学 | false | 06 | 人工智能 | false |
| 02 | 医学卫生 | false | 07 | 计算机理论 | false |
| 03 | 旅游地理 | false | 08 | 电子电工电信 | false |
| 04 | 青春文学 | true | 09 | 临床医学 | false |
| 05 | 软件开发 | false | 10 | 工业技术 | false |

### 3. 商品表

网上书城的主要功能就是让顾客在网上买到所需要的商品。系统数据库应该有商品表(Goods 表)。商品表的结构如表 1-11 所示。

表-11　商品表结构

| 序号 | 属性名称 | 含义 | 数据类型 | 为空性 | 备注 |
|---|---|---|---|---|---|
| 1 | GID | 商品 ID | char(6) | not null | 主键约束 |
| 2 | GName | 书名 | varchar(50) | null | |
| 3 | GTypeID | 书本类型 ID | char(2) | not null | 外键约束 |
| 4 | GWriter | 作者名 | varchar(30) | null | |
| 5 | GPublisher | 出版商 | varchar(50) | null | |
| 6 | GISBN | ISBN 号 | varchar(50) | null | |
| 7 | GPrice | 书本价格 | money | null | |
| 8 | GCount | 书本存量 | int | null | |

商品表的详细内容如表 1-12 所示。

表 1-12　商品表详细内容

| GID | GName | GTypeID | GWriter | GPublisher | GISBN | GPrice | GCount |
|---|---|---|---|---|---|---|---|
| 010001 | 高分子物理 | 01 | 何曼君 | 复旦大学出版社 | 9787309054145 | 35 | 200 |
| 020001 | 现代遗传学 | 02 | 赵寿元 | 高等教育出版社 | 9787040239737 | 36 | 100 |
| 030001 | 野外求生宝典 | 03 | 梶原玲 | 南海出版社 | 9787544240345 | 28 | 150 |
| 030002 | 欧洲日记 | 03 | 张明 | 湖南教育出版社 | 9787224240341 | 60 | 200 |
| 030003 | 西藏行 | 03 | 毛毛 | 湖南教育出版社 | 9787224240342 | 50 | 100 |
| 040001 | 游园惊梦 | 04 | 夏达明 | 湖南少儿出版社 | 9787535838823 | 24 | 250 |
| 050001 | 软件工程导论 | 05 | 张海藩 | 清华大学出版社 | 9787302164745 | 35 | 300 |
| 050002 | 软件架构设计 | 05 | 张海藩 | 清华大学出版社 | 9787302164748 | 40 | 200 |
| 050003 | 走进软件世界 | 05 | 刘一明 | 科学出版社 | 9787030189609 | 30 | 100 |
| 060001 | 自动控制原理 | 06 | 胡寿松 | 科学出版社 | 9787030189654 | 52 | 150 |
| 070001 | 算法导论 | 07 | 科曼 | 机械工业出版社 | 9787111187712 | 85 | 250 |

### 4. 评论表

顾客在购买到商品后，可以对该商品进行评论，应该有一张评论表(Comment表)存储商品的评论信息。评论表的结构如表1-13所示。

表 1-13　评论表结构

| 序号 | 属 性 名 称 | 含 义 | 数据类型 | 为空性 | 备 注 |
|---|---|---|---|---|---|
| 1 | CmID | 评论 ID | char(6) | not null | 主键约束 |
| 2 | CmCommenderID | 评论者 ID | char(6) | not null | 外键约束 |
| 3 | CmBookID | 评论书籍的 ID | char(6) | not null | 外键约束 |
| 4 | CmTitle | 评论主题 | varchar(200) | not null | |
| 5 | CmContent | 评论内容 | ntext | null | |
| 6 | CmDate | 评论日期 | datetime | null | 当前日期 |

商品表的详细内容如下表 1-14 所示。

表 1-14　评论表详细内容

| CmID | CmCommenderID | CmBookID | CmTitle | CmContent | CmDate |
|---|---|---|---|---|---|
| 0001 | C0001 | 010001 | 书很不错 | 我很喜欢这本书 | 2011-6-10 |
| 0002 | C0002 | 010001 | 正版书 | 书写得不错 | 2011-6-10 |
| 0003 | C0003 | 030001 | 强烈推荐 | 强烈推荐 | 2011-6-15 |
| 0004 | C0007 | 040001 | 内容很详细 | 适合初学者 | 2011-8-29 |
| 0005 | C0004 | 060001 | 书写得一般 | 里面内容写得一般 | 2011-8-28 |

### 5. 管理员表

从系统维护和安全性的角度看，只有具有管理权限的用户才能对系统进行维护和管理，因此需要有一个管理员表(Manager 表)。其结构如表 1-15 所示。

表 1-15　管理员表结构

| 序号 | 属性名称 | 含 义 | 数 据 类 型 | 为空性 | 备 注 |
|---|---|---|---|---|---|
| 1 | MaID | 编号 | char(10) | not null | 主键约束 |
| 2 | MaName | 姓名 | varchar(30) | not null | |
| 3 | MaSex | 性别 | char(2) | null | |
| 4 | MaMobile | 手机号码 | varchar(11) | null | |
| 5 | MaEmail | 邮箱 | varchar(50) | null | |

管理员表的详细内容如表 1-16 所示。

表 1-16　管理员表详细内容

| MaID | MaName | MaSex | MaMobile | MaEmail |
|---|---|---|---|---|
| M0001 | 李璐 | 女 | 13312345671 | lilu@163.com |
| M0002 | 张小杰 | 男 | 13312345672 | zhangxj@163.com |
| M0003 | 王子民 | 男 | 13312345673 | wangzm@163.com |
| M0004 | 刘蕾 | 女 | 13312345674 | liulei@163.com |
| M0005 | 文知东 | 男 | 13312345675 | wenzhidong@163.com |

### 6. 购物车表

购物车可以使顾客将指定货物添加到购物车内，也可以根据顾客编号从数据库中获取上次存储的购物车信息。购物车表(ShopCat 表)的结构如表 1-17 所示。

表 1-17 购物车表结构

| 序 号 | 属性名称 | 含 义 | 数据类型 | 为空性 | 备 注 |
|---|---|---|---|---|---|
| 1 | ScID | 购物车编号 | char(6) | not null | 主键约束 |
| 2 | CID | 顾客编号 | char(6) | not null | 外键约束 |
| 3 | GID | 商品编号 | char(6) | not null | 外键约束 |
| 4 | Gname | 商品名称 | varchar(50) | null | |
| 5 | Gpirce | 商品价格 | money | null | |
| 6 | Gnumber | 购买数量 | Int | null | |

购物车表的详细内容如表 1-18 所示。

表 1-18 购物车表详细内容

| ScID | CID | GID | Gname | Gpirce | Gnumber |
|---|---|---|---|---|---|
| S10604 | C0001 | 010001 | 高分子物理 | 35 | 2 |
| S10608 | C0002 | 010001 | 高分子物理 | 35 | 3 |
| S10609 | C0003 | 030001 | 野外求生宝典 | 28 | 1 |
| S10615 | C0007 | 040001 | 游园惊梦 | 24 | 8 |
| S10826 | C0004 | 060001 | 自动控制原理 | 52 | 2 |

### 7. 订单表

顾客如果选择了某件商品，确认购买时，就要下订单，因此需要用订单表(Orders 表)来记录顾客所确认的订单。其结构如表 1-19 所示。

表 1-19 订单表结构

| 序号 | 属性名称 | 含 义 | 数据类型 | 为空性 | 备 注 |
|---|---|---|---|---|---|
| 1 | OID | 订单编号 | char(14) | not null | 主键约束 |
| 2 | CID | 客户编号 | char(6) | not null | 外键约束 |
| 3 | ODate | 订单日期 | datetime | not null | 当前日期 |
| 4 | OSum | 订单金额 | money | null | |
| 5 | OStatus | 订单状态 | char(1) | not null | 是否处理 |

订单表的详细内容信息如下表 1-20 所示。

表 1-20 订单表详细内容

| OID | CID | ODate | OSum | OStatus |
|---|---|---|---|---|
| 201106051011 | C0001 | 2011/6/5 | 106 | 0 |
| 201106051022 | C0002 | 2011/6/5 | 35 | 0 |
| 201106051023 | C0003 | 2011/6/5 | 200 | 1 |

(续)

| OID | CID | ODate | OSum | OStatus |
|---|---|---|---|---|
| 201108231012 | C0004 | 2011/8/23 | 240 | 1 |
| 201108231210 | C0005 | 2011/8/23 | 480 | 0 |
| 201108231342 | C0006 | 2011/8/23 | 293 | 0 |
| 201109201130 | C0006 | 2011/9/20 | 170 | 0 |

### 8. 订单详细表

订单的详细信息即顾客具体买了几种商品，以及每种商品的数量等，需要一个订单详细表(OrderDetails 表)。其结构如表 1-21 所示。

表 1-21　订单详情表结构

| 序号 | 属性名称 | 含 义 | 数据类型 | 为 空 性 | 备 注 |
|---|---|---|---|---|---|
| 1 | OdID | 编号 | char(6) | not null | 主键约束 |
| 2 | OID | 订单编号 | char(14) | not null | 外键约束 |
| 3 | GID | 商品编号 | char(6) | not null | 外键约束 |
| 4 | OdPrice | 购买价格 | money | not null | |
| 5 | OdNumber | 购买数量 | int | not null | |

订单详细表的详细内容如表 1-22 所示。

表 1-22　订单详情表的详细内容

| OdID | OID | GID | OdPrice | OdNumber |
|---|---|---|---|---|
| 1 | 201106051011 | 010001 | 70 | 2 |
| 2 | 201106051011 | 020001 | 36 | 1 |
| 3 | 201106051022 | 010001 | 35 | 1 |
| 4 | 201106051023 | 030001 | 140 | 5 |
| 5 | 201106051023 | 030002 | 60 | 1 |
| 6 | 201108231012 | 040001 | 240 | 10 |
| 7 | 201108231210 | 040001 | 480 | 20 |
| 8 | 201108231342 | 060001 | 208 | 4 |
| 9 | 201108231342 | 070001 | 85 | 1 |
| 10 | 201109201130 | 070001 | 170 | 2 |

# 项目实训 1　安装 SQL Server 2005

## 一、实训目的

1. 掌握在 Windows XP 环境下安装 SQL Server 2005 标准版或者开发版的方法。

2. 熟悉 SQL Server Management Studio 的各组成部分。

3. 学会用混合模式登录 SQL Server 2005。

## 二、实训内容

1. 安装 SQL Server 2005 系统(标准版或开发版)。安装之前要了解本地机的操作系统以及 IIS 的安装版本，低版本的 IIS 软件要卸载后重新安装。安装时要采用混合模式，以便于后期的管理操作。

2. 创建服务器组：DBServer_group。

3. 注册服务器。将局域网中的一台计算机作为数据库服务器，添加到 DBServer_group 组中。

4. 启动 SQL Server Management Studio，查看以下内容：

(1) 服务器级的对象：数据库、安全性、服务器对象、复制、管理等。

(2) 查看系统数据库 master、model 及其对象：表、视图、可编程性、安全性等。

## 三、实训小结

SQL Server 2005 的安装设置决定了数据库系统的功能，尤其是在网络环境和操作系统环境比较复杂的情况下，安装合适的数据库版本并对安全对象进行设置，一方面有利于数据库项目的团队开发，另一方面体现了网络型数据库的安全性特征。在本实训中，对 SQL Server 2005 的管理工具和服务器管理进行简单的操作，使用户使用 SQL Server 2005 以前有一个全面的认识。

# 练 习 题

## 一、选择题

1. (　　)是一个图形界面的查询工具，用它可以提交 Transact-SQL 语言，然后发送到服务器，并返回执行结果，该工具支持基于任何服务器的任何数据库连接。

A. SQL Server Management Studio　　B. 事件探测器

C. SQL 管理对象　　D. DTS

2. (　　)是长期存储在计算机内，有结构的大量的共享数据集合。

A. 数据库　　B. 数据　　C. 数据库系统　　D. 数据库管理系统

3. 下列四项中，说法不正确的是(　　)。

A. 数据库减少了数据冗余　　B. 数据库中的数据可以共享

C. 数据库避免了一切数据的重复　　D. 数据库具有较高的数据独立性

4. Microsoft SQL Server 是一种基于“客户端/服务器”的关系型数据管理系统，它使用(　　)。

A. TCP/IP　　B. Transact-SQL　　C. C 语言　　D. ASP

5. 下列四项中，不属于关系数据库特点的是(　　)。

A. 数据冗余小　　B. 数据独立性高

C. 数据共享性好　　D. 多用户访问

## 二、填空题

1. SQL Server 2005 的超级管理员名称是____________。
2. 用树型结构表示实体类型及实体间联系的数据模型称为____________。
3. 数据库系统中常用的三种数据模型有层次模型、____________和____________。

# 项目 2 数据模型的规划与设计

## 项目简介

数据库开发人员总是希望自己设计的数据库简单易用、安全可靠、容易维护和扩展、冗余最小，并希望用户存取数据时有较高的响应速度。本项目将围绕网上书城数据库的构建过程，阐述相关知识。网上书城的功能是否能满足用户的需求，很大程度上依赖于网上书城数据库的设计是否能够满足用户的应用需求。数据库的设计与开发，是网上书城开发首先要解决的问题。为了设计出满足用户需求的数据库，应当遵循严格的数据库设计方法和准则，注重数据库设计过程的每一个细节，这样不仅能提高设计效率，还有助于数据库用户、数据库管理人员和应用程序开发人员对数据库的使用、管理和扩充。

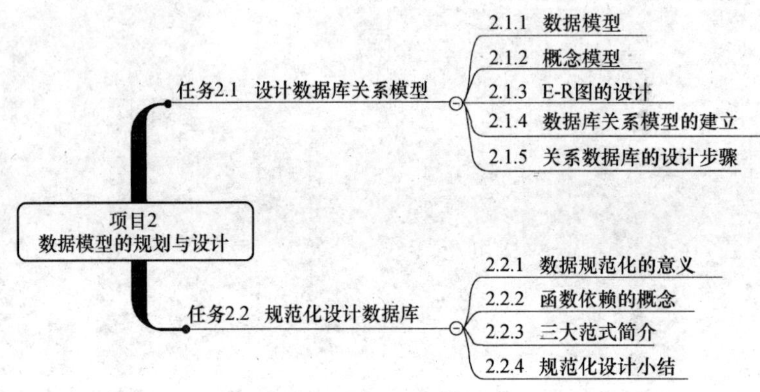


图 2-1 本项目知识要点

## 单词学习

1. entity：实体
2. characteristic：特征
3. attribute：属性
4. relationship：联系
5. primary key：主键
6. foreign key：外键
7. domain：域
8. tuple：元组
9. relation：关系
10. normal form：范式

## 任务 2.1 设计数据库关系模型

### 2.1.1 数据模型

数据模型是通过某种计算机能够理解的方式来反映现实世界。任何一个数据库系统都有它自身支持的数据结构模型，并且这种数据结构模型通常是需要严格形式定义的。最早的数据模型是层次数据模型，是用树型结构来表示实体型以及实体型之间的关系，20 世纪 70 年代至 80 年代初非常流行。后来在层次模型的基础上发展起来网状数据模型，它采用网状模型作为数据组织方式。20 世纪 80 年代以来，关系数据模型逐步取代了非关系数据模型的统治地位。关系型数据库就是支持这种数据模型的数据库系统，典型产品有 Oracle、Mysql、Sybase、SQL Server。本书所讨论的 SQL Server 2005 数据库的数据结构模型就是关系数据模型。

## 2.1.2　概念模型

### 1. 概念模型概述

现实世界是客观存在的各种事物、事物之间的相互联系及事物的发生、变化过程，要通过实体、特征、实体集及其联系进行划分和认识。现实世界直接数据化是不可行的，每个事物的无穷特性如何数据化？事物之间的错综复杂的联系怎么数据化？为了回答这些问题，人们必须首先调查、研究现实世界，归纳提炼出一个在研究范围内能反映现实世界的模拟世界——信息世界，然后才能对所得到的信息世界进行数据化。

当事物用信息来描述时，就进入了信息世界，这时候就可以通过概念模型来反映现实世界。概念模型是客观世界到概念(信息)世界的认识和抽象，是用户与数据库设计人员之间进行交流的语言，常用表示方法是 E-R 图(Entity Relationship Diagram，实体-联系图)。概念模型通过 E-R 图中的对象、属性和联系对现实世界进行静态描述。

### 2. 概念模型的基本元素

(1) 实体(Entity)。现实世界中客观存在并且可以相互区别的事物和活动的抽象。例如一个学生、一辆汽车、一次门诊、一次篮球比赛等，都是实体。

(2) 实体的特征(Entity Characteristic)。对同类实体的共有特征的抽象定义。例如一个学生的特征有学号、姓名、性别、系部……，又如一次门诊的特征有医生姓名、病人姓名、诊断时间、病情、结论……

(3) 实体集(Entity Set)。具有相同特征的同一类实体的集合。例如一个班级的学生、公司的所有汽车都是实体集。

(4) 联系(Relationship)。实体集之间的相互关系。例如学生和课程之间有“选课”联系，客户和图书之间有“订单”联系。

(5) 属性(Attributc)。实体的某一个方面的特征的抽象表示。例如可以使用“图书编号”、“图书名”、“价格”来具体描述一本图书，这里的“图书编号”、“图书名”、“价格”等就是图书的属性。

(6) 主键(Primary Key)和候选键(Candidate Key)。能够标识一个实体的属性或者属性组。如果是属性组，则不能包含非码的属性。例如一本图书的编号如果确定了，那么就能根据属性“图书编号”找到这一本图书。由于图书编号可以唯一确定一本图书，所以把“图书编号”称为主键。当一个实体集中包含有多个码时，通常选定其中一个码作为主键，其他码作为候选键。如果图书没有重名的情况，那么“图书名”也可以确定唯一的一本图书。如果已经选择属性“图书编号”作为主键，此时“图书名”就是候选键。

(7) 域(Domain)。属性的取值范围称为属性的域。例如，图书的库存量，要求为大于等于 0 的整数；客户的性别的取值范围是{男，女}。

**3. E-R 图的表示方法**

(1) 实体。用矩形表示，在矩形中写上实体的名字。

(2) 属性。用椭圆形表示，在椭圆形中写上属性的名字，将属性用线段连接到实体集上。

(3) 联系。用菱形表示，在菱形中写上联系的名字，将实体连接到联系上。如果联系具有属性，则将属性用线段连接到联系上。

**【例 2-1-1】**在某网上书城中，图书具有如下属性：图书 ID、图书名、价格、库存量共四个属性，用 E-R 图表示该图书实体。

绘制的 E-R 图如图 2-2 所示。

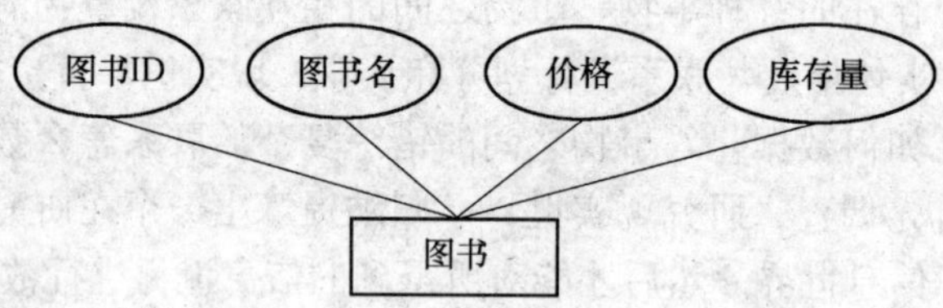


图 2-2 图书及其属性的 E-R 图

**【例 2-1-2】**在某网上书城中，具有图书和订单两个实体，它们之间存在明细联系，该联系具有价格和数量两个属性，用 E-R 图表示该实体和联系。

绘制的 E-R 图如图 2-3 所示。

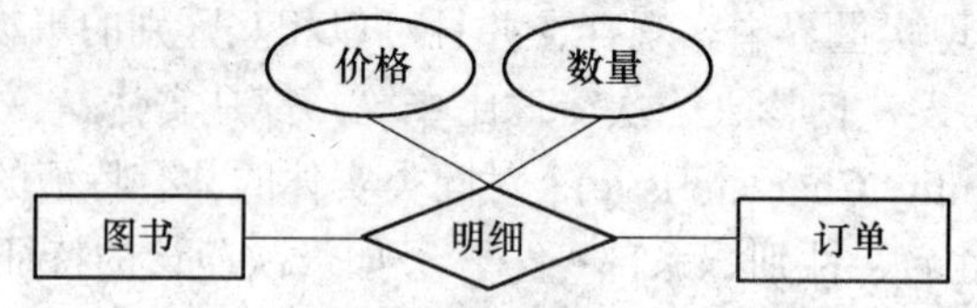


图 2-3 图书和订单及其联系的 E-R 图

- 由于实体的属性可能很多，所以在 E-R 图中也可以不直接画出来，而用数据字典的方式表示。
- 联系的属性必须在 E-R 图上表示出来，不能通过数据字典表示。

**4. 联系分类**

假设有两个实体集 $X$ 和 $Y$，那么实体集 $X$ 和 $Y$ 之间可能具有如下三种联系：

(1) 一对一联系(1∶1)。如果实体集 $X$ 中的每个实体，在实体集 $Y$ 中至多有一个(或者没有)实体与之存在联系；同时，实体集 $Y$ 中的每个实体，在实体集 $X$ 中至多有一个实体与之存在联系。那么，两实体集间就是一对一联系，记作(1∶1)，如图所示 2-4(a)。例如班级和班主任就是一对一联系，用 E-R 图表示如图 2-4(b)所示；又如品牌和商标图案也是一对一联系。

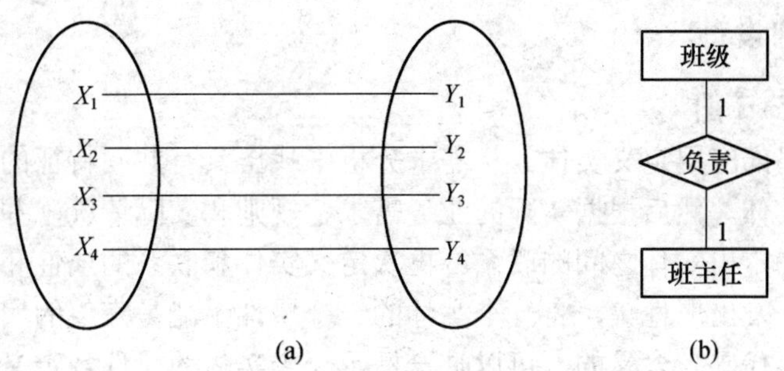


图 2-4　1∶1 的联系

(2) 一对多联系(1∶*n*)。如果实体集 *A* 中的每个实体，在实体集 *Y* 中有一个或多个实体与之存在联系；同时，实体集 *Y* 中的每个实体，在实体集 *X* 中至多有一个实体与之存在联系。那么，两实体集间就是一对多联系，记作(1∶*n*)，如图 2-5(a)所示。例如图书分类和图书就是一对多联系，用 E-R 图表示如图 2-5(b)所示；又如学校和学生也是一对多联系。

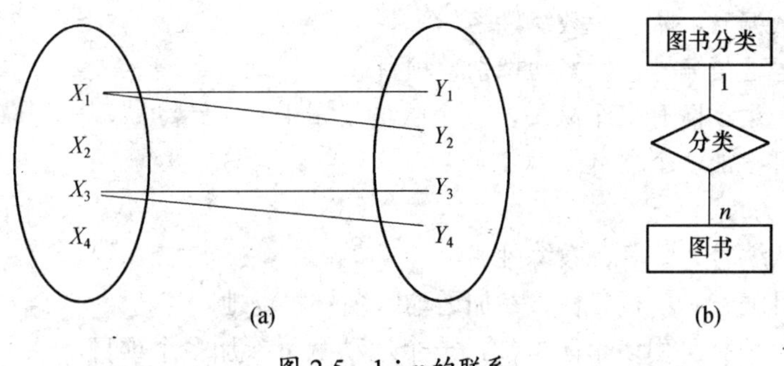


图 2-5　1∶*n* 的联系

(3) 多对多联系(*m*∶*n*)。如果实体集 *X* 中的每个实体，在实体集 *Y* 中有一个或多个实体与之存在联系；同时，实体集 *Y* 中的每个实体，在实体集 *X* 中也有一个或多个实体与之存在联系。那么，两实体集间就是多对多联系，记作(*m*∶*n*)，如图 2-6(a)所示。例如读者和图书就是多对多联系，用 E-R 图表示如图 2-6(b)所示；又如学生和课程、汽车和零件也是多对多联系。

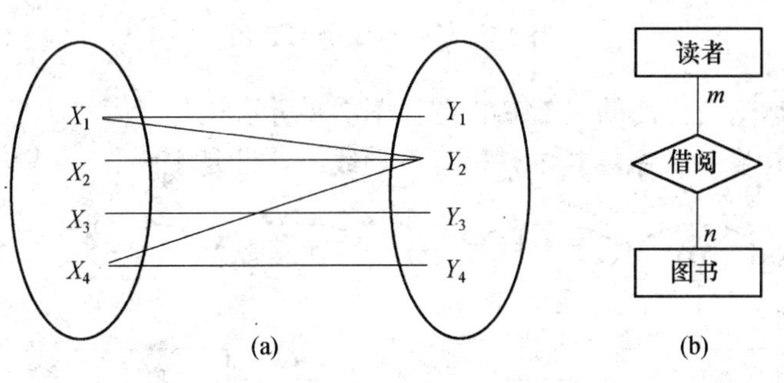


图 2-6　*m*∶*n* 的联系

### 2.1.3 E-R 图的设计

**1. 设计局部 E-R 图**

首先要选择局部应用定义实体。从需求分析中找出具有共同特征的实体集，直接或间接标出大部分实体。然后根据实际的业务需求、规则和实际情况，并根据数据流图中对数据的处理，确定出实体之间的联系。再次定义实体和联系的属性和键。从实体中总结说明性的名词开发出属性集，将一个实体的一个属性不能是空值的属性定义为主键。例如实体中表示“代码”含义的，可以唯一标示一个实体的属性，定义为实体的主键，如客户编码、图书编码、订单编号等。

在设计局部 E-R 图的过程中要注意以下一些原则：

(1) 现实世界中能作为属性看待的事物应尽量作为属性看待。

(2) 属性不能再分。

(3) 一个实体的属性不能与其他实体发生联系。

**【例 2-1-3】**某田径运动会组委会需要一套运动会管理系统，现提出如下需求：

(1) 运动队方面。

运动队：队编号、队名、教练姓名。

运动员：运动员编号、姓名、性别、项目。

其中，一个运动队有多个队员，一个队员仅属于一个运动队，一个队一般有一个教练，一个队员可参加多个项目。

(2) 运动会方面。

运动队：队编号、队名、教练姓名。

项目：项目编号，项目名称、参加运动队编号、场地。

其中，一个项目可由多个队参加，一个运动队可参加多个项目，一个项目有一个比赛场地。现要求分别设计运动队方面和运动会方面的两个局部 E-R 图。

设计完成的运动队方面的局部 E-R 图如图 2-7 所示。

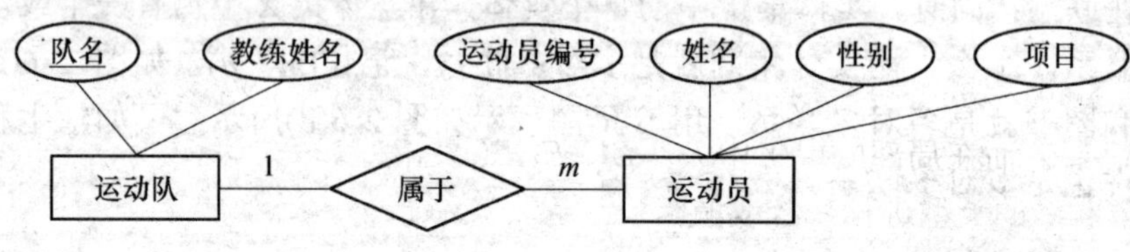


图 2-7 运动队局部 E-R 图

设计完成的运动会方面的局部 E-R 图如图 2-8 所示。

**注意**：在 E-R 图和关系模式中，标有下划线的属性是主码。

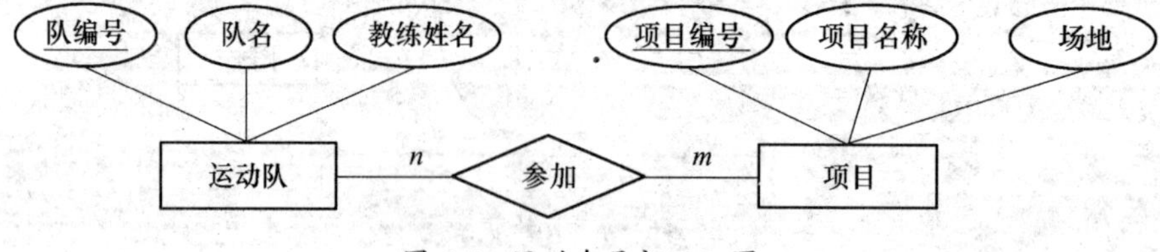


图 2-8 运动会局部 E-R 图

## 2. 集成全局 E-R 图

局部 E-R 图设计完成之后，将局部 E-R 图合并生成初步 E-R 图。由于局部 E-R 图面向的是不同的问题，而且可能是不同的设计人员设计的，因此不一定是最优的。要将这些 E-R 图集成起来，合理地表示一个完善、一致的概念模型结构，需要经过仔细分析，找出潜在的数据冗余，再根据应用需求，确定是否消除冗余的属性或者冗余的联系，消除各个局部 E-R 图之间的冲突。一般合并 E-R 图时，同一个实体只出现一次，所以要进行实体的合并，还要消除合并带来的一些属性、命名和结构的冲突，便可产生集成后的全局 E-R 图。

合理地消除各个局部 E-R 图的冲突是进行 E-R 图集成的关键。这些冲突主要有三种：属性冲突、命名冲突和结构冲突。

(1) 属性冲突。

属性冲突包括属性域冲突和属性取值单位冲突。

① 属性域冲突。即属性值的类型、取值范围或取值集合不同。例如，属性“图书编号”有的定义为字符型，有的定义为整型。

② 属性取值单位冲突。例如，属性“重量”有的以克为单位，有的以千克为单位。

(2) 命名冲突。

命名冲突包括同名异义和异名同义。

① 同名异义。不同意义对象具有相同名称。

② 异名同义。同意义对象名称不同。例如，“项目”和“课题”名称不同，但是含义相同。

(3) 结构冲突。

① 同一对象在不同应用中具有不同的抽象。例如，“课程”在某一局部应用中被当作实体，而在另一局部应用中则被当作属性。

② 同一实体在不同局部视图中所包含的属性不完全相同，或者属性的排列次序不完全相同。

③ 实体之间的联系在不同局部视图中呈现不同的类型。例如，实体 $E_1$ 与 $E_2$ 在局部应用 $A$ 中是多对多联系，而在局部应用 $B$ 中是一对多联系；又如，在局部应用 $X$ 中 $E_1$ 与 $E_2$ 发生联系，而在局部应用 $Y$ 中 $E_1$、$E_2$、$E_3$ 三者之间有联系。解决方法是根据应用的语义对实体联系的类型进行综合或调整。

**【例 2-1-4】**将“例 2-1-3”中设计的运动队方面和运动会方面的局部 E-R 图进行集成。

(1) 将两者合并为一个全局 E-R 图。

(2) 在合并时存在什么冲突，如何解决？

运动队方面和运动会方面合并后的全局 E-R 图如图 2-9 所示。

合并后的全局 E-R 图存在如下冲突：

(1) 命名冲突。“项目”、“项目名称”异名同义，统一命名为“项目名”。

(2) 结构冲突。“项目”在两个局部 E-R 图中，一个作属性，一个作实体，删除作为属性的“项目”，保留作为实体的“项目”；运动队在两个局部图里的属性结构不一致，需要进行统一。

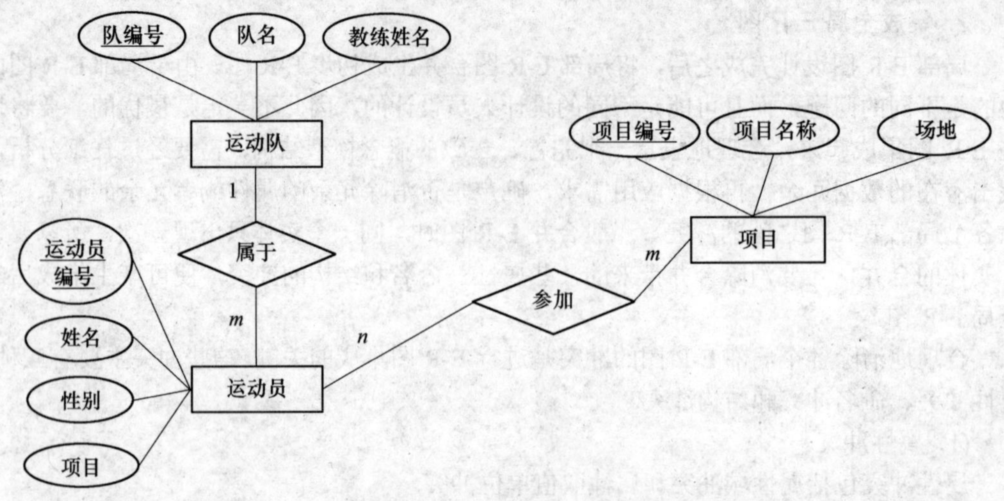


图 2-9 合并后的全局 E-R 图

按照以上冲突及解决方案进行合并后全局 E-R 图的修改，修改结果如图 2-10 所示。

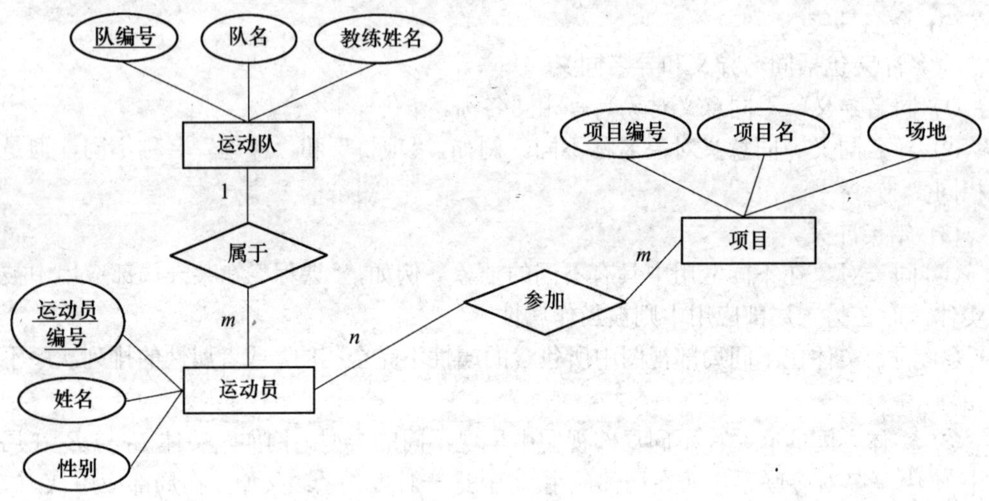


图 2-10 修改结果

以上运动会管理系统的概念设计只是一个比较简单的例子，目的是使读者对概念设计有一个初步的了解。实际的概念设计是非常复杂的，只能在后面的项目实训中逐步学习，通过积累经验来解决可能遇到的问题。

### 2.1.4 数据库关系模型的建立

关系数据库系统采用关系模型作为数据库的组织方式，现在流行的数据库系统绝大部分都是采用关系模型的关系数据库系统。

#### 1. 关系模型的基本术语

1) 关系

关系(Relation)是满足一定条件的二维表。例如，图 2-11 所示客户表就是一个关系。

| CID | CTrueName | Cpassword | CSex | CAddress | CMobile | CEmail | CRegisterDate |
|---|---|---|---|---|---|---|---|
| C0001 | 刘小和 | 123456 | 男 | 广东广州市 | 13812345678 | liuxh@163.com | 2009-8-6 0:00:00 |
| C00010 | 王天成 | 123456 | 男 | 广东佛山市 | 13812345679 | wangtc@163.com | 2007-7-24 0:00:00 |
| C0002 | 张嘉靖 | 123456 | 男 | 广东广州市 | 13812345680 | zhangjj002@16... | 2010-9-4 0:00:00 |
| C0003 | 罗红红 | 123456 | 女 | 广东珠海市 | 13812345681 | luohoho22@163... | 2008-11-24 0:0... |
| C0004 | 李浩华 | 123456 | 女 | 广东珠海市 | 13812345682 | lihaohua@163.com | 2008-11-24 0:0... |
| C0005 | 吴美霞 | 123456 | 女 | 湖南长沙市 | 13812345683 | wumeixia@163.... | 2010-10-22 0:0... |
| C0006 | 陈毅名 | 123456 | 男 | 江西南昌市 | 13812345684 | chenym@163.com | 2010-12-21 0:0... |
| C0007 | 黄小波 | 123456 | 男 | 湖北武汉市 | 13812345685 | huangxb@163.c... | 2011-1-22 0:00:00 |
| C0008 | 张丰盛 | 123456 | 男 | 广西桂林市 | 13812345686 | zhangfs@163.com | 2009-7-25 0:00:00 |
| C0009 | 许志敏 | 123456 | 女 | 广东珠海市 | 13812345687 | xzhiming@163.com | 2011-1-6 0:00:00 |

图 2-11　客户表关系

2) 元组

关系表中的一行称为一个元组(Tuple)。元组可以用来描述数据库中的一个实体或实体之间的一个联系。一个关系表可以有多个元组。例如，图 2-11 所示客户表中的一个元组如图 2-12 所示。

| C00010 | 王天成 | 123456 | 男 | 广东佛山市 | 13643256789 | wangtc@163.com | 2007-7-24 0:00:00 |
|---|---|---|---|---|---|---|---|

图 2-12 客户表的元组

3) 属性、主属性和非主属性

关系表中的每一列称为一个属性(Attribute)。属性包括属性名和属性值，属性名是表的列标题，属性值是属性的具体取值。例如，图 2-10 所示客户表中，CID 是属性名，C001 是属性值。关系表中往往有多个属性，如 CTrueName、Cpassword、Csex 等属性，都可以用于表示实体的特征。在这些属性中，候选键中的属性称为主属性(Prime Attribute)，不包含在候选键中的属性称为非主属性(Non-Key Attribute)。

4) 主键

若一个关系有多个候选键，需选定一个作为关系的主键(Primary Key)。如果关系中只有一个候选键，则这个唯一的候选键就是主键。主键能唯一确定一个元组，即确定一个实体。例如，图 2-11 所示客户表中，CID 可以被选为主键，能唯一确定一个客户。

5) 外键

一个关系中的属性或属性组不是本关系的主键，而是依赖另一关系的主键，则称该属性或属性组是该关系的外键(Foreign Kcy)，也称外关键字。例如，表 1-12 所示商品表详细内容中的 GTypeID 就是外键，其取值是 Category 表的主键取值。

6) 关系模式

关系模式(Relation Mode)是对关系的描述，表示为形如关系名(属性 1，属性 2，属性…，属性 *n*)。例如，商品类别表(表 1-10)的关系模式为 Category(Ca ID，CaName)，商品表(表 1-12)的关系模式形如 Goods(GID，GName，GTypeID，GWiter，GPublisher，GISBN，GPrice，GCount)。

**2. E-R 图转换为关系模型**

1) 实体转换为关系模式

一个实体转换为一个关系模式，实体的属性就是关系的属性，实体的键就是关系的键。

**【例 2-1-5】** 将 E-R 图中的客户实体图 2-13 转换为客户关系模式。

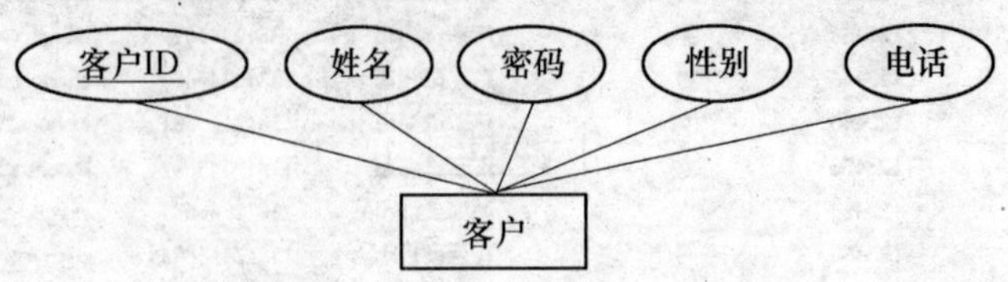


图 2-13 E-R 图中客户实体

关系模式的转换结果如下：

客户(<u>客户 ID</u>，姓名，密码，性别，电话)

在 E-R 图和关系模式中标有下划线的属性为主键。

2) 联系转化为关系模式

(1) 1∶1 联系的转化。一个 1∶1 联系可以转换为一个独立的关系；或者将 1∶1 联系与任意端实体所对应的关系模式合并，加入另一端实体的键和联系的属性。

**【例 2-1-6】** 在图 2-14 所示 E-R 图中，班级与班主任之间的任职联系是 1∶1 的联系，请转换为关系模式。

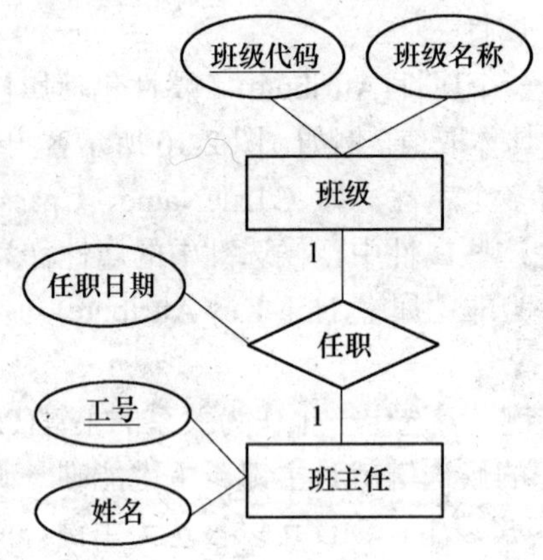


图 2-14 1∶1 的联系的转换

关系模式的转换结果如下：

班级(<u>班级代码</u>，班级名称)

班主任(<u>工号</u>，姓名，班级代码，任职日期)

(2) 1∶$n$ 联系的转化。将联系与 $n$ 端实体所对应的关系模式合并，加入 1 端实体的键和联系的属性。

**【例 2-1-7】** 在图 2-15 所示 E-R 图中，图书类型和图书的联系是 1∶$n$ 的，请转换为关系模式。

关系模式的转换结果如下：

图书(<u>图书 ID</u>，图书名，分类 ID，数量)

图书分类(<u>分类 ID</u>，分类名)

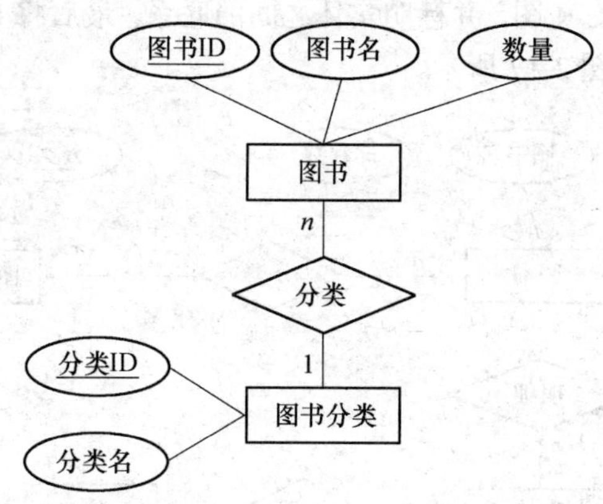


图 2-15　1∶$n$的联系的转换

(3) $m$∶$n$ 联系的转化。将联系转换成一个独立的关系模式，该联系相连的各实体的键和联系本身的属性转换为关系的属性。

**【例 2-1-8】**在图 2-16 所示 E-R 图中，图书和订单的联系是 $m$∶$n$ 的，请转换为关系模式。

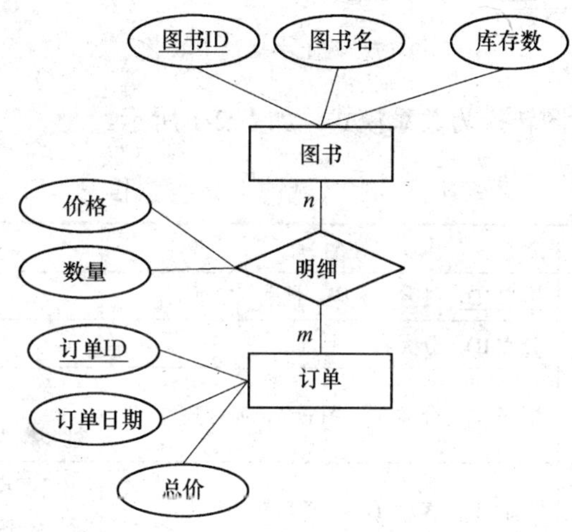


图 2-16　$m$∶$n$的联系的转换

关系模式的转换结果如下：

图书(<u>图书 ID</u>，图书名，库存数)
订单(<u>订单 ID</u>，订单日期，总价)
明细(<u>订单 ID</u>，<u>图书 ID</u>，价格，数量)

**【例 2-1-9】**某网上书城具有如下实体：

客户(<u>客户 ID</u>，姓名，密码，性别，电话)
图书分类(<u>分类 ID</u>，分类名)
图书(<u>图书 ID</u>，图书名，库存数)
订单(<u>订单 ID</u>，订单日期，总价)
评论(评论 ID，评论内容，发表时间)

请绘制网上书城的 E-R 图，并标明实体之间的联系，最后将 E-R 图转换为关系模式。

设计的 E-R 图，如图 2-17 所示。

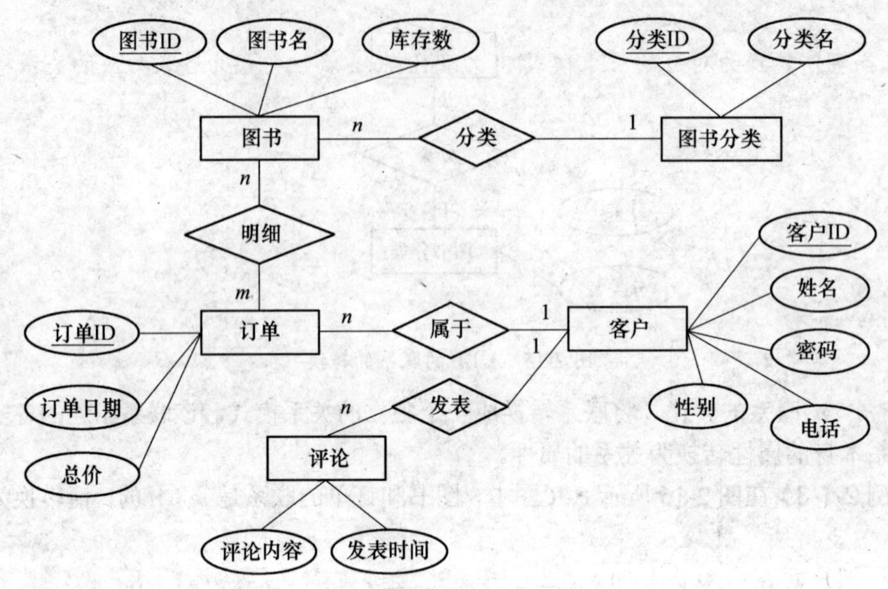


图 2-17　网上书城的 E-R 图

将网上书城的 E-R 图转换为关系模式，如表 2-1 所示。

表 2-1　网上书城的关系模型信息

| 数据性质 | 关系名 | 属 性 名 | 转 换 说 明 |
|---|---|---|---|
| 实体 | 客户 | 客户 ID，姓名，密码，性别，电话 | |
| 实体 | 图书分类 | 分类 ID，分类名 | |
| 实体 | 图书 | 图书 ID，分类 ID，图书名，库存数 | “分类 ID”为合并后关系新增属性，作为外键 |
| 实体 | 订单 | 订单 ID，客户 ID，订单日期，总价 | “客户 ID”为合并后关系新增属性，作为外键 |
| 实体 | 评论 | 评论 ID，客户 ID，评论内容，发表时间 | 评论关系没有主键，添加“评论 ID”作为主键列，“客户 ID”为合并后关系新增属性，作为外键 |
| $m$：$n$ 联系 | 明细 | 订单 ID，图书 ID，价格，数量 | “订单 ID”、“图书 ID”为合并后关系新增属性，作为复合主键，并新增“价格”、“数量”两个新属性 |
| 1：$n$ 联系 | 分类 | | 与图书关系合并 |
| 1：$n$ 联系 | 发表 | | 与评论关系合并 |
| 1：$n$ 联系 | 属于 | | 与订单关系合并 |

 提示

● 将各实体转换为对应的关系模式(即为表)，将各属性转换为各表对应的关系模式的属性(即为表的列)。

● 标示每个关系模式的主键列，需要注意的是：没有主键的表添加 ID 编号作为主键列，它没有实际含义，例如评论表中的"评论 ID"。

● 在表之间建立主外键，体现实体之间的联系。在将联系合并到一端实体时，另一端实体的主键即为合并端实体的外键。

### 2.1.5　关系数据库的设计步骤

数据库管理系统(DBMS)就像是为用户设计数据库而提供的一个"舞台"。例如，学生信息管理系统最终采用 SQL Server 2005 作为数据库管理系统，该系统是以二维表为基本管理单元，支持所有关系代数操作，支持实体完整性与实体间参照完整性的全关系型 RDBMS，而用户要在这个"舞台"上，利用数据库规范化设计方法这个"道具"，来设计一个面向对象的关系数据库。

数据库设计是指对于一个给定的应用环境，构造最优的数据库模式，建立数据库及其应用系统，有效存储数据，满足用户信息要求和处理要求。由于信息结构复杂，应用环境多样，在相当长的一段时期内，数据库设计缺乏科学理论依据和工程方法的支持，主要依赖于设计人员的经验和水平，从而难以保证工程的质量，增加了系统维护的代价。

规范法设计从本质上看，仍然属于手工设计方法，但其基本思想却是过程迭代和逐步求精。目前常用的数据库设计工具软件为 Power Designer 和 Rational Rose，这些工具软件能自动或辅助设计人员完成数据库设计过程中的很多任务，但使用起来还都属于规范法设计方法。按照规范法设计的方法，考虑数据库及其应用系统的开发全过程，可将数据库设计分为以下六个阶段。

**1. 需求分析阶段**

数据库设计首先需要了解与分析用户应用需求(包括数据与处理)，在收集资料、分析整理资料的基础上，画出数据流程图(Data Flow Diagram，DFD)，然后建立数据字典(Data Dictionary，DD)，并把数据流程图和数据字典的内容返回客户，进行用户确认，最终形成数据库需求分析的完整文档。需求分析的结果是否准确反映了客户的实际要求，将直接影响到之后各个阶段的设计是否合理和实用。

**2. 概念设计阶段**

根据需求分析的结果，设计独立于各个 DBMS 产品的概念模型，并用 E-R 图来描述概念模型。

**3. 逻辑设计阶段**

将概念设计 E-R 图转换成具体 DBMS 产品支持的关系数据模型(基本表)，并对数据模型进行优化。根据用户处理的要求，在基本表的基础上再建立必要的视图。

#### 4. 物理设计阶段

对逻辑设计的关系模型，根据 DBMS 特点和处理的需要，进行物理存储安排、设计索引等工作。

#### 5. 数据库实施阶段

运用 DBMS 提供的数据语言和工具，根据逻辑设计和物理设计的结果建立数据库系统，编写数据库应用程序，组织数据入库，并进行试运行。

#### 6. 数据库运行和维护阶段

数据库系统经过试运行后即可投入正式运行，并根据运行的情况不断地对其进行评价与修改。数据库经常性的维护工作主要由数据库管理员(Database Administrator，DBA)来完成，维护工作包括数据库的转储和恢复、数据库的安全性、数据库性能监视和优化等。

## 任务 2.2　规范化设计数据库

### 2.2.1　数据规范化的意义

在数据库设计中，简洁、结构明晰的表结构对数据库的设计是相当重要的。规范化的表结构设计，在以后的数据维护中，不会发生插入、删除和更新时的异常。如果数据库表结构设计不合理，不仅会给数据库的使用和维护带来各种各样的问题，而且可能存储大量不需要的冗余信息，浪费系统资源。

数据应该尽可能少冗余，这意味着重复的数据应该减少到最少。例如，一个部门雇员的电话不应该被存储在不同的表中。因为这里的电话号码是雇员的一个属性，如果存在过多的冗余数据，就意味着要占用更多的物理空间，同时也对数据的维护和一致性检查带来问题。当某个员工的电话号码(冗余的)变化时，冗余数据会导致对多个表的更新动作，如果有一个表不幸被忽略了，就可能导致数据的不一致性。

在设计和操作维护数据库时，关键的步骤就是要确保数据正确地分布到数据库的表中。使用正确的数据结构，不仅便于对数据库进行相应的存取操作，而且可以极大地简化应用程序的其他内容(如查询、窗体、报表、代码等)。关系数据库范式理论是在数据库设计过程中需要依据的准则，数据库结构必须满足这些准则，才能确保数据的准确性和可靠性。这些准则被称为规范化形式，即范式。

### 2.2.2　函数依赖的概念

假设 $R(U)$是属性集 $U$ 上的关系模式，$X$、$Y$ 是 $U$ 的子集。

#### 1. 函数依赖关系

定义：在关系 $R(U)$中，不可能存在两个元组在 $X$ 属性上相等，而在 $Y$ 属性上不相等，则称 $Y$ 函数依赖于 $X$ 函数，记作 $X \rightarrow Y$。

举例如下：

```
关系 R={职工号，姓名，职务，工程名称，小时工资，工时}
```

存在：

数据依赖集 $F$ ={职工号→姓名，职工号→职务，职务→小时工资，（职工号，工程名称）→工时}
主键={职工号，工程名}

**2. 传递函数依赖关系**

对于关系 $R$，存在依赖关系{职工号→职务，职务→小时工资}，则“职工号”传递依赖于“小时工资”。

**3. 部分函数依赖关系**

对于关系 $R$，存在依赖{职工号→姓名，职工号→职务，职务→小时工资}，则“姓名”、“职务”、“小时工资”部分传递依赖于主键(职工号，工程名称)。

### 2.2.3　三大范式简介

**1. 第一范式(First Normal Form，1NF)**

定义：所有属性不可再分。记作 $R\in$1NF。

第一范式要求每一个数据项都不能拆分成两个或两个以上的数据项。满足 1NF 是关系模式规范化的最低要求，否则将有许多基本操作在这样的关系模式中实现不了。

**【例 2-2-1】**学生成绩关系如表 2-2 所示。分析学生成绩关系中存在的问题，思考如何解决这些问题。

表 2-2　学生成绩表

| 学 号 | 姓名 | 性别 | 专业 | 成　绩 | | |
|---|---|---|---|---|---|---|
| | | | | 数 学 | 英 语 | 政 治 |
| 201001001 | 张强 | 男 | 电子 | 88 | 95 | 90 |
| 201001002 | 李明 | 男 | 管理 | 82 | 85 | 91 |
| 201001003 | 吴红 | 女 | 计算机 | 90 | 87 | 93 |
| 201001004 | 赵欣 | 女 | 管理 | 91 | 84 | 85 |

(1) 问题分析：学生成绩表中有一个成绩属性，而成绩由“数学”、“英语”和“政治”三个子属性组成，达不到 1NF 要求。

(2) 解决方法：将成绩在属性上展开，展开后的关系模式如表 2-3 所示。

表 2-3　成绩属性展开后的关系模式

| 学 号 | 姓名 | 性别 | 专业 | 数学成绩 | 英语成绩 | 政治成绩 |
|---|---|---|---|---|---|---|
| 201001001 | 张强 | 男 | 电子 | 88 | 95 | 90 |
| 201001002 | 李明 | 男 | 管理 | 82 | 85 | 91 |
| 201001003 | 吴红 | 女 | 计算机 | 90 | 87 | 93 |
| 201001004 | 赵欣 | 女 | 管理 | 91 | 84 | 85 |

**2. 第二范式(Second Normal Form，2NF)**

定义：所有非主属性完全依赖键。记作 $R\in$2NF。

如果一个关系满足 1NF，并且除了主键以外的其他属性，都依赖与该主键，则满足第二范式。第二范式要求每个表只描述一种关系模式，对达不到第二范式要求的关系要拆分，原则是概念单一、完整无损。

**【例 2-2-2】**有一个工程项目关系模式，如表 2-4 所示，分析工程项目关系中存在的问题，思考如何解决这些问题。

表 2-4　工程项目表

| 职工号 | 姓 名 | 职 务 | 工程名称 | 小时工资 | 工 时 |
|---|---|---|---|---|---|
| 1001 | 李思 | 工程师 | 开明饭店 | 80 | 60 |
| 1002 | 李明 | 技术员 | 开明饭店 | 60 | 120 |
| 1003 | 赵宇 | 技术员 | 开明饭店 | 60 | 150 |
| 1004 | 张培 | 助工 | 开明饭店 | 70 | 80 |
| 1001 | 李思 | 工程师 | 沁园大厦 | 80 | 80 |
| 1005 | 葛洪 | 技术员 | 沁园大厦 | 60 | 150 |
| 1003 | 赵宇 | 技术员 | 沁园大厦 | 60 | 70 |

(1) 问题分析。表中包含大量的冗余信息，可能导致数据异常。

① 更新异常。例如，修改职工号为 1001 员工的职务，则必须修改所有职工号为 1001 员工的数据行。

② 删除异常。例如，1001 号职工要辞职，则必须删除所有职工号为 1001 员工的数据行。这样的删除操作，很可能会丢失其他有用的数据。

③ 添加异常。例如，要增加一个新的职工时，首先必须给这名职工分配一个工程；或者为了添加一名新职工的数据，先给这名职工分配一个虚拟的工程。

④ 数据冗余。小时工资在多行出现。

属性集={职工号，姓名，职务，工程名称，小时工资，工时}

函数依赖集={职工号→姓名，职工号→职务，职务→小时工资，(职工号，工程名称)→工时}

主键={职工号，工程名}

非主属性={姓名，职务，小时工资，工时}

由于“非主属性=(姓名，职务，小时工资)”部分函数依赖于“主键(职工号，工程名)”，所以工程项目关系达不到 2NF。

(2) 解决方法。将工程项目关系分解如下。

工时表(职工号，工程名称，工时)，拆分后的工时表如表 2-5 所示。

表 2-5　拆分后的工时表

| 职 工 号 | 工 程 名 称 | 工 时 |
|---|---|---|
| 1001 | 开明饭店 | 60 |
| 1002 | 开明饭店 | 120 |
| 1003 | 开明饭店 | 150 |
| 1004 | 开明饭店 | 80 |
| 1001 | 沁园大厦 | 80 |
| 1005 | 沁园大厦 | 150 |
| 1003 | 沁园大厦 | 70 |

职工表(职工号，姓名，职务，小时工资)，如表 2-6 所示。

表 2-6　拆分后的职工表

| 职 工 号 | 姓 名 | 职 务 | 小 时 工 资 |
|---|---|---|---|
| 1001 | 李思 | 工程师 | 80 |
| 1002 | 李明 | 技术员 | 60 |
| 1003 | 赵宇 | 技术员 | 60 |
| 1004 | 张培 | 助工 | 70 |
| 1005 | 葛洪 | 技术员 | 60 |

### 3. 第三范式(Third Normal Form，3NF)

定义：所有非主属性都不传递函数依赖于键。记作：$R \in$ 3NF。

如果一个关系已经满足第二范式，而且该数据表中的任何两个非主属性的数值之间不存在函数依赖关系，该关系满足第三范式。3NF 是一个可用的关系模式必须满足的最低范式要求。

**【例 2-2-3】** 在“例 2-2-2”中对于拆分后的职工表(表 2-6)，分析其中存在的问题，思考如何解决这些问题。

(1) 问题分析：

数据冗余：相同的小时工资在多行出现。

在职工关系中，职工号→职务，职务→小时工资，导致职工号传递依赖于小时工资，即职工号→小时工资。由于主键“职工号”与非主属性“小时工资”之间存在传递函数依赖，所以职工关系达不到 3NF。

(2) 解决方法：将职工关系分解如下。

职工表(职工号，姓名，职务)，如表 2-7 所示。

表 2-7　拆分后的职工表

| 职 工 号 | 姓 名 | 职 务 |
|---|---|---|
| 1001 | 李思 | 工程师 |
| 1002 | 李明 | 技术员 |
| 1003 | 赵宇 | 技术员 |
| 1004 | 张培 | 助工 |
| 1005 | 葛洪 | 技术员 |

职务表(职务，小时工资)，如表 2-8 所示。

表 2-8　拆分后的职务表

| 职　务 | 小 时 工 资 |
|---|---|
| 工程师 | 80 |
| 助工 | 70 |
| 技术员 | 60 |

### 2.2.4 规范化设计小结

为了设计结构良好的数据库，需要遵守一些专门的规则，称为数据库的范式。

第一范式(1NF)的目标：确保表中每列不可再分。

第二范式(2NF)的目标：确保表中每列都和主键相关。

第三范式(3NF)的目标：确保表中每列都和主键直接相关，而不是间接相关。

进行规范化的同时，还需要综合考虑数据库的性能要求。

# 项目实训 2 创建“图书管理系统”的数据模型

## 一、实训目的

1. 能设计图书管理系统的局部 E-R 图，并集成全局 E-R 图。
2. 能运用关系数据模型的基本知识将概念模型转换为关系模型。
3. 能应用关系规范化方法对关系模型进行规范化和优化。

## 二、实训内容

1. 某图书借阅系统中，根据系统需求分析，得到以下实体：

读者实体，属性有读者编号、姓名、读者类型和已借数量等。

图书类型，属性有类型编号、类型名。

图书实体，属性有图书编号、书名、作者、出版社、出版日期和定价等。

图书存放信息实体，属性有条形码、图书编号、入库日期、图书状态等。

读者和图书实体之间通过借阅建立联系，并派生出借期和还期属性。假定一位读者可以借阅多本图书，一本图书可以经多位读者借阅，一种图书分类可以有多本图书。

(1) 根据以上需求分析，设计其 E-R 图。

(2) 根据项目需求，标示出实体的主键。

(3) 将 E-R 图转换为关系模式，并标示出实体的主键和外键。

2. 有一个图书关系模式，分析图书关系中存在的问题，该关系满足第几范式，以及该如何解决这些问题。

表 2-9 图书关系模式

| 图书编号 | 图书名 | 分类名 | 分类编号 | 作者 | 出 版 社 |
|---|---|---|---|---|---|
| TP39/1712 | java 设计 | 计算机 | 1 | 张志成 | 电子工业出版社 |
| TP55/85 | 数据结构 | 计算机 | 1 | 李明浩 | 清华大学出版社 |
| S39/44 | 机械制图 | 机械 | 3 | 陈永红 | 机械工业出版社 |
| TP39/21 | C++程序设计 | 计算机 | 1 | 陈非凡 | 人民邮电出版社 |
| W2/48 | 鼠小说 | 文学 | 4 | 葛永红 | 清华大学出版社 |
| ZY1/41 | 中医的故事 | 医学 | 6 | 刘小龙 | 北京出版社 |

## 三、实训小结

能运用本章的知识，绘制数据库的概念模型E-R图，并能运用关系数据模型的基本知识将E-R图转换为关系模型。对于关系模型，能应用关系规范化方法进行规范化和优化，并根据项目需求进行主键设置和外键设置。希望同学们通过练习，加深对E-R图和关系模型的理解，提高运用能力。

# 练 习 题

## 一、选择题

1. 关系模式的任何属性(　　)。

A. 不可再分　　B. 可再分

C. 命名在该关系模式中可以不唯一　　D. 以上都不是

2. 在关系 *R*(*R#*，*RN*，*S#*)和 *S*(*S#*，*SN*，*SD*)中，*R* 的主键是 *R#*，*S* 的主键是 *S#*，则 *S#*在 *R* 中称为(　　)。

A. 外键　　B. 候选键

C. 主键　　D. 以上都不是

3. 在数据库逻辑设计阶段，需要将(　　)转换为关系模式。

A. 层次模型　　B. 物理模型

C. E-R 模型　　D. 网状模型

4. 在数据库逻辑设计阶段，需要将(　　)转换为关系模式。

A. 层次模型　　B. 物理模型

C. E-R 模型　　D. 网状模型

5. 一个关系的“主键”(　　)。

A. 不能有两个　　B. 不能成为另一个关系的外键

C. 不允许为空　　D. 可以取值

6. 在基本的关系中，下列说法正确的是(　　)。

A. 行列顺序有关　　B. 属性名允许重名

C. 任意两个元组不允许重复　　D. 列是非同质的

7. 已知关系模式 $R(A, B, C, D, E)$及其上的函数相关性集合 $F = \{A\to D, B\to C, E\to A\}$，该关系模式的候选关键字是(　　)。

A. $AB$　　B. $BE$

C. $CD$　　D. $DE$

8. 设有关系模式 $W(C, P, S, G, T, R)$，其中各属性的含义是：$C$ 表示课程，$P$ 表示教师，$S$ 表示学生，$G$ 表示成绩，$T$ 表示时间，$R$ 表示教室，根据语义有如下数据依赖集：$D=\{C\to P, (S, C)\to G, (T, R)\to C, (T, P)\to R, (T, S)\to R\}$，关系模式 W 的一个关键字是(　　)。

A. $(S, C)$　　B. $(T, R)$

C. $(T, P)$　　D. $(T, S)$

## 二、设计题

1. 某学校教务管理系统，根据系统需求分析，得到如下实体:

学生实体，属性有学号、姓名、性别、出生日期和专业等。

课程实体，属性有课程号、课程名和学分等。

学生与课程实体之间通过选课建立联系，并派生出新的属性成绩。假定一门课程有若干名学生选修，而一名学生可以选修多门课程，课程和学生之间具有多对多的联系。

(1) 根据以上需求分析，设计其 E-R 图。

(2) 根据项目需求，标示出实体的主键。

(3) 将 E-R 图转换为关系模式，并标示出实体的主键和外键。

# 项目3　网上书城数据库的管理

## 项目简介

随着 Internet 的迅速发展，网络购物变得越来越流行。网上商城作为网上交易的主要平台，推动了电子商务的发展。面对网上商城纷繁复杂的信息，如何对其进行有效的管理和利用？使用数据库技术可以大量节省人力，成倍提高工作效率。数据库对象包括表、视图、索引、存储过程和触发器等。应用 SQL Server 2005 进行数据管理之前，首先必须创建好数据库，并指定数据库的数据文件名和日志文件名以及数据库的存放位置等属性。本项目将通过网上书城数据库的创建和修改过程，介绍相关知识。

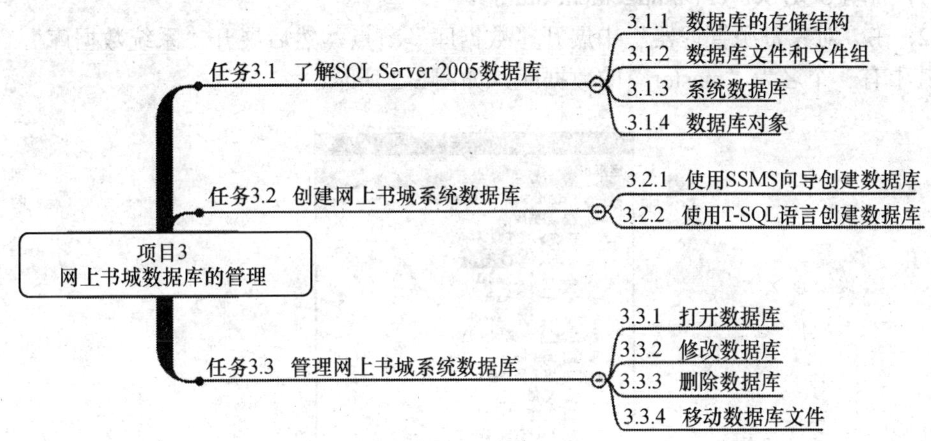


图 3-1　本项目知识要点

## 单词学习

1. create：创建
2. database：数据库
3. primary：主要的
4. structured：结构化的
5. log：日志
6. SQL：结构化查询语言
7. alter：修改
8. drop：删除

## 任务 3.1　了解 SQL Server 2005 数据库

### 3.1.1　数据库的存储结构

数据库的存储结构分为逻辑存储结构和物理存储结构两种。数据库的逻辑存储结构指的是数据库是由哪些性质的信息所组成的。SQL Server 的数据库不仅仅只是数据的存储，所有与数据处理操作相关的信息都存储在数据库中。实际上，SQL Server 的数据库是由诸如表、视图、索引等各种不同的数据库对象所组成，它们分别用来存储特定信息并支持特定功能，构成数据库的逻辑存储结构。

数据库的物理存储结构则是讨论数据库文件在磁盘中是如何存储的，数据库在磁盘上是以文件为单位存储的，由数据库文件和事务日志文件组成，一个数据库至少应该包含一个数据库文件和一个事务日志文件。

### 3.1.2 数据库文件和文件组

#### 1. 数据库文件

【例 3-1-1】在 SQL Server 2005 中查看系统数据库——master 数据库的逻辑名称与对应的物理文件的存储情况。

查看系统数据库——master 数据库的逻辑名称与对应的物理文件的存储位置，具体操作步骤如下：

(1) 启动 SQL Server Management Studio。

(2) 在“对象资源管理器”中展开“数据库”节点，然后展开“系统数据库”，可以看到其中有一个名为“master”的数据库，如图 3-2 所示。

图 3-2 master 数据库

(3) 在操作系统下，找到 SQL Server 的安装路径(默认的安装路径为 C:\Program Files\Microsoft SQL Server\MSSQL.1\MSSQL\Data)。找到“master.mdf”和“mastlog.ldf”两个文件，即为 master 数据库对应的物理文件，如图 3-3 所示。

从图 3-3 中可以看出，每个 SQL Server 2005 数据库至少具有两类操作系统文件：数据文件和日志文件。一般情况下，一个简单的数据库可以只有一个主数据文件和一个事务日志文件。如果数据库很大，则可以设置多个辅助数据库文件和日志文件，并将它们放在不同的磁盘中。

(1) 主要数据库文件(Primary Database File)，数据文件包含数据和对象，例如表、索引、存储过程和视图，用来存储数据，每个数据库都必须有一个主要数据库文件。主要数据库文件是所有数据库文件的起点，包含指向其他数据文件的指针。为了便于分配和管理，可以将数据文件集合起来，放到文件组中。主要数据库文件的扩展名为“.mdf”。

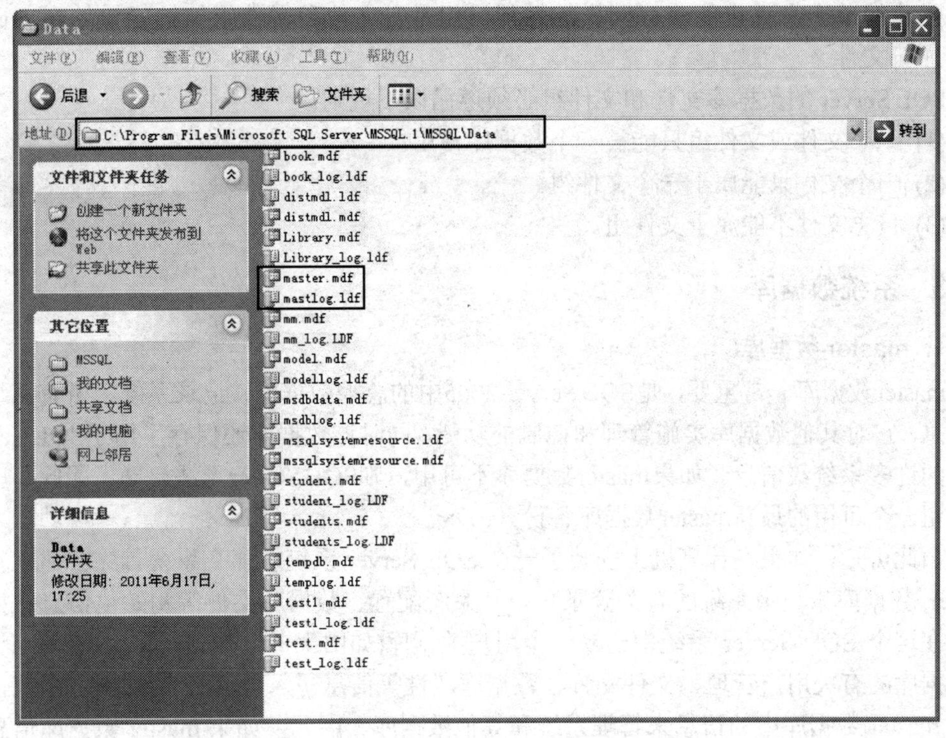


图 3-3　master 数据库对应的物理文件

(2) 次要数据库文件(Secondary Database File)，又称二级数据文件，也用来存储数据。次要数据文件是可选的，由用户定义并存储用户数据，通过将每个文件放在不同的磁盘驱动器上，将数据分散到多个磁盘上。其扩展名为“.ndf”。

(3) 事务日志文件，日志文件包含恢复数据库中的所有事务所需的信息，用来存放日志，每个数据库必须有一个或多个日志文件。日志文件用于存放恢复数据库所用的日志信息。事务日志文件扩展名为“.ldf”。

**提示**

SQL Server 2005 不强制使用“.mdf”、“.ndf”和“.ldf”文件扩展名，但使用它们有助于标识文件的类型和用途。

### 2. 文件组

为了便于分配和管理，SQL Server 允许将多个数据库文件归纳为同一组，并赋予此组一个名称，并对它们整体进行管理，这就是文件组。与数据库文件一样，文件组也分为主文件组(Primary File Group)和次文件组(Secondary File Group)。

例如，可以将三个数据库文件(“data1.mdf”、“data2.mdf”和“data3.mdf”)分别创建在三个盘中，这三个文件组成文件组“group1”。在创建表时，就可以指定一个表创建在文件组“group1”中。这样，该表的数据就可以分布在三个盘上，系统对该表执行查询时可以并行操作，提高了查询效率。通过使用在 RAID(独立磁盘冗余阵列)条带集上创建的单个文件也能获得同样的性能。但是，文件和文件组能够轻松地在新磁盘上添加新文件。

SQL Server 的数据库文件和文件组必须遵循以下规则：

(1) 一个文件或文件组只能被一个数据库使用。

(2) 一个文件只能属于一个文件组。

(3) 日志文件不能属于文件组。

### 3.1.3 系统数据库

#### 1. master 数据库

master数据库非常重要，是SQL Server 2005中的总控数据库，记录系统中所有系统级的信息。它对其他数据库实施管理和控制的功能，同时该数据库还保存了用于SQL Server管理的许多系统级信息。如果master数据库不可用，则SQL Server无法启动，因此，应随时保留一个可用的最新master数据库备份。

由此可知，如果在计算机上安装了一个 SQL Server 系统，那么系统首先会建立一个 master 数据库来记录系统的有关登录账户、系统配置、数据库文件等初始化信息；如果用户在这个 SQL Server 系统中建立一个用户数据库(如网上书城数据库)，系统马上将用户数据库的有关用户管理、文件配置、数据库属性等信息写入 master 数据库。系统正是根据 master 数据库中的信息来管理系统和其他数据库。因此，如果 master 数据库信息被破坏，整个 SQL Server 系统将受到影响，用户数据将不能被使用。

在 SQL Server 2005 中，系统对象不再存储在 master 数据库中，而是存储在 Resource 数据库中。Resource 数据库是只读数据库，对用户是透明的。

#### 2. model 数据库

model 数据库用作在系统中创建的所有数据库的模板，它包含了用户数据库应该包含的所有系统表的结构。当用户创建数据库时，系统会自动地把 model 数据库中的内容复制到新建的用户数据库中。

修改 model 数据库后，创建的所有数据库都将继承这些修改。例如，设置权限、数据库选项，或者添加对象，如表、函数或存储过程。如果 SQL Server 专门用作一类应用，而这类应用都需要某个表，甚至在这个表中都要包括相同的数据，那么在 model 数据库中可以创建这样的表，并向表中添加公共数据，以后每一个新创建的数据库中都会自动包含这个表和这些数据。

#### 3. msdb 数据库

msdb 数据库是代理服务器数据库，用来记录 SQL Server 代理程序服务项目，并为警示、作业调度和记录使用者的操作提供存储空间。警示是使用者定义响应给 SQL Server 的事件。作业是由 SQL Server 代理程序执行的一系列动作。

当很多用户在使用一个数据库时，经常会出现多个用户对同一个数据的修改而造成数据不一致的现象，或是用户对某些数据和对象的非法操作等。为了防止上述现象的发生，SQL Server 中有一套代理程序能够按照系统管理员的设定监控上述现象的发生，及时向系统管理员发出警报。当代理程序调度警报作业、记录操作时，系统要用到或实时产生许多相关信息，这些信息一般存储在 msdb 数据库中。

**4. tempdb 数据库**

tempdb 数据库是一个临时数据库，是连接到 SQL Server 实例的所有用户都可用的全局资源，并为所有的临时表、临时存储过程以及其他临时操作提供空间。tempdb 数据库用于存放一些临时变量和数据，每次 SQL Server 服务器服务重启时，tempdb 数据库会自动删除后重建。由于 tempdb 数据库在 SQL Server 每次启动时都重新创建，因此该数据库在系统启动时总是空的。因此，tempdb 数据库中没有任何内容会从 SQL Server 的一个启动工作保存到另一个启动工作之中。

默认情况下，在 SQL Server 运行时，tempdb 数据库会根据需要自动增长。不过，与其他数据库不同，每次启动数据库引擎时，它会重置初始大小。

### 3.1.4 数据库对象

**【例 3-1-2】**在 SQL Server 2005 中查看系统数据库 master 数据库组成，了解数据库中的各种对象的信息。

在 SQL Server 2005 中查看系统数据库 master 数据库组成，具体操作步骤如下：

(1) 启动 SQL Server Management Studio。

(2) 在“对象资源管理器”中展开“数据库”节点，然后展开“master”。

(3) 展开“表”节点，可以查看该数据库中表的情况，在选定的表中再展开“列”节点，则可查看到对应表中列和约束的信息；展开“视图”节点可以查看该数据库中包含的视图信息；展开“安全性”可以查看该数据库中的安全性设置，如图 3-4 所示。

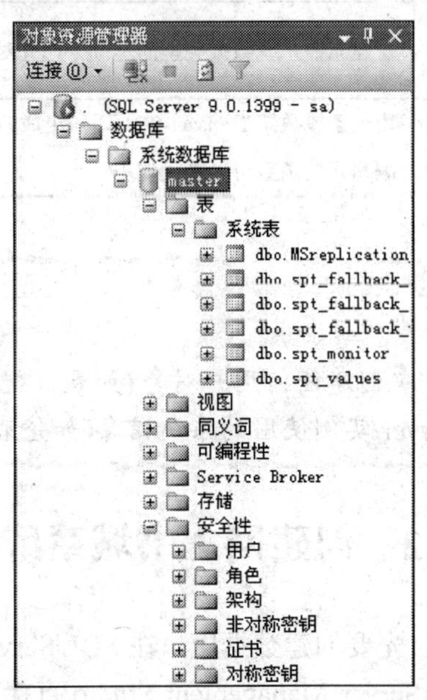


图 3-4 master 数据库及其对象

SQL Server 2005 中的数据库由一个表集合组成。这些表包含数据以及为支持对数据执行的活动而定义的其他对象，如视图、索引、存储过程、用户定义函数和触发器。数据库及其对象组成如表 3-1 所示。

表 3-1　数据库对象

| 数据库对象 | 说　明 |
|---|---|
| 表(Table) | 表是具体组织和存储数据的对象，由行和列组成。在同一个数据库中，表的名字必须是唯一的 |
| 视图(View) | 视图是从一个或几个基本表中导出的表。视图是查看表中数据的一种逻辑方法 |
| 约束(Constraint) | 约束是 SQL Server 实施数据一致性和完整性的方法。约束对表中各列的取值范围进行限制，以确保表中数据都是合理的、有效的 |
| 默认值(Default) | 其功能是在向表中插入新的数据时，为没有指定的列提供一个默认的数据。默认值是 SQL Server 实施数据一致性和完整性的方法 |
| 索引(Index) | 使用索引提高访问表中数据的速度，可以优化查询 |
| 规则(Rule) | 规则提供对特定列或用户定义类型列进行约束的机制，规则也是 SQL Server 提供的确保数据一致性和完整性的方法 |
| 存储过程(Stored Procedure) | 一组经过编译的可以重复使用的 Transact-SQL 代码组合。存储过程在服务器端执行，用户可以调用存储过程，也可以接收存储过程返回的结果 |
| 触发器(Trigger) | 一种特殊的存储过程，触发器与表相关联，当用户对指定的表进行某些操作后，触发器将会自动执行。触发器常用来实施数据的完整性 |
| 用户定义数据类型(User-Defined Data Type) | 建立在系统数据类型的基础上，并对系统数据类型所做的一种扩展 |
| 用户定义函数 (User-Defined Function) | 由一条或数条 Transact-SQL 语句组成的代码段，用于实现一些常用的功能。编写好的函数可以重复使用 |

提示

不能在 master 数据库中创建任何用户对象(如表、视图、存储过程或触发器)。Master 数据库包含 SQL Server 实例使用的系统信息(如登录信息和配置选项设置)。

# 任务 3.2　创建网上书城系统数据库

使用数据库存储数据，首先要创建数据库。在 SQL Server 2005 中，建立数据库的方法不止一种，可以使用 SQL Server Management Studio 直接建立，也可以使用 SQL 语言来创建数据库。

### 3.2.1　使用 SSMS 向导创建数据库

【例3-2-1】为了保存网上书城系统中的顾客和图书等信息，需要创建用户数据库BookShop对网上书城数据进行管理，使用SQL Server Management Studio创建数据库。

一个数据库必须至少包含一个数据文件、一个事务日志文件。所以，创建数据库就是创建主数据库文件和事务日志文件。创建数据库的具体操作步骤如下：

(1) 启动“SQL Server Management Studio”，登录服务器类型为“数据库引擎”，并使用 Windows 或 SQL Server 身份验证建立连接。在“对象资源管理器”中右键单击“数据库”节点，选择“新建数据库”命令，如图 3-5 所示。

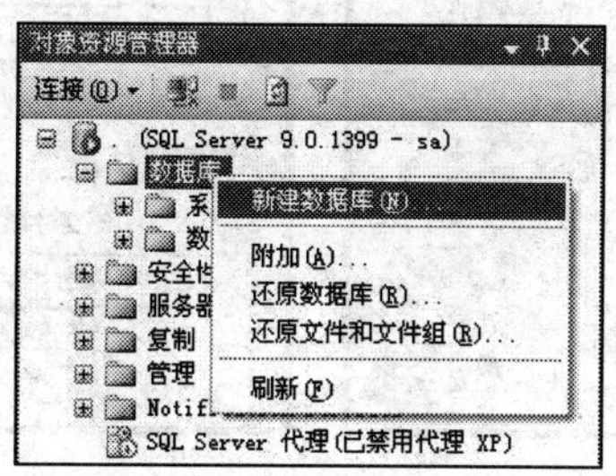


图 3-5　新建数据库

(2) 打开“新建数据库”对话框，默认显示的是“常规”选项卡，在“数据库名称”文本框中输入新数据库的名称，如图 3-6 所示。【所有者】文本框中，用户可以使用“默认值”，也可以通过文本框右边的“浏览”按钮，选择所有者。

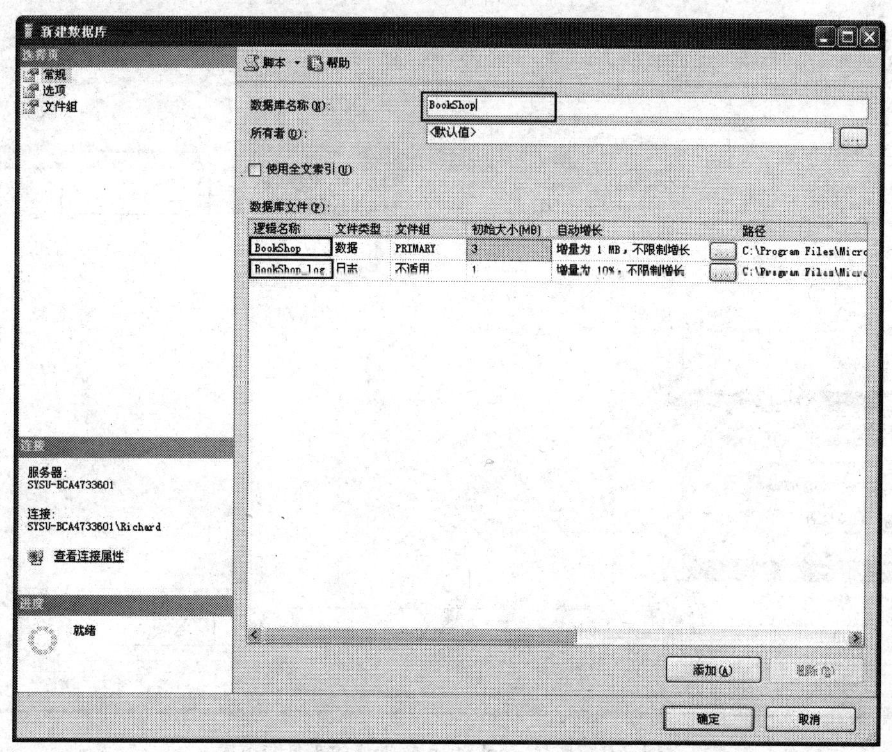


图 3-6　“新建数据库”对话框

(3) 在下面的“数据库文件”列表中，系统默认用数据库名作为前缀创建主数据库和事务日志文件，如“BookShop”和“BookShop_log”，如图 3-6 所示。

(4) 可以更改数据库的自动增长方式。文件的增长方式有多种，数据文件的默认增长方式是“按 MB”，日志文件的默认增长方式是“按百分比”，如图 3-7 和图 3-8 所示。

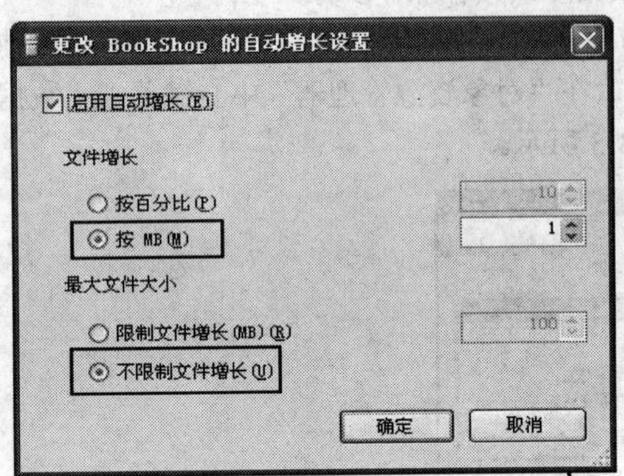


图 3-7 BookShop 的自动增长设置

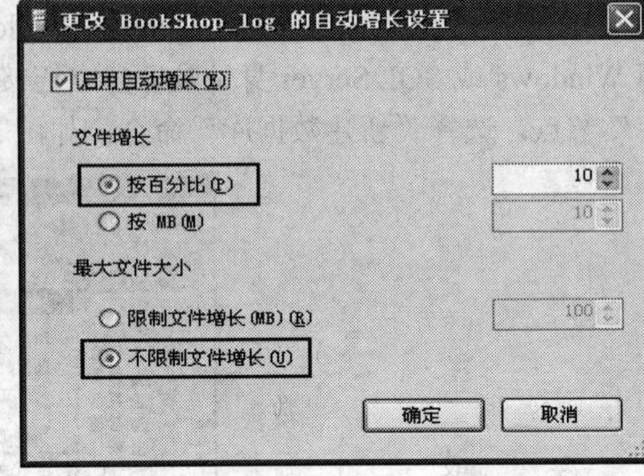


图 3-8 BookShop_log 的自动增长设置

(5) 可以对数据库对应的存放路径进行修改，如图 3-9 所示。

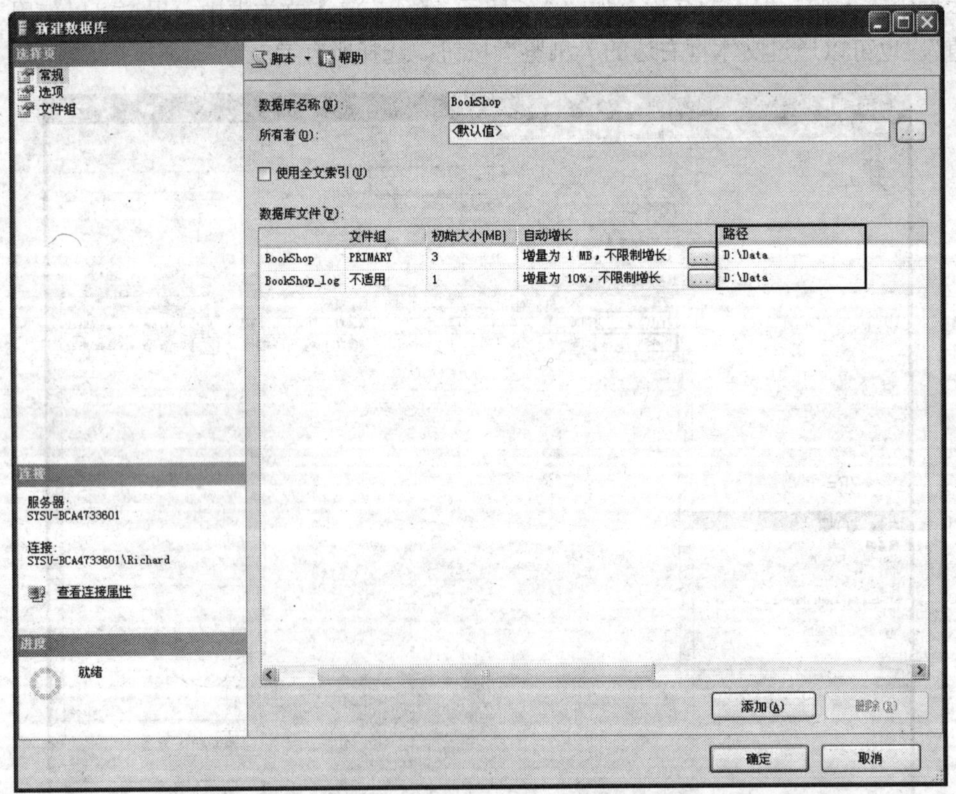


图 3-9 更改 BookShop 数据库的文件位置

(6) 单击“确定”按钮，即可创建用户数据库“BookShop”，如图 3-10 所示。

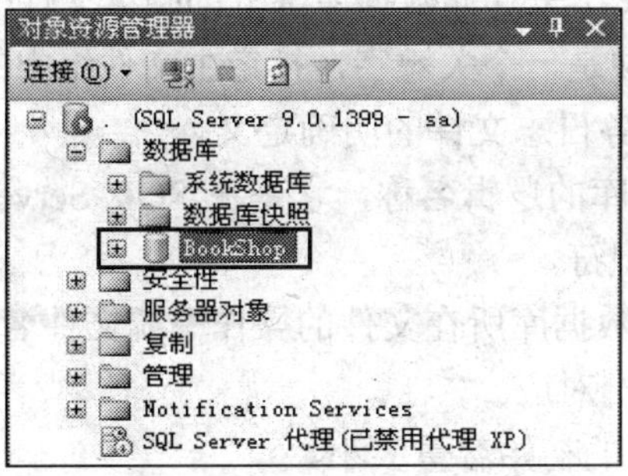

图 3-10 已创建好的数据库“BookShop”

### 3.2.2 使用 T-SQL 语言创建数据库

SQL 的全称为 Structured Query Language(结构化查询语言)，它利用一些简单的语句构成基本的语法，来存取数据库的内容。由于 SQL 简单易学，目前它已经成为关系数据库系统中使用最广泛的语言。

Transact-SQL(简称 T-SQL)是 SQL Server 使用的 SQL 语言，它在 ANSI SQL-92 标准的基础上进行了扩充，使得其功能更为强大，使用更为方便。SQL Server 提供了多种图形和命令行工具，用户可以使用不同的方法来访问数据库。但这些工具的核心却是 Transact-SQL 语言。SQL Server Management Studio 是一个图形用户界面，用以交互地设计和测试 Transact-SQL 语句、批处理和脚本。在 SQL Server Management Studio 中，用户可输入 Transact-SQL 语句，执行语句并在结果窗口中查看结果。用户也可以打开包含 Transact-SQL 语句的文本文件，执行语句并在结果窗口中查看结果。

#### 1. CREATE DATABASE 基本格式

创建数据库的基本语句格式如下：

```
CREATE DATABASE <数据库名称>
ON
([PRIMARY][NAME=<逻辑文件名>，]
 FILENAME='<物理文件名>'
[，SIZE=<大小>]
[，MAXSIZE=<可增长的最大大小>]
[，FILEGROWTH=<增长比例>])
LOG ON
([NAME=<逻辑文件名>，]
 FILENAME='<物理文件名>'
[，SIZE=<大小>]
[，MAXSIZE=<可增长的最大大小>]
[，FILEGROWTH=<增长比例>])
)
```

其中，

(1) ON：指定显式定义用来存储数据库部分的磁盘文件(数据文件)。

(2) PRIMARY：该选项是一个关键字，指定主文件组中的文件。

(3) LOG ON：指明事务日志文件的明确定义。

(4) NAME：指定数据库的逻辑名称，它是在 SQL Server 系统中使用的名称，是数据库在 SQL Server 中的标识符。

(5) FILENAME：指定数据库所在文件的操作系统文件名称和路径，该操作系统文件名和 NAME 的逻辑名称一一对应。

(6) SIZE：指定数据库的初始容量大小。

(7) MAXSIZE：指定操作系统文件可以增长到最大长度。如果没有指定，则文件可以不断增长直到充满磁盘。

(8) FILEGROWTH：指定文件每次增加容量的大小，当指定数据为“0”时，表示文件不增长。

### 2. 在 SQL Server Management Studio 中执行 T-SQL 语句

**【例3-2-2】**为了保存网上书城系统中的会员和图书等信息，需要创建用户数据库BookShop对网上书城数据进行管理，使用T-SQL语句创建数据库。

在 SQL Server Management Studio 中执行 T-SQL 语句的具体操作步骤如下：

(1) 新建查询。在 SQL Server Management Studio 中使用 T-SQL 语句，首先使用工具栏上的 新建查询(N) 按钮，或者在菜单栏中找到“文件”→“新建”→“使用当前连接查询”，如图 3-11 所示。

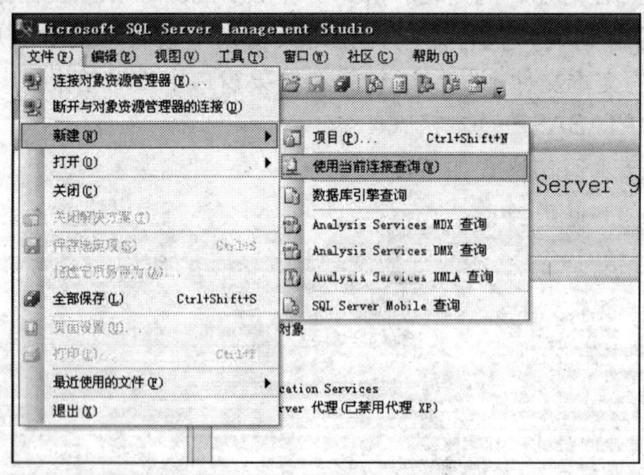


图 3-11　新建查询

(2) 在查询窗口中输入以下 T-SQL 语句，如图 3-12 所示。

```
CREATE DATABASE BookShop
ON
(NAME=BookShop_dat,
  FILENAME='d:\data\ BookShop_dat.mdf',
  SIZE=20,
  MAXSIZE=50,
```

```
    FILEGROWTH=5)
  LOG ON
  (NAME=BookShop_log,
    FILENAME='d: \data\BookShop_log.ldf',
    SIZE=5MB,
    MAXSIZE=30MB,
   FILEGROWTH=5MB
  )
```

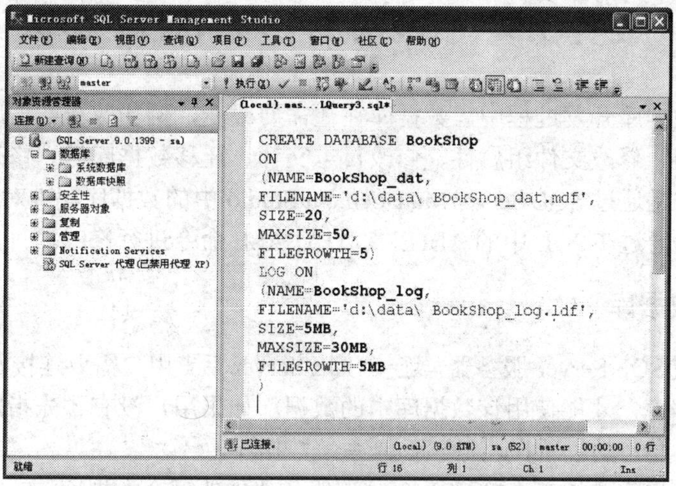

图 3-12　输入 T-SQL 语句

(3) 执行查询。在工具栏上选择✓按钮对 SQL 语句进行分析检查，选择"! 执行(X)"按钮执行选定的 SQL 语句，并在对象资源管理器中右键刷新数据库对象，即可显示建立的用户数据库，如图 3-13 所示。

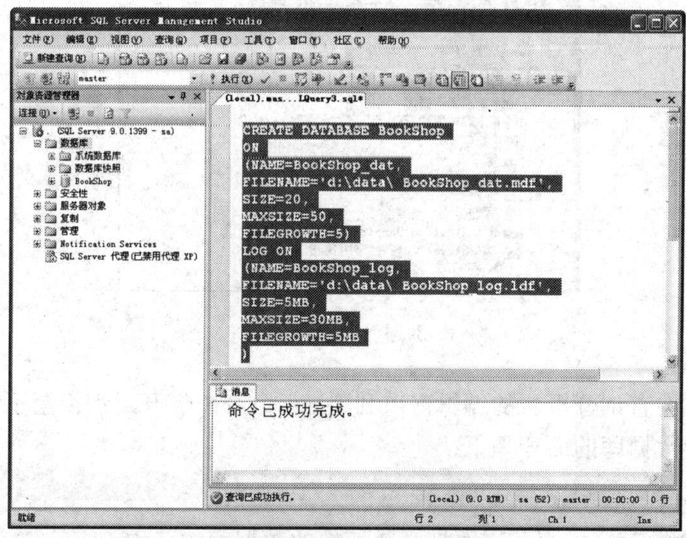


图 3-13　执行 T-SQL 语句

使用一条 CREATE DATABASE 语句即可创建数据库及存储该数据库的文件。SQL Server 分两步实现 CREATE DATABASE 语句：

- SQL Server 使用 model 数据库的副本初始化数据库及其元数据；
- SQL Server 使用空页填充数据库的剩余部分，每个新数据库都从 model 数据库中继承数据库选项设置。

# 任务 3.3　管理网上书城系统数据库

在实际的数据库开发过程中，数据库往往需要改变，例如改变数据库大小、删除文件、创建文件组、修改文件组属性、修改日志文件、迁移数据库等。修改数据库有两种方法：一种方法是通过 SQL Server Management Studio 中的数据库属性对话框进行修改；另外一种方法是通过 T-SQL 中的 ALTER DATABASE 命令进行修改。

## 3.3.1　打开数据库

当用户登录 SQL Server 服务器，连接 SQL Server 后，用户需要连接 SQL Server 服务器中的一个数据库，才能使用该数据库中的数据。如果用户没有预先指定连接哪个数据库，SQL Server 会自动替用户连上 master 系统数据库。

一般地，用户需要指定连接 SQL Server 服务器中的哪个数据库，或者从一个数据库切换至另一个数据库，如图 3-14 所示。

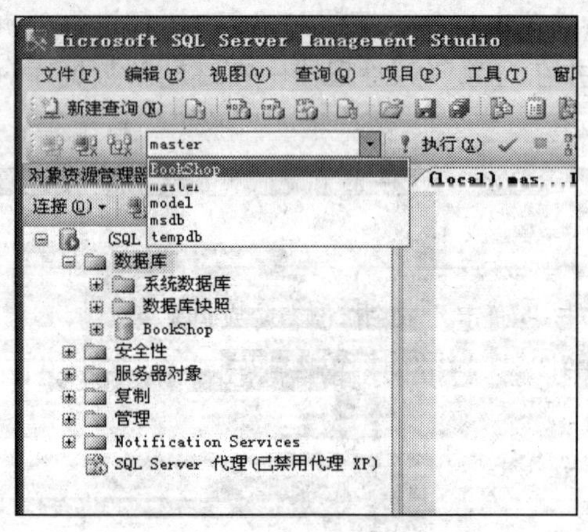


图 3-14　打开数据库

另外，可以在查询分析器的编辑窗口利用 use 命令来打开或切换至不同的数据库。

打开或切换数据库的命令如下：

```
USE database_name
```

其中，database_name 表示需要打开或切换的数据库的名称。

## 3.3.2　修改数据库

### 1. 在 SSMS 对象资源管理器中修改数据库

(1) 进入 SQL Server Management Studio 窗口，选中要修改的数据库右击，在弹出的快捷菜单中选择“属性”命令，进入如图 3-15 所示的窗口。在这些选项的展开页面中，可以管理文件增长、扩展数据库、缩小数据库、修改文件(组)设置和增加新的数据库等。

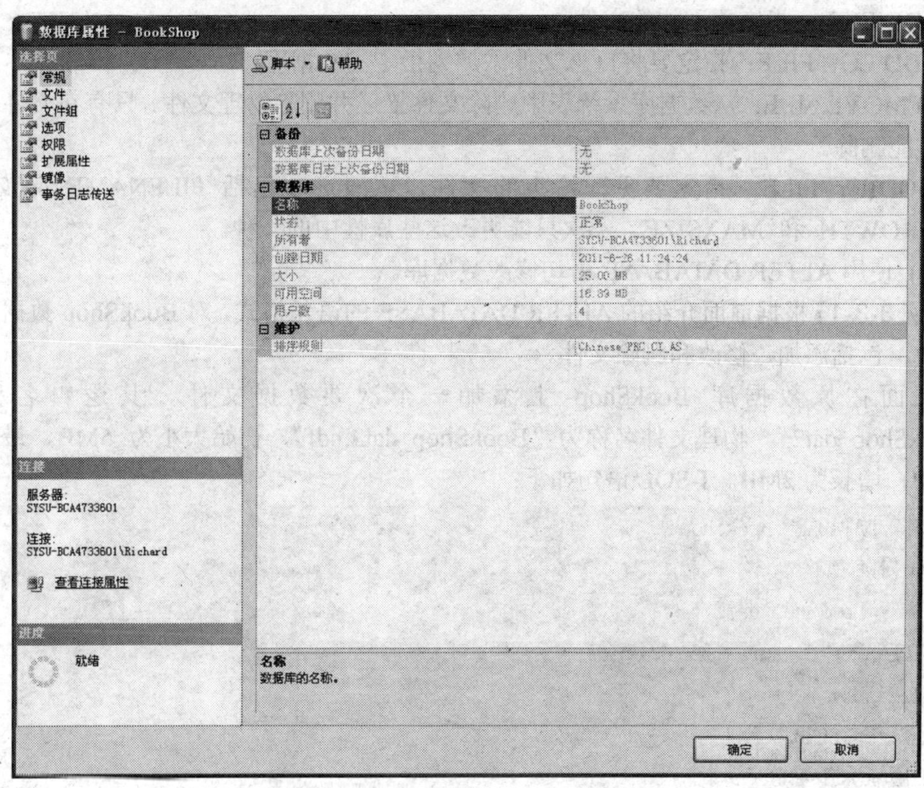


图 3-15　修改 BookShop 数据库属性

(2) 修改成功后，单击“确定”按钮，修改数据生效。

### 2. 使用 ALTER DATABASE 语句修改数据库

(1) ALTER DATABASE 语句格式。

使用 ALTER DATABASE 命令可以在数据库中添加或删除文件和文件组，也可以更改文件和文件组的属性，例如更改文件的名称和大小。ALTER DATABASE 提供了更改数据库名称、文件组名称以及数据文件和日志文件的逻辑名称的能力，但不能改变数据库的存储位置。

```
ALTER DATABASE<数据库名>
{ ADD FILE<数据文件>
| ADD LOG FILE<日志文件>
| REMOVE FILE<逻辑文件名>
```

```
| ADD FILEGROUP<文件组名>
| REMOVE FILEGROUP<文件组名>
| MODIFY FILE<文件名>
| MODIFY NAME=<新数据库名称>
| MODIFY FILEGROUP<文件组名>
| SET<选项>}
```

参数说明如下：

ADD FILE：指定要添加的文件。

ADD LOG FILE：指定要将日志文件添加到指定的数据库。

REMOVE FILE：从数据库系统表中删除文件描述并删除物理文件。只有在文件为空时，才能删除。

MODIFY FILE：指定要更改给定的文件，更改选项包括 FILENAME、SIZE、FILEGROWTH 和 MAXSIZE。一次只能更改这些属性中的一种。

(2) 使用 ALTER DATABASE 语句修改数据库。

**【例 3-3-1】**根据前面介绍的 ALTER DATABASE 的语句格式，对 BookShop 数据库进行修改，包括添加、修改和删除文件。

下面在原数据库 BookShop 上添加一个次要数据文件，其逻辑名称为“BookShop_dat2”，物理文件名称为“BookShop_dat2.ndf”，初始大小为 5MB，最大为 100MB，增长为 2MB。T-SQL 语句如下：

```
ALTER DATABASE BookShop
ADD FILE
(NAME= BookShop_dat2,
 FILENAME='d:\data\ BookShop_dat2',
 SIZE=5MB,
MAXSIZE=100MB,
 FILEGROWTH=2MB
)
```

更改指定文件。考虑到数据库中的“BookShop_dat2”文件初始大小(5MB)太小，现在想将它的初始大小增加到 30MB。

```
ALTER DATABASE BookShop
MODIFY FILE
(NAME= BookShop_dat2,
SIZE=30MB
)
```

删除指定文件。实际应用中不需要 BookShop 数据库中的“BookShop_dat2”文件，现在要把它从 BookShop 数据库中删除。

```
ALTER DATABASE BookShop
REMOVE FILE BookShop_dat2
```

### 3. 使用存储过程修改数据库

系统存储过程是指存储在数据库内，可由应用程序(或查询分析器)调用执行的一组语句的集合，其目的是用来执行数据库的管理和信息活动。

**【例 3-3-2】** 使用存储过程，将 BookShop 数据库更名为“BookShop2”。

通常情况下，在一个应用程序的开发过程中，往往需要改变数据库的名称。但是在 SQL Server 中更改数据库名称并不像在 Windows 中那样简单，要改变名称的那个数据库可能正被其他用户使用，所以变更数据库名称的操作必须在单用户模式下方可进行，然后使用系统存储过程来更改数据库的名称。

设置为单用户模式，其基本语句格式如下：

```
sp_dboption [数据库名称][,[要设置的选项的名称]][,[新设置]]
```

使用系统存储过程 sp_renamedb 进行更名操作，其基本语句格式如下：

```
sp_renamedb [当前数据库名称],[数据库新名称]
```

要将 BookShop 数据库更名为“BookShop2”，语句如下所示：

```
EXEC Sp_dboption 'BookShop' , 'single user', 'true'
EXEC sp_renamedb 'BookShop', ' BookShop2'
EXEC Sp_dboption 'BookShop2' , 'single user', 'false'
```

## 3.3.3　删除数据库

删除某个数据库，意味着从物理上删除该数据库中的所有数据对象。但是应该注意的是，如果某个数据库正在使用，则无法对该数据库进行删除。可以使用 DROP DATABASE 语句来删除某个数据库。

**【例 3-3-3】** 删除名为“BookShop”的数据库。

在 SSMS 查询分析器窗口中运行以下代码：

```
DROP DATABASE BookShop
```

执行完毕后，SQL Server 将返回该数据库的数据文件和日志文件均被删除的提示信息。

另外，也可以在 SSMS 的“对象资源管理器”面板中用鼠标选择要删除的数据库名，右击该数据库名，在弹出的快捷菜单中选择“删除”命令，即可完成数据库的删除操作，如图 3-16 所示。

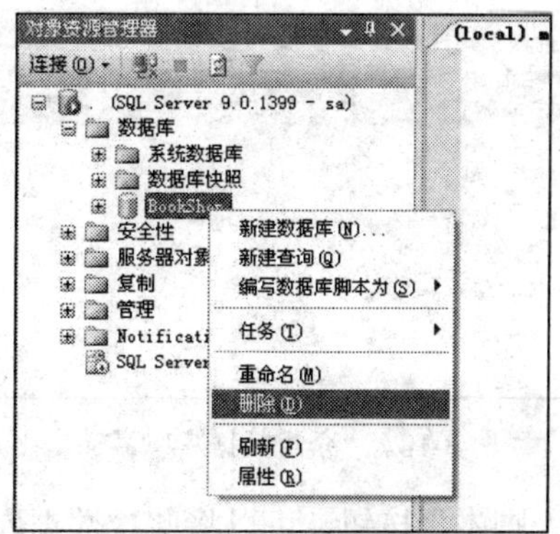


图 3-16　删除数据库

### 3.3.4 移动数据库文件

#### 1. 分离附加数据库

可以分离数据库的数据和事务日志文件，然后将它们重新附加到同一或其他 SQL Server 实例。如果要将数据库更改到同一计算机的不同 SQL Server 实例或要移动数据库，分离和附加数据库会很有用。

分离数据库的操作步骤如下：

(1) 启动 SQL Server Management Studio，在对象资源管理器的数据库对象中右击需要分离的数据库，例如“BookShop”，选择“任务”→“分离”命令，如图 3-17 所示。

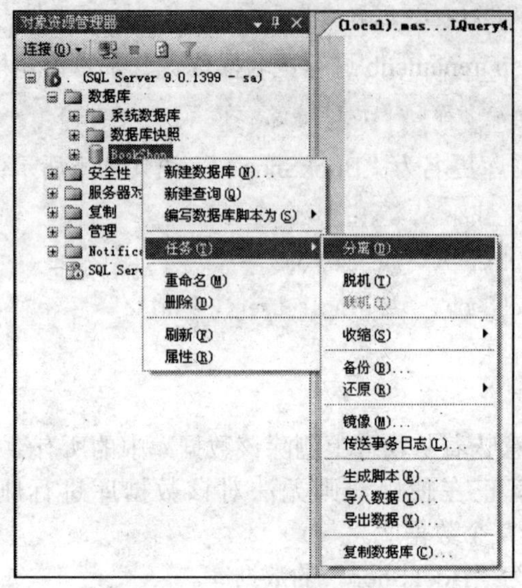


图 3-17 分离数据库命令

(2) 进入如图 3-18 所示界面，可以看到要分离的数据库名称，其中“删除连接”是当该数据库还有其他连接连上的时候，分离是不成功的；当勾选后，数据库系统自动地删除所有对该数据库的连接，以保证连接成功。其他几个选项可以根据需要勾选。

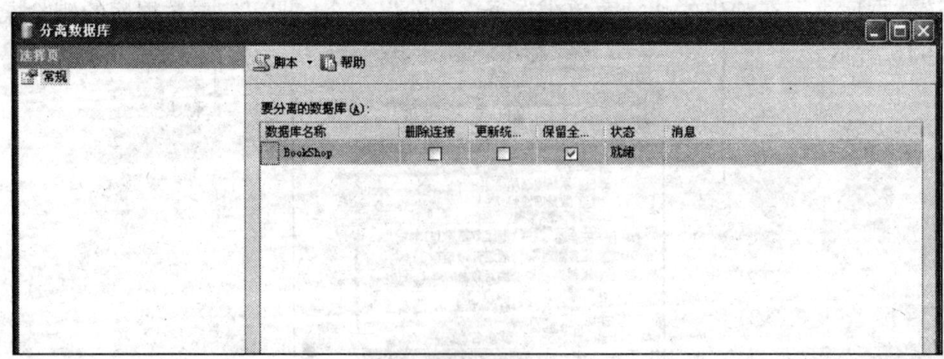


图 3-18 “分离数据库”界面

(3) 单击图 3-19 上面的“脚本”按钮，可以将此次数据库分离的脚本语句保存起来。最后单击“确定”按钮，完成此次数据库分离操作。下面的脚本语句就是单击脚本后保存的语句，将该语句运行于查询，也可以产生跟上面操作一样的数据库分离操作，如图 3-20 所示。

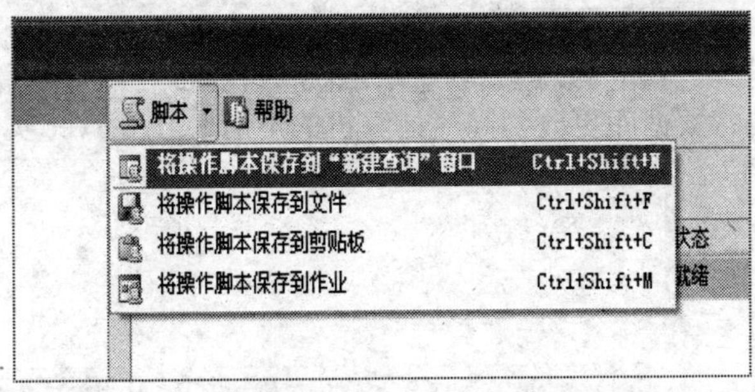


图 3-19　保存脚本操作

图 3-20　数据库分离脚本执行结果

附加数据库的操作步骤如下：

(1) 启动 SQL Server Management Studio，在对象资源管理器的数据库对象中右击“数据库”，选择“附加”命令，如图 3-21 所示。

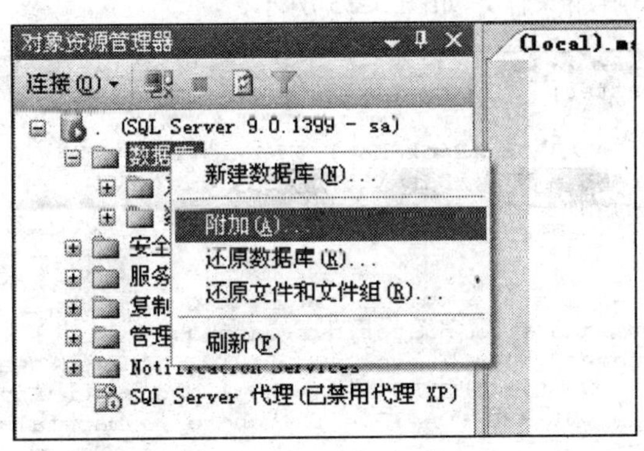


图 3-21　附加数据库命令

(2) 弹出如图 3-22 所示界面，单击“添加”按钮可以添加需要附加的数据库文件，当选择完成后，在“要附加的数据库”列表中可以看到需要附加的数据库。其中“MDF 文件位置”是指物理文件的位置，即刚才添加时添加的文件名。“数据库名称”为该数据库文件分离前的数据库名。“附加为”中可以填写附加后设定的数据库名称。

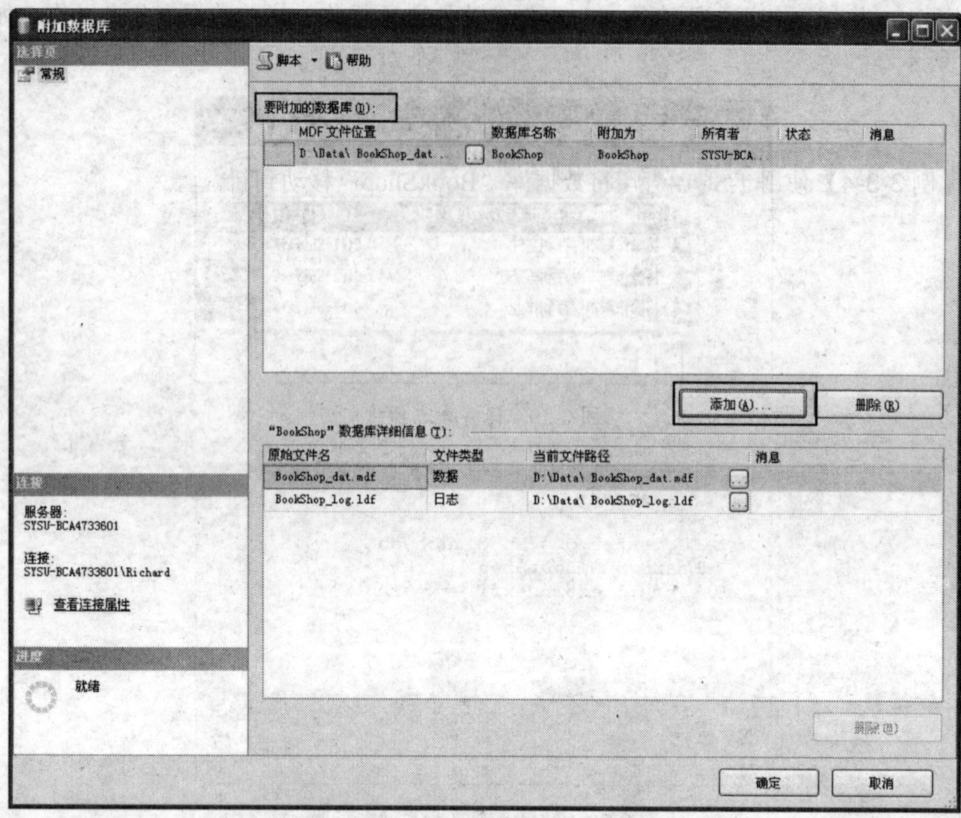


图 3-22 “附加数据库”界面

(3) 单击图 3-22 上面的“脚本”按钮，可以将此次附加数据库的脚本语句保存起来。最后单击“确定”按钮，完成此次数据库附加操作。将语句运行于查询，也可以产生跟上面操作一样的数据库附加操作，如图 3-23 所示。

SYSU-BCA473...LQuery5.sql* 摘要

```
USE [master]
GO
CREATE DATABASE [BookShop] ON
( FILENAME = N'D:\Data\ BookShop_dat.mdf' ),
( FILENAME = N'D:\Data\ BookShop_log.ldf' )
 FOR ATTACH
GO
if not exists
(select name from master.sys.databases sd
where name = N'BookShop' and SUSER_SNAME(sd.owner_sid)
= SUSER_SNAME() ) EXEC [BookShop].dbo.sp_changedbowner
@loginame=N'SYSU-BCA4733601\Richard', @map=false
GO
```

消息

命令已成功完成。

图 3-23 附加数据库脚本执行结果

### 2. 使用 T-SQL 语句移动数据库

在 SQL Server 2005 中，通过 ALTER DATABASE 语句的 FILENAME 子句，指定新文件的位置，可以移动系统数据库文件和用户定义的数据库文件。数据、日志和全文目录文件也可以通过此方法进行移动。

**【例 3-3-4】** 使用 T-SQL 语句将数据库“BookShop”移动到新位置。

使用 T-SQL 语句将数据库“BookShop”移动到新位置的具体操作步骤如下：

(1) 首先要确定数据库“BookShop”的逻辑文件名称以及在磁盘上的当前位置。

```
SELECT name, physical_name
FROM sys.master_files
WHERE database_id=DB_ID('BookShop')
GO
```

(2) 使用 ALTER DATABASE 更改每个文件的位置。

```
USE master
GO
ALTER DATABASE BookShop
MODIFY FILE(NAME= BookShop_dat, FILENAME='e:\SQLdata\ BookShop_dat');
GO
ALTER DATABASE BookShop
MODIFY FILE(NAME=BookShop_log, FILENAME='e: \ SQLdata\ BookShop_log.ldf');
GO
```

(3) 停止并重新启动 SQL Server 之后，重复步骤(1)，验证文件更改是否成功。

# 项目实训 3　创建“图书管理系统”数据库

## 一、实训目的

1. 了解系统数据库的作用。
2. 掌握使用管理平台和 T-SQL 语句创建数据库的方法。
3. 掌握使用管理平台和 T-SQL 语句修改数据库的方法。
4. 掌握删除数据库的方法。
5. 掌握数据库的分离与附加操作。

## 二、实训内容

1. 用对象资源管理器和查询分析器两种方法创建数据库“Library”，并进行如下设置。

(1) 主数据库文件和日志文件的逻辑分别为“Library_data”和“Library_log”。

(2) 物理文件存放在“E:\data”文件夹中。

(3) 数据文件的增长方式为“按 MB”自动增长，初始大小为 5MB，文件增长量为 1MB。

(4) 日志文件的增长方式为“按百分”自动增长，初始大小为 2MB，文件增长量为10%。

2. 使用查询分析器为数据库“Library”添加一个日志文件“BookShop_log1”，大小为 50MB，初始大小为 2MB，文件增长量为 3MB。

3. 分别使用对象资源管理器和查询分析器将数据库“Library”的初始大小扩充到50MB。

4. 分别使用对象资源管理器和查询分析器将数据库“Library”重新设置为只读状态。

5. 分别使用对象资源管理器和查询分析器将数据库“Library”改名为“图书管理系统”。

6. 分别使用对象资源管理器和查询分析器删除数据库“图书管理系统”。

## 三、实训小结

本实训要求掌握使用 SQL Server Managermeng Studio 管理数据库的方法。创建数据库，仅仅是创建了一个“空壳”，它是以 model 数据库为模板而创建的，因此其初始大小不会小于 model 数据库的大小。在创建数据库时，同时会创建事务日志。事务日志是在一个文件上预留的存储空间，在修改写入数据库之前，事务日志会自动记录对数据库对象所做的所有修改。

# 练 习 题

## 一、选择题

1. 记录 SQL Server 实例的所有系统级信息的数据库是(　　)。

A. master　　B. tempdb　　C. msdb　　D. model

2. 在 SQL Server 中用户建立了一个数据库“TEST”，该数据库属于(　　)。

A. 系统数据库　　B. 用户数据库

C. 数据库管理系统　　D. 临时数据库

3. SQL Server 数据库的主数据文件的扩展名默认为(　　)。

A. .sql　　B. .mdf　　C. .mdb　　D. .db

4. (　　)操作是把已经存在于磁盘上的数据库文件恢复成数据库。

A. 分离数据库　　B. 删除数据库

C. 附加数据库　　D. 压缩数据库

5. 删除数据库时，使用的 T-SQL 语句是(　　)。

A. CREATE DATABASE　　B. ALTER DATABASE

C. DROP DATABASE　　D. DELETE DATABASE

6. 如果在创建新的数据库时，发现可以设置的最小容量为 5MB，而不是通常情况下的 1MB，最可能的原因是(　　)。

A. master 数据库的大小为 5MB

B. 默认数据文件的大小为 5MB

C. 应该使用 Transact-SQL 而不是企业管理器来创建数据库

D. model 数据库的大小为 5MB

## 二、填空题

1. SQL Server 的四个系统数据库是：__________数据库、__________数据库、msdb 数据库和 tempdb 数据库。其中，__________数据库是不需要备份的，__________数据库会作为新数据库的模板。

2. SQL Server 用文件来存放数据库，数据库文件有三类，即__________、__________和日志文件。

3. 语句 CREATE DATABASE mybook 中的 mybook 是__________文件名。

## 三、设计题

为学生选课管理系统创建名为“stuCourse”的数据库。

(1) 主数据库文件和日志文件的逻辑分别为“stuCourse _data”和“stuCourse _log”。

(2) 物理文件存放在“E:\data”文件夹中。

(3) 数据文件的增长方式为“按 MB”自动增长，初始大小为 10MB，文件增长量为 2MB。

(4) 日志文件的增长方式为“按百分”自动增长，初始大小为 5MB，文件增长量为 10%。

# 项目4　网上书城数据库表的管理

## 项目简介

数据库本身无法直接存储数据，存储数据是通过数据库中的表来实现的。本项目将围绕网上书城数据库中数据表的构建过程，介绍相关知识。在网上购物时，用户需要注册并提交个人信息。对应购物系统的设计，程序员设计时需要用户提交一些信息，例如会员名、密码和电子邮件等，这个过程称为数据表的设计过程；用户注册提交个人信息的过程，实际上是在数据表里添加了一条会员记录；已注册的会员可以对自己的基本信息进行修改，其实是对表中记录的修改；对于非法用户，书城管理员可以删除用户信息，是对表记录的删除。

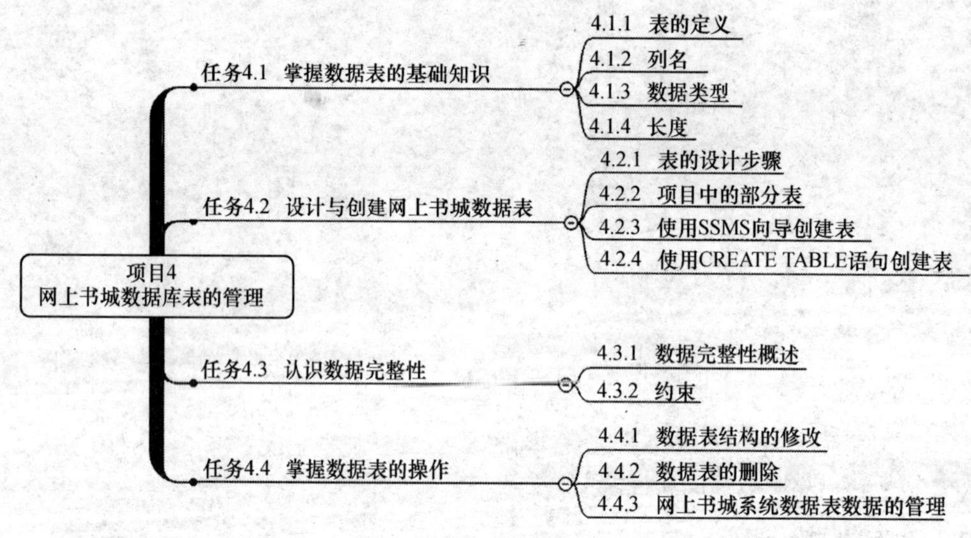


图 4-1　本项目知识要点

## 单词学习

1. constraint：约束
2. row：行
3. column：列
4. binary：二进制
5. check：检查
6. unique：唯一
7. alter：修改
8. insert：插入
9. update：更新
10. delete：删除

# 任务 4.1　掌握数据表的基础知识

表(Table)是数据库最重要的对象，可以说没有表，也就没有数据库。表是用来实际存储和操作数据的逻辑结构，对数据库的各种操作，实际上就是对数据库中表的操作。

## 4.1.1　表的定义

表是包含数据库中所有数据的数据库对象。在表中，数据成二维行列格式，每一行代表一个唯一的记录，每一列代表一个域。表 4-1 所示是一张顾客信息表，该表每一行横向数据代表的是每一位顾客信息，称为行(Row)；而该表每一纵向数据代表顾客的详细资料，称为列(Column)，每一列都有一个列名。

表 4-1　顾客信息表

| 编号 | 真实姓名 | 密码 | 性别 | 地 址 | 联系方式 | 注册日期 |
|---|---|---|---|---|---|---|
| C0001 | 刘小和 | 123456 | 男 | 广东广州市 | 13512345671 | 2009-8-6 |
| C0002 | 张嘉靖 | 123456 | 男 | 广东广州市 | 13512345672 | 2010-9-4 |
| C0003 | 罗红红 | 123456 | 女 | 广东珠海市 | 13512345673 | 2008-11-24 |
| C0004 | 李浩华 | 123456 | 女 | 广东珠海市 | 13512345674 | 2008-11-24 |
| C0005 | 吴美霞 | 123456 | 女 | 湖南长沙市 | 13512345675 | 2010-10-22 |

在 SQL Server 中，每个数据库最多可以创建 20 亿个表，一个表允许有 1024 列，每行的最大长度为 8060 个字节。表是数据库中的一个对象。

## 4.1.2　列名

列名是用来访问表中具体域的标识符。列名必须遵循下列规则：

(1) 列名是可以含有从 1 到 128 的 ASCII 码字符。它的组成包括字母、下划线、符号以及数字。

(2) 不可将列命名为与 SQL 关键字相同的名字，比如“SELECT”、“IN”、“DESC”等。

(3) 列名应该反映数据的属性。

## 4.1.3　数据类型

数据类型决定常量或变量的值代表何种形式的数据，如表 4-2 所示。每定义一个列时，都要指定数据类型，以此限制列中可以输入的数据类型和长度，从而保证基本数据的完整性。选择每列的正确数据类型，对有效数据存储性能和应用程序支持都很重要。

表 4-2　数据类型

| 类 别 | SQL Server 数据类型 | 说 明 |
|---|---|---|
| 二进制（Binary） | binary | 固定长度的二进制数据，其最大长度为 8000 个字符 |
| | varbinary | 可变长度的二进制数据，其最大长度为 8000 个字符 |
| | image | 可变长度的二进制数据，其最大长度为 $2^{31}-1$ 个字符 |

(续)

| 类 别 | SQL Server 数据类型 | 说 明 |
|---|---|---|
| 文本数据类型 | char[（n）] | 固定长度的非 Unicode 数据，其最大长度为 8000 个字符 |
| | varchar[（n）] | 可变长度的非 Unicode 数据，其最大长度为 8000 个字符 |
| | nchar[（n）] | 固定长度的 Unicode 数据，其最大长度为 4000 个字符 |
| | nvarchar[（n）] | 可变长度的 Unicode 数据，其最大长度为 4000 个字符 |
| | text | 可变长度的非 Unicode 数据，其最大长度为 $2^{31}-1$ 个字符 |
| | ntext | 可变长度 Unicode 数据，其最大长度为 $2^{31}-1$ 个字符 |
| 数字类型 | int | $-2^{31}$~$2^{31}-1$ |
| | smallint | $-2^{15}$~$2^{15}-1$ |
| | tinyint | 0~255 |
| | bigint | $-2^{63}$~$2^{63}-1$ |
| | decimal[（p，[，s]）] | $-10^{38}+1$~$10^{38}-1$ |
| | numeric[（p，[，s]）] | $-10^{38}+1$~$10^{38}-1$ |
| | float | −1.79E+308~ −2.23E−308、0 以及 2.23E−308~1.79E+308 |
| | real | −3.40E+38~ −1.18E−38、0 以及 1.183E−38~3.40E+38 |
| 货币类型 | money | 货币数据值为$-2^{63}$～$2^{63}-1$ |
| | smallmoney | $-2^{15}$~$2^{15}-1$ 的整型数据 |
| 日期和时间数据类型 | datetime | 包含日期和时间数据，精确到(1/300)s |
| | smalldatetime | 包含日期和时间数据，精确到分钟 |
| 位型 | bit | 取值为 1、0 或 NULL |
| 注：−1.79E+308 表示$-1.79\times10^{308}$，−2.23E−308 表示$-2.23\times10^{-308}$，余同 | | |

### 1. 二进制类型

二进制数据包括 binary、varbinary 和 image。

1) binary[(*n*)]

binary 数据类型即可以是固定长度的，也可以是变长度的。Binary 数据类型的定义形式为 binary[(*n*)]，其中 *n* 用来确定长度，取值范围是 1~8000，以位为单位。一经确定，不管输入数据长度为何，将固定占用 *n*+4 个存储空间，如果输入的数据过长，其超出部分将被截掉。当 binary 类型的列允许为 NULL 值时，将被视为 varbinary 列。

2) varbinary[(*n*)]

varbinary[(*n*)]是 *n* 位变长度的二进制数据，与 binary 数据类型基本相同，通过存储输入数据的实际长度而节省存储空间。此类型数据实际占用存储空间是 *n*+4 个字节。若输入的数据不足 *n*+4 个字节，则补足后存储。大体而言，对于 binary 类型的列处理时，速度比 varbinary 类型列快，因为 binary 有固定长度。

3) image

image 数据类型用来存储超过 8KB 的可变长度的二进制数据，如 Word 文档、Excel 电子表格，包含位图、GIF 文件和 JPEG 的文件，并且该类型可存储 1~$2^{31}-1$ 个字节的数据。

**2. 文本类型**

1) char[(*n*)]

char 类型用来存储字符类型，一经定义，不管输入数据长度为多少，将固定占用 *n* 个字节的存储空间。如果输入字符串的长度小于 *n*，同时该列不允许为空，则系统将不足部分补空白；如果该列允许为空，则不足部分不补空白。如果输入的数据过长，将截掉超出部分。

2) varchar[(*n*)]

varchar 类型与 char 类型相同，只是它的长度可以变动。此类型数据实际占用的存储空间与输入数据的长度有关，但是输入数据的后置空白部分将不会被存入，所以也不列入占用空间计数。

3) text

text 数据类型与 char、varchar 类型一样，主要用于存储大量的文本数据，超过 8KB 的 ASCII 数据可以使用 text 数据类型存储。

4) nchar(*n*)

nchar 类型是固定长度(至多为 4000 个 unicode 字符)的 unicode 数据类型。nchar(*n*)包含 *n* 个字符的固定长度 unicode 字符数据。*n* 的值必须介于 1～4000 之间。存储大小为 *n* 字节的两倍。

5) nvarchar(*n*)

nvarchar 类型是可变长度 unicode 数据的数据类型。nvarchar(*n*)包含 *n* 个字符的可变长度 unicode 字符数据。*n* 的值必须介于 1～4000 之间。字节的存储大小是所输入字符个数的两倍。所输入的数据字符长度可以为零。

6) ntext

当列中任意项超过 4000 个 unicode 字符时，使用 ntext 类型。输入的字符中，英文字符只需要一个字节存储就足够了，但汉字众多，需要两个字节存储，英文与汉字同时存在时容易造成混乱。unicode 字符集就是为了解决这种字符集不兼容的问题而产生的，它所有的字符都用两个字节表示，即英文字符也是用两个字节表示。nchar、nvarchar 的长度是在 1～4000 之间。nchar、nvarchar 最多存储 4000 个字符，不论是英文还是汉字；而 char、varchar 最多能存储 8000 个英文，4000 个汉字。可以看出使用 nchar、nvarchar 数据类型时，不用担心输入的字符是英文还是汉字，较为方便，但在存储英文时数量上有些损失。支持国际化客户端的数据库应始终使用 unicode 数据，而不应使用非 unicode 数据类型。

**3. 数字类型**

1) 整型类型

整数数据类型有四种：int、smallint、tinyint、bigint，用于存储不同范围的数值。

int 类型的数据的存储长度是 4 个字节，可存储$-2^{31}$～$2^{31}-1$ 之间的整数。

smallint 类型的数据的存储长度是 2 个字节，可存储$-2^{15}$～$2^{15}-1$ 之间的整数。

tinyint 类型的数据的存储长度是 1 个字节，可存储 0～255 之间的整数。

bigint 类型的数据的存储长度是 8 个字节，可存储$-2^{63}$～$2^{63}-1$ 之间的整数。

2) 精确数类型

decimal 和 numeric 类型定义精确数，它们视为相同的类型。确定方式为 decimal[*p*，[，*s*]]或者 numeric[*p*，[，*s*]]。其中，*p* 是数值全部的位数，含小数部分但是不包括小数点；*s* 是小数的位数。例如 decimal(5，2)，表示 3 位整数，2 位小数。

对于像 decimal 和 numeric 等类型的数据，需要指明精度和小数位数。因为精度决定数据存储的长度，所以不允许在“长度”栏中改变长度值。

3) 近似数类型

float 和 real 类型用来存储无法以有限位数表示的数值。SQL Server 对这些数值是以 round up 方式取近似值来存储。通过用于科学计算和统计数，不需要绝对精度。

float 数据类型可精确到第 15 位小数，其取值范围-1.79E+308～1.79E+308。

real 数据类型可精确到第 7 位小数，其取值范围为-3.40E+38～3.40E+38。

**4. 货币类型**

SQL Server 专门提供了两种货币类型：money 和 smallmoney。

money 数据类型存储长度为 8 个字节，货币数据值介于$-2^{63}$～$2^{63}-1$。

smallmoney 数据类型与 money 数据类型类似，存储长度为 4 个字节，smallmoney 类型显示时会四舍五入为两位小数。

**5. 日期和时间数据类型**

日期和时间数据类型包括 datetime 和 smalldatetime 两种类型。

datetime 数据类型用来存储从 1753 年 1 月 1 到 9999 年 12 月 31 日间所有的日期和时间数据，精确到三百分之一秒。它存储两个长度为 4 个字节的整数：日期和时间。对于定义为 datetime 数据类型的列，并不需要同时输入日期和时间，可省略其中的一个。

smalldatetime类型同datetime，但存储的数据比较不精确。此类型的列允许的日期范围：1900年1月1日到2079年6月6日。

**6. 位型**

SQL Server 的逻辑数据类型也称为位数据类型(bit)，适用于判断真/假的场合，长度为 1 个字节。位数据类型取值为 1、0 或 NULL，非 0 的数据当成 1 处理。位列不允许建立索引，多个位列可以占用同一个字节。如果一个表有不多于 8 个的位列，SQL Server 将这些列合在一起用一个字节存储。

### 4.1.4 长度

给列定义的大小部分指的是该列能接受多少个字符。比如 char 允许用户只输入一个字符，而另一些则不允许这样做，所以建议使列值尽可能小，显示列越小，表所占的空间也就越小。

但是，如果减少列，SQL Server 将用截断数据以满足新的大小尺寸，所以很可能丢失有价值的信息数据。

# 任务 4.2　设计与创建网上书城数据表

## 4.2.1　表的设计步骤

一个数据库中包含各个方面的数据，如在 BookShop 数据库中，包含商品信息、顾客信息和订单信息等。所以在设计数据库时，应先确定需要哪些表，表中将存储什么类型的数据，表之间的关系和数据的存取权限等。

创建表时，如果能一次性定义所有需要的数据是最有效的方式，不过实际工作中，常常需要对已经定义的表进行必要的修改，如添加约束、索引、规则以及列。在创建表以及对象前，应尽量做好以下工作：

(1) 表的命名方式。

(2) 表中每一列的名称、数据类型及其长度。

(3) 表中的列是否允许空值，是否唯一，是否要进行默认设置或添加用户定义约束。

(4) 表间的关系，即确定哪些列是主键，哪些是外键。

## 4.2.2　项目中的部分表

前面，我们已经了解到项目中要用到的部分表以及表与表之间的关系，在购物模块中需要创建 3 个表，各表的结构如表 4-3～表 4-5 所示。

表 4-3　顾客信息表(Customers 表)

| 序号 | 属性名称 | 含 义 | 数据类型 | 为空性 | 备 注 |
|---|---|---|---|---|---|
| 1 | CID | 客户编号 | char(6) | not null | 主键约束 |
| 2 | CTrueName | 真实姓名 | varchar(30) | not null | |
| 3 | Cpassword | 客户密码 | varchar(30) | not null | |
| 4 | CSex | 性别 | char(2) | not null | 检查约束 |
| 5 | CAddress | 客户地址 | varchar(50) | null | |
| 6 | CMobile | 手机号码 | varchar(11) | not null | |
| 7 | CEmail | 电子邮箱 | varchar(50) | null | 检查约束 |
| 8 | CRegisterDate | 用户注册日期 | datetime | not null | 默认当前日期 |

表 4-4　订单信息表(Orders 表)

| 序号 | 属性名称 | 含 义 | 数据类型 | 为 空 性 | 备 注 |
|---|---|---|---|---|---|
| 1 | OID | 订单编号 | char(14) | not null | 主键约束 |
| 2 | CID | 客户编号 | char(6) | not null | 外键约束 |
| 3 | ODate | 订单日期 | datetime | not null | 当前日期 |
| 4 | OSum | 订单金额 | money | not null | |
| 5 | OStatus | 订单状态 | char(1) | not null | 是否处理 |

表 4-5　订单详细表(OrderDetails 表)

| 序号 | 属性名称 | 含 义 | 数据类型 | 为 空 性 | 备 注 |
|---|---|---|---|---|---|
| 1 | OdID | 编号 | char(6) | not null | 主键约束 |
| 2 | OID | 订单编号 | char(14) | not null | 外键约束 |
| 3 | GID | 商品编号 | char(6) | not null | 外键约束 |
| 4 | OdPrice | 购买价格 | money | not null | |
| 5 | OdNumber | 购买数量 | int | not null | |

### 4.2.3　使用 SSMS 向导创建表

表作为数据库的基本组成部分，实际上是关系数据库中对关系的一种抽象化的描述。下面介绍在 SQL Server 中使用 SQL Server Management Studio 实现对表的创建。

**1. 在表设计器中创建表的一般方法**

**【例 4-2-1】**在 SQL Server 2005 中使用 SQL Server Management Studio 创建 BookShop 数据库中的顾客信息表。

详细步骤如下：

(1) 启动 SSMS，登录服务器类型为“数据库引擎”，并使用 Windows 或 SQL Server 身份认证建立连接。

(2) 在对象资源管理器中依次展开“数据库”节点、“BookShop”节点，右键单击“表”节点，选择“新建表”命令，如图 4-2 所示。

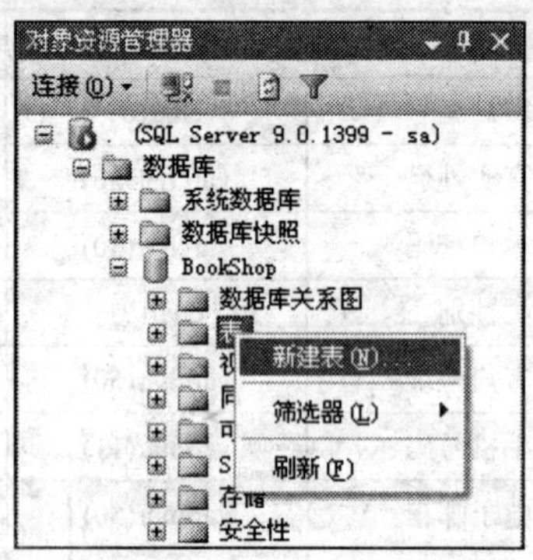


图 4-2　选择“新建表”

(3) 打开“表设计器”窗口，在“列名”下的编辑框中输入列名“CID”，然后单击“数据类型”下的下拉框，拖动下拉框的滚动条，选择“char(10)”，如图 4-3 所示。

(4) “表设计器”窗口中，在“列属性”选项卡中“长度”域的编辑框中输入“6”，如图 4-4 所示。输入完毕，“数据类型”下的下拉框内容由“char(10)”变为“char(6)”。

(5) 单击“表设计器”窗口的“允许空”列中的小方框，使得小方框中“√”去掉，就符合了“CID”列不允许为空的要求。

(6) 类似地，重复步骤(2)～(5)，在“表设计器”窗口添加顾客信息表的其他 7 个字段，效果如图 4-5 所示。

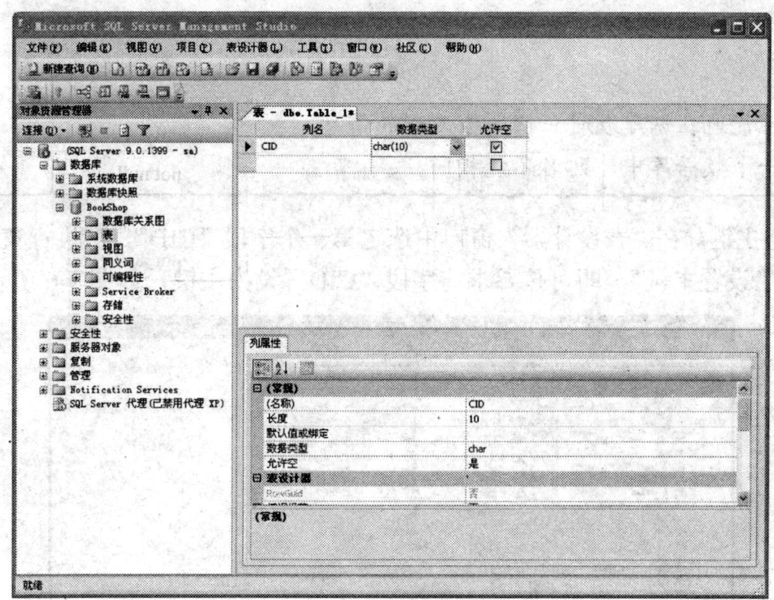


图 4-3　表设计器

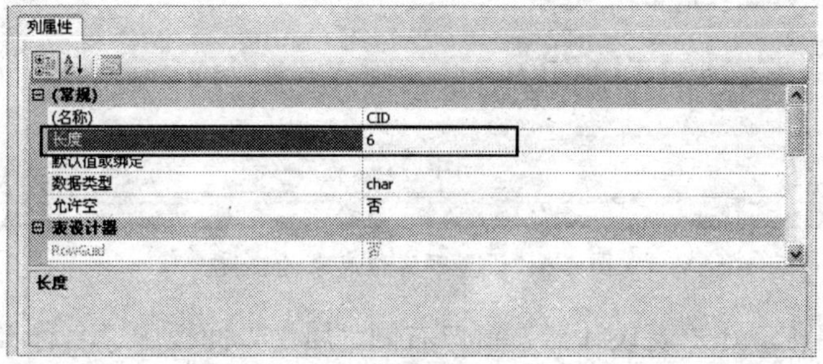


图 4-4　修改字符类型长度

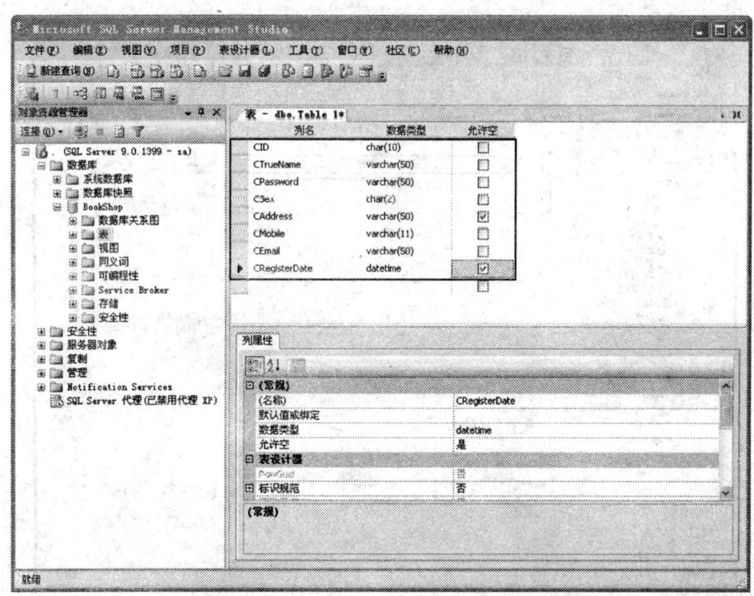


图 4-5　添加顾客信息表的 8 个字段

- 尽可能地在创建表时正确地输入列的信息。
- 同一个数据库中，列名不能相同。

(7) 设置主键。在“表设计器”窗口中选定第一个字段“CID”，再执行菜单命令“表设计器”→“设置主键”，即可按要求将字段“CID”设为主键，如图 4-6 所示。

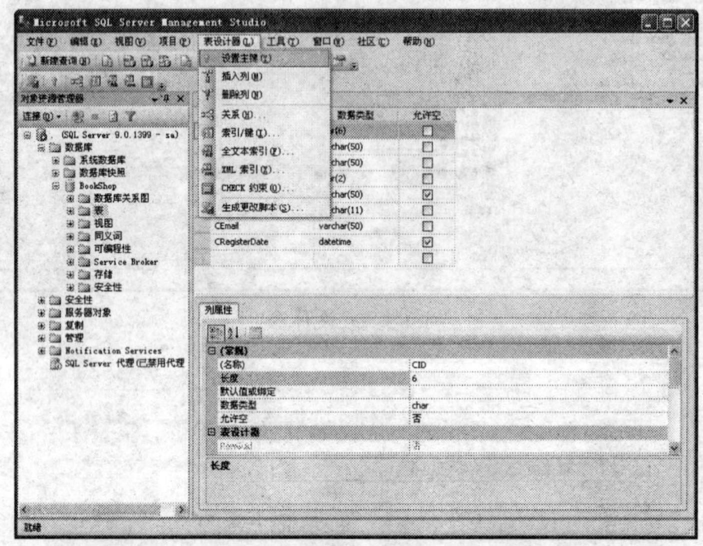

图 4-6　设置顾客信息表的主键

(8) 修改表名称。在“表设计器”窗口右侧“属性”面板中“名称”域的编辑框中输入表名称“Customers”，如图 4-7 所示。表名称输入完不是立即生效的，要在保存表后，表名称修改才能生效。

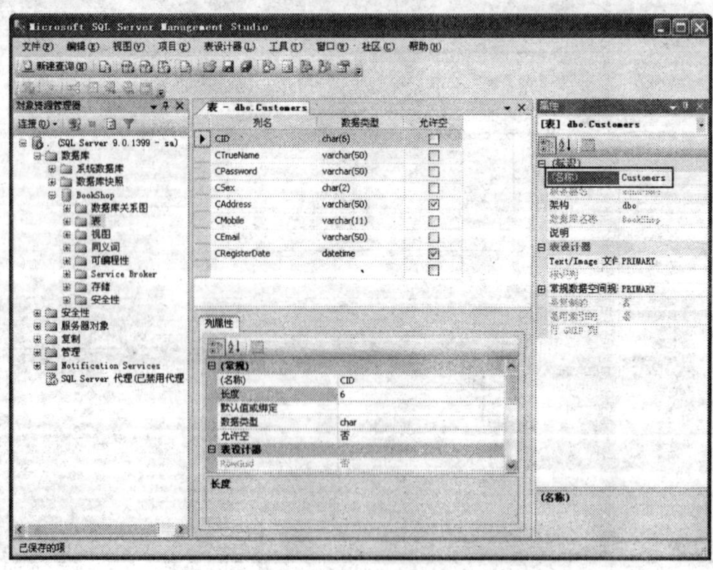

图 4-7　修改表名称

可以在“表设计器”窗口“视图”菜单栏里找到“属性窗口”。

(9) 保存表。单击工具栏中的“保存”按钮，即可保存表。新表创建后，在对象资源管理器中展开“数据库”节点中的数据库节点“BookShop”，可以查看刚才所建的表，如图 4-8 所示。

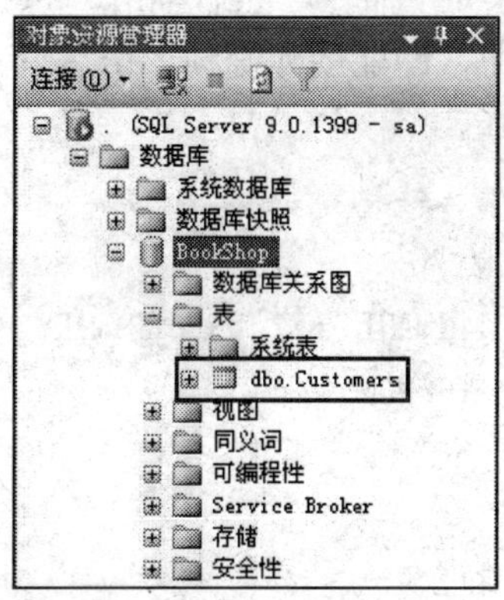


图 4-8　创建好的 Customers 表

## 4.2.4　使用 CREATE TABLE 语句创建表

### 1. 创建表语法

【例 4-2-2】在 SQL Server 2005 中使用 T-SQL 语句创建数据表。

使用 T-SQL 语句创建表的基本语句格式如下：

```
CREATE TABLE <表名> (
<列名><数据类型>[列级完整性约束条件]
[, <列名><数据类型>[列级完整性约束条件]...]
[, <表级完整性约束条件>]
)
```

参数含义：

表名：符合命名规则的任意字符串。在同一个数据库中，表名应当是唯一的。

列名：组成表的各个列的名字。在一个表中，列名也应该是唯一的。

数据类型：对应列数据所采用的数据类型。可以是数据库管理系统支持的任何数据类型。

列级约束：用来对列中的数据进行限制，如非空约束、主外键约束及用条件表达式表示的完整性约束。

表级约束：如果完整性约束条件涉及该表的多个属性列，则必须定义在表级上。

### 2. 使用 T-SQL 创建数据表

【例 4-2-3】为了保存顾客基本信息，需要在 BookShop 数据库中创建一个名为“Customers”的表，使用 T-SQL 语句完成创建表的过程。

详细步骤如下：

(1) 成功登录 SQL Server 服务器后，在 SSMS 界面中，单击“新建查询”按钮，打开一个 SQLQuery 窗口。

前面通过 SSMS 创建的同名的“Customers”顾客信息表必须先删除。

(2) 在 SQLQuery 窗口输入如下命令，然后单击✓按钮，分析输入的 T-SQL 语法是否有误，然后单击“执行”按钮，即能创建好顾客信息表，如图 4-9 所示。

```
Use  BookShop    --打开数据库
Go               --批处理结束语句
CREATE TABLE Customers (
   CID  char(6)  NOT NULL  PRIMARY  KEY,   --PRIMARY  KEY表示主键
   CTrueName  varchar(30)  NOT NULL,
   Cpassword   varchar(30)  NOT NULL,
   CSex   char(2)  NOT NULL,
   CAddress  varchar(50)  NULL,
   CMobile  varchar(11)NOT NULL,
   CEmail  varchar(50)   NULL,
   CRegisterDate  datetime  NOT NULL
)
```

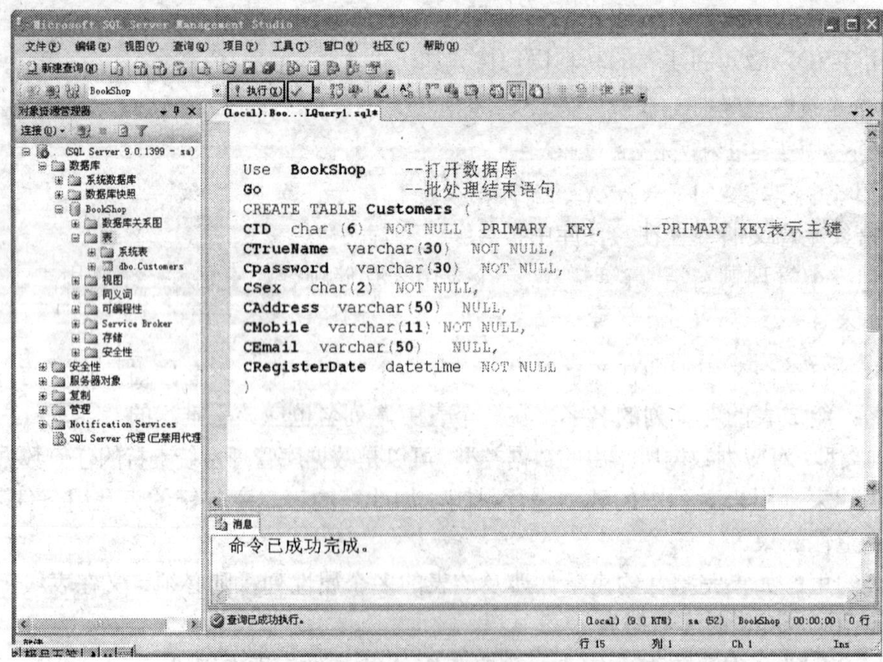

图 4-9　在 SQLQuery 窗口输入 T-SQL 命令

表是数据库的组成对象，在进行创建表的操作之前，先要通过命令 Use BookShop，打开要操作的数据库。

# 任务 4.3　认识数据完整性

## 4.3.1　数据完整性概述

数据完整性是指数据库中数据的准确性和一致性。如果两个或更多的表由于其存储的信息而相互关联，那么只要修改了其中一个表，与之相关的所有表都要做出相应的修改。如果不这么做，存储的数据就会不再准确。也就是说，破坏了数据的完整性。它是为了防止数据库中存在不符合语义规定的数据，以及防止因错误信息的输入输出造成无效操作而提出的。数据完整性主要分为四类：实体完整性、域完整性、引用完整性和用户定义完整性。在 SQL Server 2005 中可以通过 PRIMARY KEY 约束、FOREIGN KEY 约束、CHECK 约束、UNIQUE、空值约束和默认值约束等来实施数据完整性。

**1. 实体完整性**

实体完整性规定表的每一行在表中是唯一的。通过索引、唯一约束、主键约束或标识列属性，可以实现表的实体完整性。

**2. 域完整性**

域完整性是指数据库表中的列必须满足某种特定的数据类型或约束。其中，约束又包括取值范围和精度等规定。通过 CHECK 约束、FOREIGN KEY 约束、DEFAULT 定义、NOT NULL 等都属于域完整性的范畴。

**3. 引用完整性约束**

引用完整性是指两个表的主关键字和外关键字的数据应对应一致。它确保了有主关键字的表中对应其他表的外关键字的行存在，即保证了表之间的数据的一致性，防止了数据丢失或无意义的数据在数据库中扩散。

例如，在管理顾客信息的时候，一个表用来存储顾客的信息，一个表用来存储订单的信息，并且订单表中的一列数值就是顾客信息表中的编号，用来表示是哪个顾客的订单，如图 4-10 所示。

可以看出两张表建立了“关系”，顾客信息表是“主表”，订单信息表是“子表”(有时也叫做“相关表”)。

**4. 自定义完整性**

自定义完整性指的是用户指定的一组规则，它不属于实体完整性、域完整性或引用完整性。CREATE TABLE 中的所有列级和表级约束、存储过程和触发器都属于自定义完整性。

## 4.3.2　约束

约束(Constraint)是 SQL Server 提供的自动保持数据完整性的一种机制，它定义了可

顾客信息表

| 顾客编号 | 真实姓名 | 性别 | 地址 | … |
|---|---|---|---|---|
| C0001 | 刘小和 | 男 | 广东广州市 | |
| C0002 | 张嘉靖 | 男 | 广东广州市 | |
| C0003 | 罗红红 | 女 | 广东珠海市 | |
| C0004 | 李浩华 | 女 | 广东珠海市 | |

订单信息表

| 订单编号 | 顾客编号 | 订单日期 | 订单金额 | … |
|---|---|---|---|---|
| 201106051011 | C0001 | 2011-6-5 | 106.00 | |
| 201106051022 | C0002 | 2011-6-5 | 35.00 | |
| 201106051023 | C0003 | 2011-6-5 | 200.00 | |
| 201108231012 | C0004 | 2011-8-23 | 240.00 | |

图 4-10 引用完整性约束

以输入表或表的单个列中的数据的限制条件。约束是用来维护关系数据库数据的正确性和一致性、保证数据库完整性的必要条件。

SQL Server 中有六种约束：主键约束(PRIMARY KEY Constraint)、外键约束(FOREIGN KEY Constraint)、检查约束(CHECK Constraint)、唯一约束(UNIQUE Constraint)、默认约束(DEFAULT Constraint)和非空值约束(NOT NULL Constraint)。

### 1. PRIMARY KEY 约束

表的一列或几列的组合的值在表中唯一地指定一行记录，这样的一列或多列称为表的主键(Primary Key)，通过，它可强制表的实体完整性。主键不允许为空值，且不同两行的键值不能相同。为了有效实现数据的管理，每个表都应该有主键，且只能有一个主键，设置主键后，系统会检查该字段(或字段组合)的输入值是否符合这个约束条件，从而维护数据的完整性，减小输入错误数据的概率。

**【例 4-3-1】**使用 PRIMARY KEY 约束对数据库 BookShop 实施数据完整性。

(1) 使用 SQL Server Management Studio 管理 PRIMARY KEY 约束。

使用 SSMS 管理 PRIMARY KEY 约束的具体操作步骤如下：

① 启动 SSMS，进入新建表状态，如果表已经建立好，则进入修改表的状态，如图 4-11 所示。

② 单击要设置的 PRIMARY KEY 约束的列，例如 CID，选择工具栏上的按钮(也可以右键选择“设置主键”选项)，创建主键约束，如图 4-12 所示。

③ 创建主键结束后，在对应的列名前有标志，此时，该列的“允许空”也改变为“非空”，如图 4-13 所示。

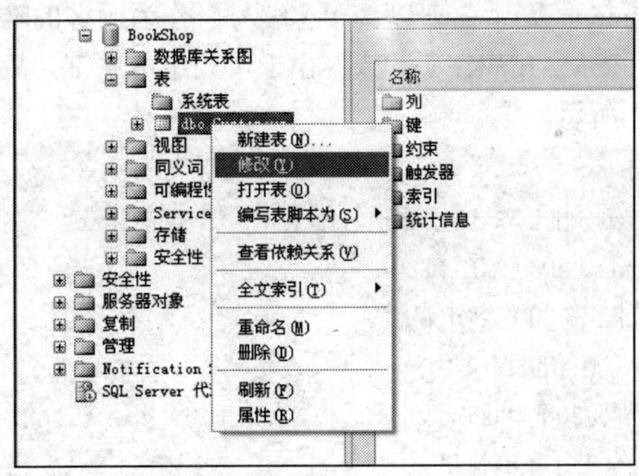


图 4-11　选择修改表

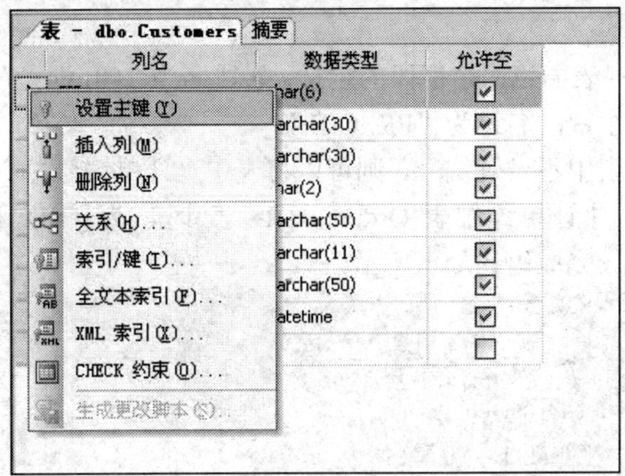


表 - dbo.Customers* 摘要

| 列名 | 数据类型 | 允许空 |
|---|---|---|
| CID | char(6) | ☐ |
| CTrueName | varchar(30) | ☑ |
| Cpassword | varchar(30) | ☑ |
| CSex | char(2) | ☑ |
| CAddress | varchar(50) | ☑ |
| CMobile | varchar(11) | ☑ |
| CEmail | varchar(50) | ☑ |
| CRegisterDate | datetime | ☑ |
|  |  | ☐ |

图 4-13　创建 PRIMARY KEY 约束

(2) 使用 T-SQL 管理 PRIMARY KEY 约束。

定义列级主键约束的语法格式如下：

```
CONSTRAINT 约束名 PRIMARY KEY（列名或列的组合）
```

顾客信息表(Customers 表)中需要以“顾客编号”作为顾客的唯一标识。在创建数据表时，为 CID 列设置 PRIMARY KEY 约束。由于单列组成主键，故该主键可以定义为列级主键。完成语句如下所示。

```
CREATE TABLE Customers (
    CID  char (6)  NOT NULL  Constraint  PK_CID  PRIMARY  KEY,
    CTrueName  varchar (30)  NOT NULL,
    Cpassword   varchar (30)  NOT NULL,
    CSex   char (2)  NOT NULL,
    CAddress  varchar (50)  NULL,
    CMobile  varchar (11) NOT NULL,
    CEmail  varchar (50)   NULL,
    CRegisterDate  datetime  NOT NULL
)
```

这里，第 2 行是对表的第 1 个字段的定义，字段名为“CID”，字段类型为“char(6)”，该列是主键，并且该主键的名称为“PK_CID”。

如果在订单详情表中不设置编号，则可以将表中“订单编号+商品编号”作为订单详情的唯一标识。在创建订单详细表(OrderDetails 表)时，为 OID 和 GID 的组合设置 PRIMARY KEY 约束。完成语句如下所示。

```
USE BookShop
GO
CREATE TABLE OrderDetails (
    OID  char (14)  NOT NULL,
    GID  char (6)    NOT NULL,
    OdPrice  float   NOT NULL,
  OdNumber  int  NOT NULL,
  CONSTRAINT  PK_OID_GID  PRIMARY KEY (OID, GID)
)
```

这里，第 8 行是定义主键约束，该主键约束名为“PK_OID_GID”，是组合列(OID, GID)组成该约束。该语句执行结果如图 4-14 所示。

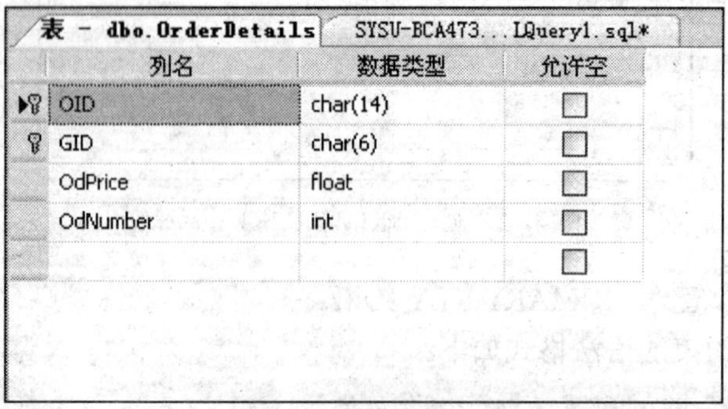

表 - dbo.OrderDetails　SYSU-BCA473...LQuery1.sql*

| 列名 | 数据类型 | 允许空 |
|---|---|---|
| OID | char(14) | ☐ |
| GID | char(6) | ☐ |
| OdPrice | float | ☐ |
| OdNumber | int | ☐ |
| | | ☐ |

图 4-14　组合主键

若要使用 T-SQL 修改 PRIMARY KEY，必须先删除现有的 PRIMARY KEY 约束，然后再用新定义重新创建。

## 2. FOREIGN KEY 约束

FOREIGN KEY 约束标识表之间的关系，用于强制参照完整性，为表中一列或者多列数据提供参照完整性。FOREIGN KEY 约束也可以参照自身表中的其他列，这种参照称为自参照。

FOREIGN KEY 约束可以在下面情况下使用：

(1) 作为表定义的一部分在创建表时创建。

(2) 如果 FOREIGN KEY 约束与另一个表(或同一个表)已有的 FOREIGN KEY 约束或 UNIQUE 约束相关联，则可向现有表添加 FOREIGN KEY 约束。一个表可以有多个 FOREIGN KEY 约束。

(3) 对已有的 FOREIGN KEY 约束进行修改或删除。例如，要使一个表的 FOREIGN KEY 约束引用其他列，定义 FOREIGN KEY 约束列的列宽不能更改。

下面就是一个使用 FOREIGN KEY 约束的例子。数据表 Orders 中 CID 列引用了数据表 Customers 中的 CID(说明是哪个顾客下的订单)。在往数据表 Orders 中插入新行或修改其数据时，这一列的值必须在数据表 Customers 中已经存在，否则将不能执行插入或修改操作。实施 FOREIGN KEY 约束时，要求被引用表中定义了 PRIMARY KEY 约束或 UNIQUE 约束。图 4-15 所示为主键和外键的关系。

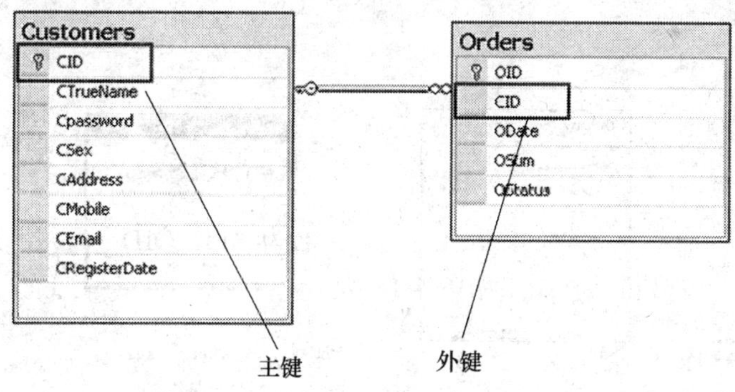


图 4-15　主键和外键的关系

**【例 4-3-2】**使用 FOREIGN KEY 约束对数据库 BookShop 中 Customers 数据表和 Orders 数据表实施数据完整性。

(1)使用 SSMS 管理 FOREIGN KEY 约束。

使用 SSMS 管理 FOREIGN KEY 约束具体操作步骤如下：

① 启动 SSMS，在“对象资源管理器”窗口中，依次展开“数据库”节点、“BookShop”

数据库节点，右击“数据库关系图”节点，选择“新建数据库关系图”命令，在弹出的“添加表”对话框中选择“Customers”和“Orders”两张表，单击“添加”按钮，如图4-16所示。

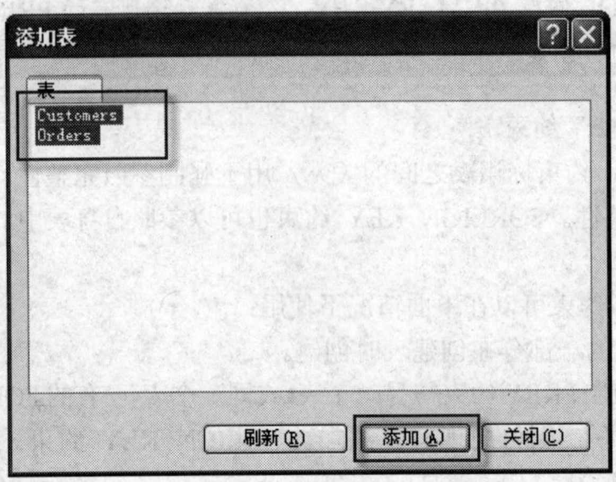


图 4-16 添加建立关系的表

② 在“关系图”窗口中，先选定“Customers”表中的列“CID”列，然后将光标再次定位在该列上，接着按住鼠标左键不放，拖动鼠标到“Orders”表中的“CID”列，再松开鼠标左键，如图4-17所示。

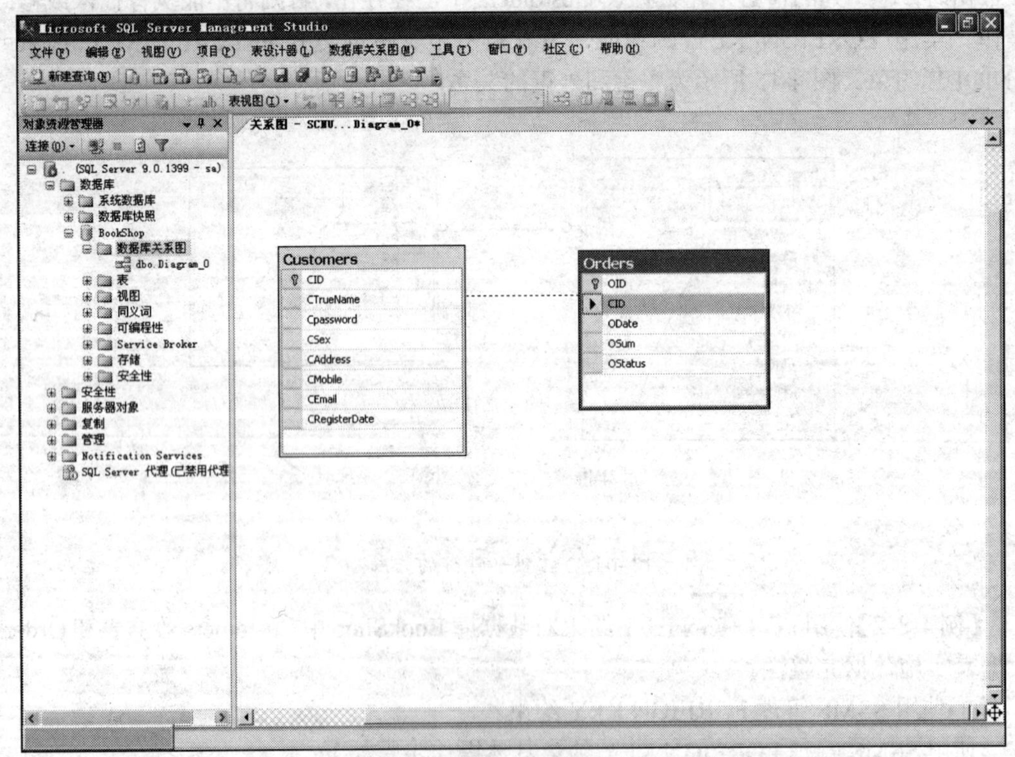


图 4-17 关系图窗口

③ 同时弹出的“外键关系”和“表和列”对话框，如图 4-18 所示。在“表和列”对话框中，可以清楚看到主键表、主键列和外键表、外键列。在“表和列”对话框中修改主键列和外键列，单击“确定”按钮。

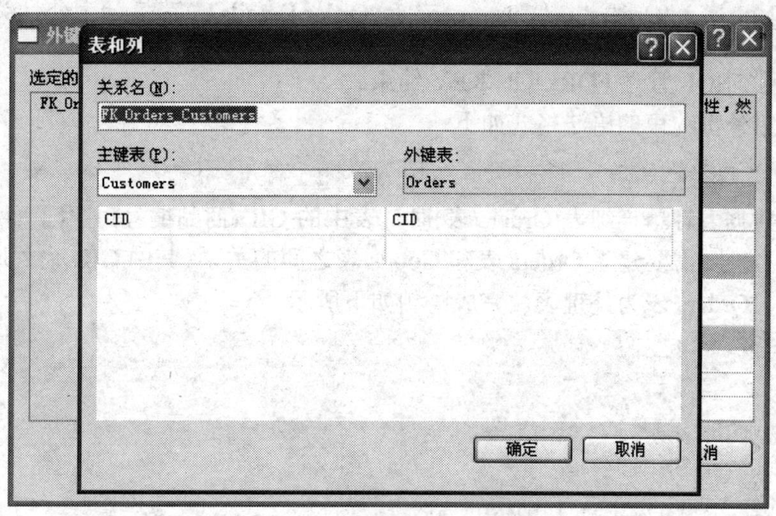


图 4-18　“表和列”对话框

④ 保存关系图。单击工具栏中“保存”按钮即可保存关系。在弹出的“选择名称”对话框输入关系图的名称。关系图保存后，通常会出现因为表受到影响而要求保存表的“保存”对话框，单击“是”按钮即可。建立好外键的关系图如图 4-19 所示。

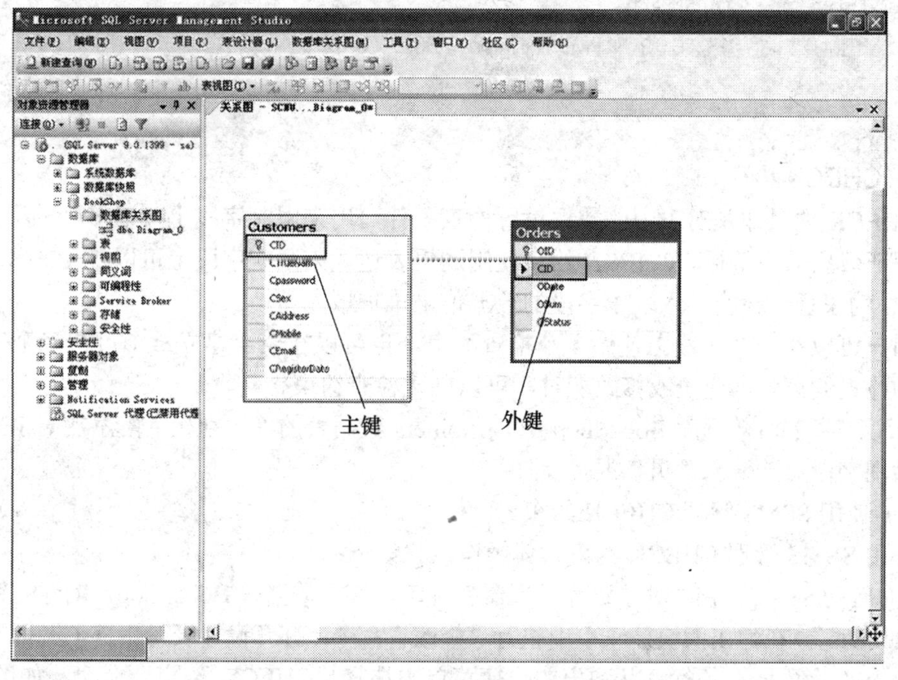


图 4-19　建立好外键的关系图窗口

 提示

请参考前面所讲的创建表的步骤，自己动手创建名为“Order Details”订单详细表。并使用 SSMS 建立“Orders”、“Customers”和“Order Details”三张表的主外键关系。

(2) 使用 T-SQL 管理 FOREIGN KEY 约束。

定义列级外键约束的语法格式如下：

```
CONSTRAINT 约束名 FOREIGN KEY（列名）REFERENCES 被引用表（列）
```

在创建数据表订单详细表(Orders 表)时，表中的 GID(商品编号)引用了商品表(Goods 表)中的商品编号，需要建立 Orders 表和 Goods 表之间的关系。其中 GID 为关联列，Goods 表为主键表，Orders 表为外键表。完成语句如下所示。

```
USE BookShop
GO
CREATE TABLE Orders
(
   OID  char(14)  NOT NULL PRIMARY KEY ,
   CID  char(6)    NOT NULL
   ODate  datetime   NOT NULL,
   OSum  float      NOT NULL,
   OSentMode varchar(50) NOT NULL,
   OStatus  bit NOT NULL
  CONSTRAINT PK_CID FOREIGN KEY(CID)REFERENGES Customers(CID)
)
GO
```

### 3. CHECK 约束

CHECK 约束即是对表中的数据设置检查条件，用来限制字段上可以接受的数据值，从而保证数据的完整性。CHECK 约束使用逻辑表达式来限制字段上可以接受的数据值。CHECK 约束通过检查输入表中字段的数据值来维护域完整性。

用户可以在一个字段上使用多个检查约束，也可以在表上建立一个可在多个字段上使用的检查约束。创建表或修改表时，可以创建检查约束。

**【例 4-3-3】**对数据库 BookShop 中 Customers 数据表的“性别”字段添加 CHECK 约束：性别字段只能输入“男”或“女”。

(1) 使用 SSMS 管理 CHECK 约束。

使用 SSMS 管理 CHECK 约束具体操作步骤如下：

① 启动 SSMS，在“对象资源管理器”窗口中展开数据库 BookShop，鼠标右键单击“Customers”，在弹出的快捷菜单中执行“修改”命令。打开设计表对话框，鼠标右键单击“CSex”字段所在的行，从弹出的快捷菜单中选择“CHECK 约束”命令，如图 4-20 所示。

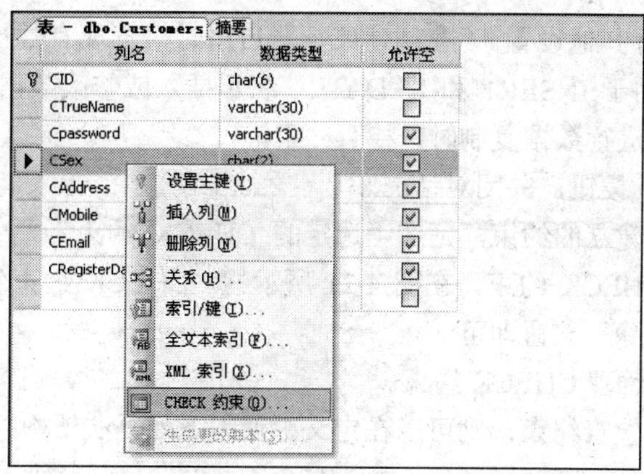


图 4-20　选择“CHECK 约束”

② 从弹出的对话框单击“添加”按钮，如图 4-21 所示。

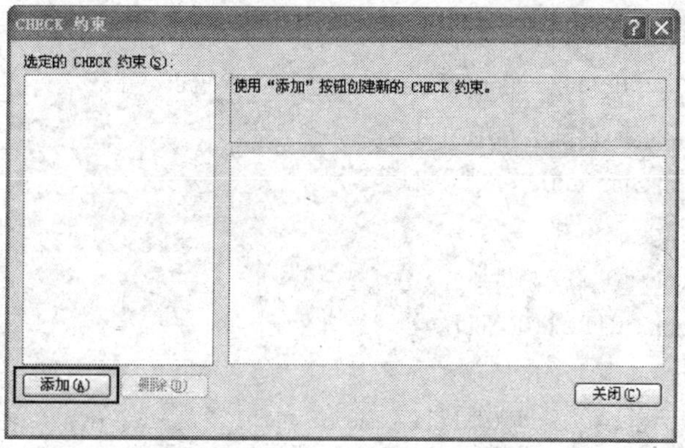


图 4-21　“CHECK 约束”对话框

③ 在“选定的 CHECK 约束”栏中出现了“CK_Customers*”项，如图 4-22 所示。在“表达式”文本框中输入要设置的 CHECK 约束文本，如“CSex='男' or CSex='女'”。也可以单击表达式输入框右边的[...]按钮，进入“CHECK 约束表达式”对话框，输入约束表达式，如图 4-23 所示。

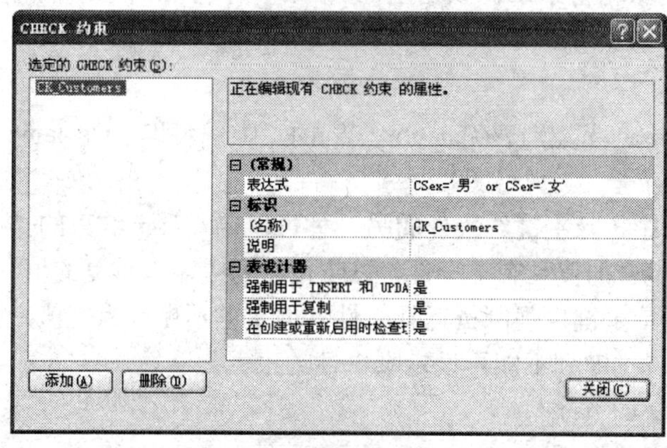


图 4-22　添加 CHECK 约束

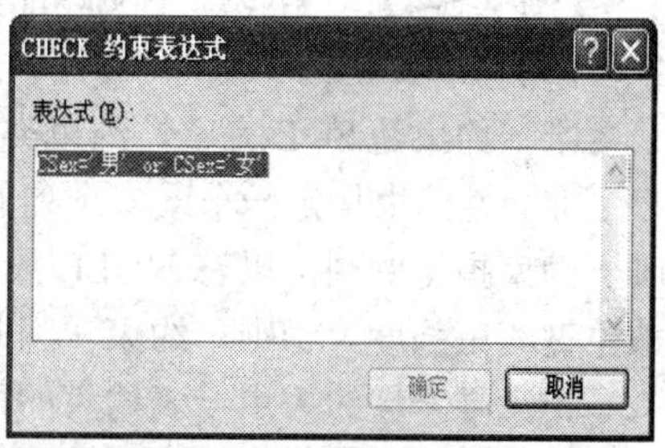


图 4-23　“输入约束表达式”对话框

④ 对该约束进行其他设置。“在创建或重新启用时检查现有数据”表示对现存的数据进行检查；“强制用于 INSERT 和 UPDATE”表示插入或修改数据时，检查约束；“强制用于复制”表示在进行数据复制时，检查约束。

⑤ 单击“关闭”按钮，关闭对话框。

如果要修改已经建立的约束，则在“选定的 CHECK 约束”栏中选择要修改的检查约束；如果要删除 CHECK 约束，在图 4-21 所示的“CHECK 约束”对话框中选定指定的约束后，单击“删除”按钮即可。

(2) 使用 T-SQL 管理 CHECK 约束。

如果要创建表级检查约束，则可以在定义中使用下列语法结构：

```
CONSTRAINT 约束名 CHECK（表达式）
```

如果数据库 BookShop 中 Customers 数据表的“性别”字段只能输入“男”或“女”，需要在创建 Customers 表时，为 CSex 字段设置 CHECK 约束，完成语句如下所示：

```
CREATE TABLE Customers (
   CID  char (6)  NOT NULL  Constraint  PK_CID  PRIMARY  KEY,
   CTrueName  varchar (30)  NOT NULL,
   Cpassword   varchar (30)  NOT NULL,
   CSex   char (2)  NOT NULL  ,
   CAddress  varchar (50)  NULL,
   CMobile  varchar (11) NOT NULL,
   CEmail  varchar (50)   NULL,
   CRegisterDate  datetime  NOT NULL
   CONSTRAINT CK CSEx (CSex) CHECK (CSex='男' or CSex='女')
)
```

如果 Customers 数据表已经创建，则可以通过修改数据表方式添加 CHECK 约束。完成语句如下所示：

```
ALTER TABLE Customers
ADD CONSTRAINT CK_CSex
CHECK (CSex='男' or CSex='女')
```

### 4. UNIQUE 约束

**【例 4-3-4】**对数据库 BookShop 中商品类别表(Category 表)的“类别名称”CaName 字段添加 UNIQUE 约束。

唯一约束是 SQL 完整性约束类型中，除主键约束外的另一种可以定义唯一约束的类型。唯一性约束指定一个或多个列的组合的值具有唯一性，以防止在列中输入重复的值。唯一约束指定的列可以有 NULL 属性。主键也强制执行唯一性，但主键不允许为空值，故主键约束强度大于唯一约束。因此，主键列不能再设定唯一性约束。

定义唯一性约束用于表约束的语法如下：

```
CONSTRAINT 约束名 UNIQUE (列或列的组合)
```

其中，定义唯一性约束的列的数量不能大于 16。

为了保证商品类别名称表(Category 表)中的名称不重复，在创建数据表 Category 时，为 CaName 设置 UNIQUE 约束。完成语句如下所示：

```
CREATE TABLE Category (
    CaID  char (2)  NOT NULL  PRIMARY KEY,
    CaName  varchar (20)  NOT NULL,
    CaDeleted  bit  NOT NULL,
    CONSTRAINT  UN_CaName  UNIQUE (CaName)
)
```

如果对于单列定义唯一约束，即用于列约束，则创建类别名称 Category 表的语句也可以写成如下：

```
CREATE TABLE Category (
    CaID  char (2)  NOT NULL  PRIMARY KEY,
    CaName  varchar (20)  NOT NULL  UNIQUE (CaName),
    CaDeleted  bit  NOT NULL
)
```

### 5. DEFAULT 约束

默认约束通过定义列的默认值或使用数据库的默认值对象，在特定情况下，以确保在没有为某列指定数据时，来指定列的值。

默认值可以是常量，也可以是表达式，还可以为NULL值。当向表中插入数据时，如果用户没有给某一字段输入数据，则系统自动将默认值作为该字段的数据内容。对于一个不允许为NULL值的字段，默认值显得非常重要。当用户添加数据记录时，如果当时尚不知字段的值，而该字段又不允许为NULL值，则设置默认值为上策。

向表中添加数据时，如果没有输入字段值，则此字段值可能是下面几种情况：

(1) 此这段定义了默认值，则此字段的内容为默认值。

(2) 此字段未定义默认值，而且允许为 NULL 值，则 NULL 值将成为该字段的内容。

(3) 此字段未定义默认值，也不允许为 NULL 值，保存时将会出现错误信息，而且添加数据操作失败。

**【例 4-3-5】** 对数据库 BookShop 中 Customers 数据表的“CRegisterDate”字段添加 DEFAULT 约束，默认值为录入数据的当天时间。

(1) 使用 SSMS 管理 DEFAULT 约束。

使用 SSMS 管理 DEFAULT 约束具体操作步骤如下：

① 启动 SSMS，进入新建或修改表状态。

② 在数据表设计窗口中，将光标定位于“CRegisterDate”字段，在下面的“列属性”栏中“默认值或绑定”中输入“GetDate( )”，如图 4-24 所示。

(2) 使用 T-SQL 管理 DEFAULT 约束。

使用 T-SQL 创建 DEFAULT 定义的基本语句格式如下所示：

```
CONSTRAINT 约束名 DEFAULT 默认值
```

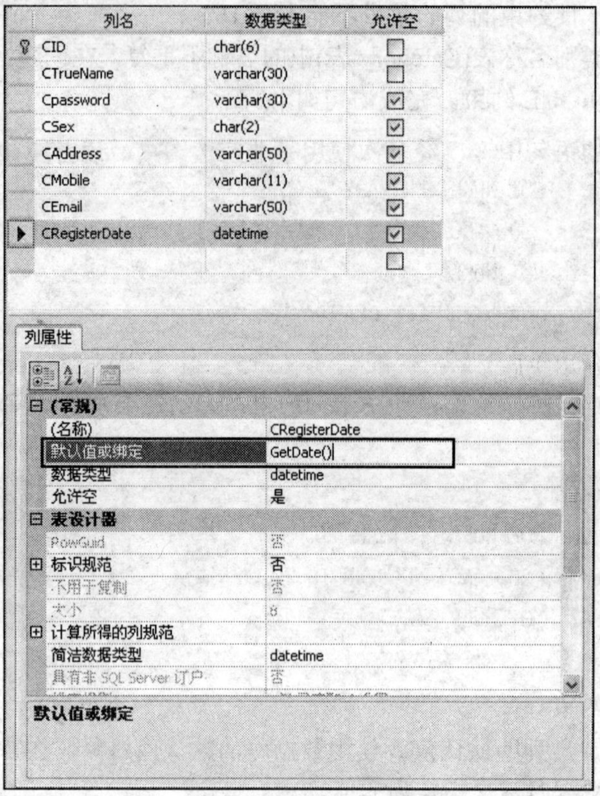

| 列名 | 数据类型 | 允许空 |
| --- | --- | --- |
| CID | char(6) | ☐ |
| CTrueName | varchar(30) | ☐ |
| Cpassword | varchar(30) | ☑ |
| CSex | char(2) | ☑ |
| CAddress | varchar(50) | ☑ |
| CMobile | varchar(11) | ☑ |
| CEmail | varchar(50) | ☑ |
| CRegisterDate | datetime | ☑ |

列属性

| | |
| --- | --- |
| (常规) | |
| (名称) | CRegisterDate |
| 默认值或绑定 | GetDate() |
| 数据类型 | datetime |
| 允许空 | 是 |
| 表设计器 | |
| RowGuid | 否 |
| 标识规范 | 否 |
| 不用于复制 | 否 |
| 大小 | 8 |
| 计算所得的列规范 | |
| 简洁数据类型 | datetime |
| 具有非 SQL Server 订户 | 否 |

默认值或绑定

图 4-24　创建默认值约束

需要在 Customers 表中输入数据时，为 CRegisterDate 提供一个默认值为当天时间，以保证非空性或简化用户输入，其完成语句如下所示：

```
CREATE TABLE Customers (
   CID  char (6)  NOT NULL  Constraint  PK_CID  PRIMARY  KEY,
   CTrueName  varchar (30)  NOT NULL,
   Cpassword   varchar (30)  NOT NULL,
   CSex   char (2)  NOT NULL  CHECK (CSex='男' or CSex='女'),
   CAddress  varchar (50)  NULL,
   CMobile  varchar(11)NOT NULL,
   CEmail  varchar(50)  NULL,
   CRegisterDate  datetime  NOT NULL  DEFAULT(GetDate(    ))
)
```

### 6. 非空值约束

非空值约束限制一列或多个列的值不能为空(NULL)。空表示未定义或未知的值。在默认情况下，所有列都接受空值，若要某列不接受空值，则可以在该列上设置 NOT NULL 约束。NULL 值既不等价于数值型数据 0，也不等价于字符型数据中的空串，只是表明字段值是未知的。例如，由于顾客信息表(Customers 表)中的“CTrueName”字段不允许是未知的，因此可以在设计表时定义此字段不允许为 NULL 值。

在表设计器中为一个字段加上 NOT NULL 约束的操作比较简单。选中“允许为空”复选框，则此字段可不输入数据；反之，若“允许为空”复选框未被选中，则此字段必须输入数据，否则保存时将出现错误信息并拒绝接收数据。

在前面创建表的语句中，已经多次使用了非空值约束，读者应该已经非常熟练了，请自行练习。

# 任务 4.4　掌握数据表的操作

一个数据表创建完成后，还可以根据实际需要对它进行修改，修改的内容包括增加、删除字段，更改字段的数据类型和长度等。

## 4.4.1　数据表结构的修改

数据表创建以后，在使用过程中可能需要对原先定义的表的结构进行修改，如增加新字段、删除原字段等，甚至有时需要删除表。下面介绍使用 SSMS 向导和 T-SQL 语句完成对表的修改操作。

### 1. 使用 SSMS 向导修改表结构

1) 增加列

当需要向表中增加项目时，就要向表中增加列。在显示表及其所有当前定义列的标准界面中，提供有空白的网格行，因此可以很容易地将新的列定义添加到数据表中。

例如，使用 SSMS 向导在数据库 BookShop 中的 Customers 表中增加一列顾客的出生日期“CBirth”，具体操作步骤如下：

(1) 选择表 Customers，右击，弹出快捷菜单如图 4-25 所示。

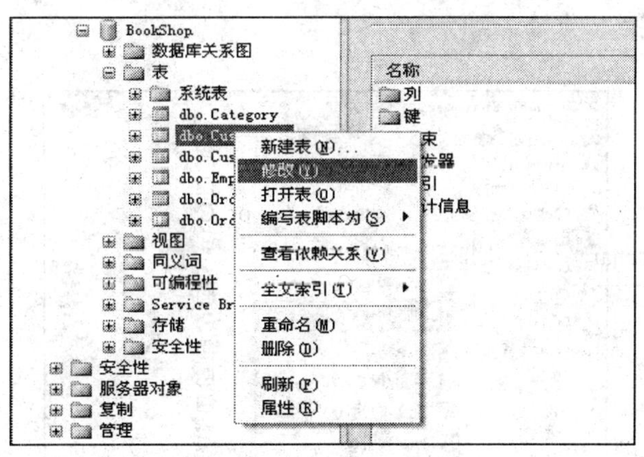


图 4-25　修改表属性

(2) 在“设计表”面板中单击“第一个空白行”，输入列名“CBirth”，数据类型选择“datetime”选项，并选中“允许空”复选框，如图 4-26 所示。

(3) 右击“表-dbo.Customers*”，在弹出的快捷菜单中选择“保存 Customers”命令，保存修改。

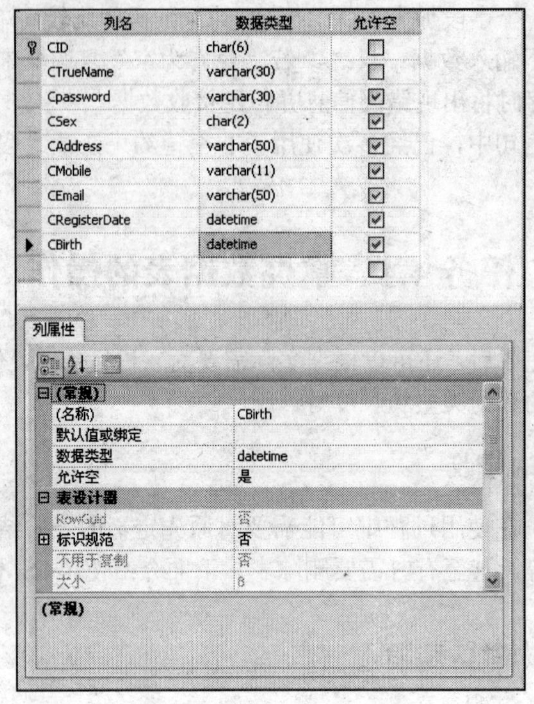


图 4-26　增加一列

2) 删除列

从表中删除不再用于存储数据的列。当从数据库关系图的表中删除列时，将从数据库中删除该列及其包含的全部数据。

右击需要删除的列，弹出如图 4-27 所示的快捷菜单，在菜单中选择“删除列”命令，即可以完成删除操作。

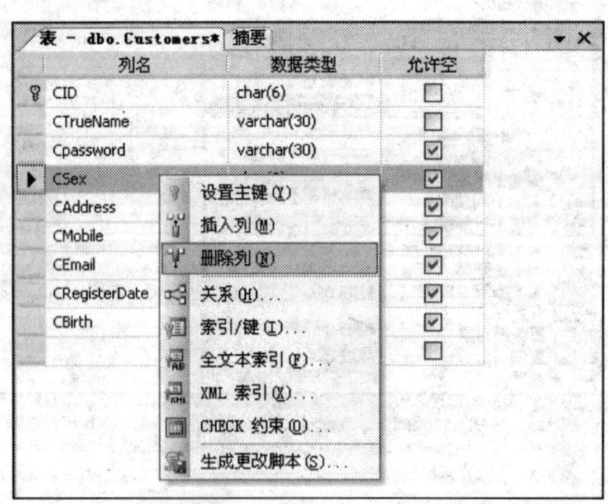


图 4-27　删除一列

### 2. 使用 T_SQL 语句修改表结构

ALTER TABLE 语句可以让数据管理人员或设计者在一个表创建以后对它的结构进

行调整，包括添加新列、增加新约束条件、修改原有的列定义以及删除已有的列和约束条件。其基本语句格式如下：

```
ALTER TABLE <表名>
[ALTER COLUMN<列名><新数据类型>]
[ADD <新列名><数据类型><完整性约束>]
[DROP <完整性约束名称>]
```

其中，<表名>是指定需要修改的表；ALTER COLUMN 子句用于修改原有的列定义(主要是数据类型)；ADD 子句用于增加新列和新的完整性约束条件；DROP 子句用于删除指定的完整性约束条件或指定的列。

基本表的修改分为三种情况：

(1) 使用 ADD 子句增加新列或新的完整性约束条件。

在 Customers 表中增加出生日期“CBirth”列，其数据类型为 datetime 类型。该操作使用 T-SQL 语句完成如下：

```
ALTER TABLE Customers
ADD CBirth datetime
```

在 Orders 表中增加外键约束，CID 列为外键与 Customers 表的主键 CID 对应。该操作使用 T-SQL 语句完成如下：

```
ALTER TABLE Orders
ADD CONSTRAINT FK_Orders_Customers FOREIGN KEY (CID)
REFERENCES Customers (CID)
```

(2) 使用 DROP 子句删除指定的完整性约束条件。

删除 Category 表中顾客姓名“CaName”必须取唯一值的约束条件。该操作使用 T-SQL 语句完成如下：

```
ALTER TABLE Category
DROP CONSTRAINT UN_CaName
```

(3) 使用 ALTER COLUMN 子句修改基本表的列定义或约束。

将 Customers 表 CTrueName 列的数据类型改为 char 型，宽度为 30，且该列允许为空值。该操作使用 T-SQL 语句完成如下：

```
ALTER TABLE Customers
ALTER COLUMN CTrueName char (30) NULL
```

### 4.4.2 数据表的删除

删除表也有两种方法，一种是通过 SSMS 向导；另一种是利用 DROP TABLE 语句完成。

#### 1. 使用 SSMS 向导删除数据表

下面介绍通过 SSMS 向导删除表，具体的方法如下：

(1) 启动 SSMS，选择服务器，单击加号“+”展开“数据库”→BookShop→“表”，使所有的表显示在内容窗口中。

(2) 选择要删除的表，然后右击，系统弹出快捷菜单如图 4-28 所示。

(3) 在快捷菜单中选择“删除”命令，弹出如图 4-29 所示的“删除对象”对话框。

图 4-28　删除表

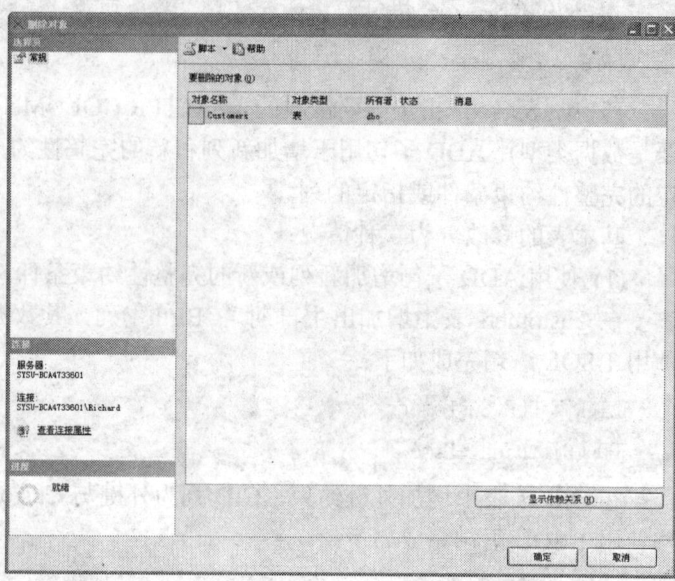


图 4-29　“删除对象”对话框

(4) 单击“确定”按钮，即可将数据库中的数据表删除。

如果一个表被其他表通过外键(FOREIGN KEY)约束引用，那么必须先删除定义外键约束的表，或删除其外键约束。当没有其他表引用它时，这个表才能被删除；否则，删除操作就会失败。

### 2. 使用 T_SQL 语句删除数据表

具体语法结构如下：

```
DROP TABLE <表名>
```

考虑到不需要 BookShop 数据库的购物车表 ShopCar，要将该表从 BookShop 数据库中删除，该操作使用 T-SQL 语句完成，完成语句如下所示。

```
DROP TABLE ShopCar
```

## 4.4.3　网上书城系统数据表数据的管理

【例 4-3-6】在 SQL Server 2005 的 SQL Server Management Studio 中完成 Customers 表中记录的添加、删除和修改等操作。

当建立好表的结构后，就可以开始管理记录。可以利用 SSMS 向导管理数据，也可以通过 T-SQL 语句管理。

### 1. 使用 SSMS 向导在表中管理记录

使用 SSMS 向导在表中管理记录的具体操作步骤如下：

(1) 启动 SSMS 的对象资源管理器中，展开“BookShop”数据库的用户表，右击“Customers”表，执行右键菜单【打开表】命令，将打开一个表数据编辑界面，如图 4-30 所示。

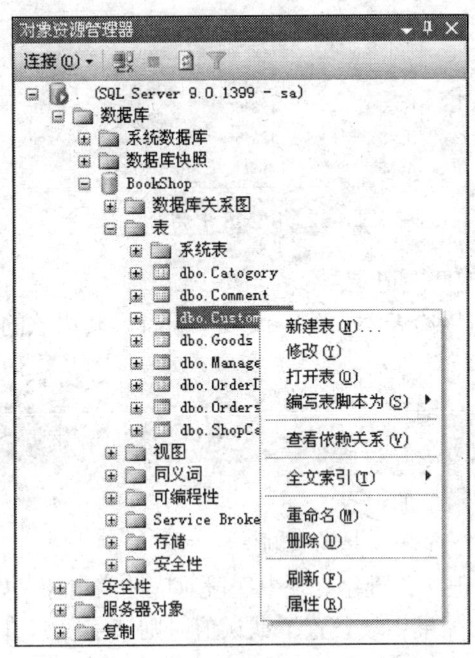


图 4-30　“打开表”命令

(2) 在表数据编辑界面要求录入第一行数据。由于第一行正在编辑，尚未提交的数据有个红色叹号标记，同时也出现第二行的编辑界面，如图 4-31 所示。

图 4-31　录入数据

(3) 修改表中的数据。在表数据编辑界面中，选定要修改的数据，覆盖旧数据即可。

(4) 删除记录。在选定的记录上右击，选择“删除”命令即可，如图 4-32 所示。记录操作完成后，根据提示保存操作结果，则完成表中记录的操作。

### 2. 使用 T-SQL 语句管理记录

**【例 4-3-7】**用 T-SQL 语句完成对 Customers 表中记录的添加、删除和修改等操作。

在 SQL Server 中可以通过 INSERT、UPDATE、UPDATE 这三个语句分别进行插入数据、修改数据和删除数据的操作。

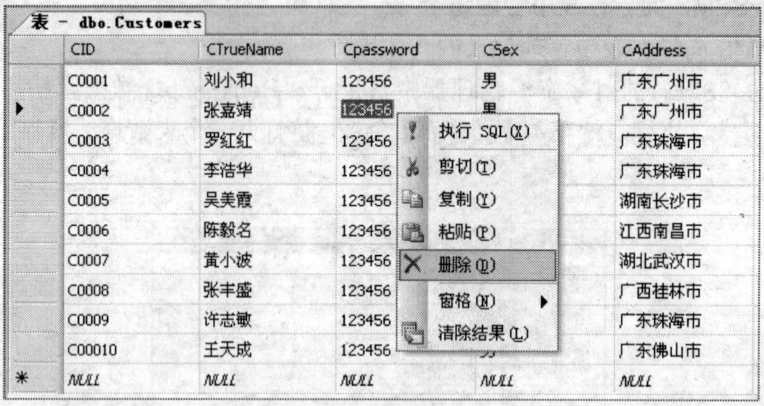

图 4-32　SSMS 中删除记录

1) 使用 INSERT 语句插入记录

使用 INSERT 语句可以给表添加一个或多个新行，其语法的格式如下：

```
INSERT [INTO] <表名>
[<属性列 1>[, <属性列 2>…]]
VALUES (<常量 1>[, <常量 2>]…)
```

关键字 INSERT：表示添加记录。

关键字 INTO：用来指向表，是可选项。

VALUES：表字段取值的关键字。表中字段对应的常量值，如果字段可以为空，则该字段的值可以是 NULL；如果字段设置了默认值，则该字段的值可以是默认值。

(1) 插入所有列。新顾客信息录入，顾客信息如表 4-6 所示，添加到 Customers 表中。

表 4-6　顾客信息表

| CID | CTrueName | Cpassword | CSex | CAddress | CMobile | CEmail | CRegisterDate |
|---|---|---|---|---|---|---|---|
| C0011 | 李平 | 123456 | 女 | 广东中山市 | 1351543876 | liping@163.com | 2009-9-6 |

在 SQLQuery 窗口中执行如下命令：

```
INSERT INTO Customers
VALUES ('C0011', '李平', '123456', '女', '广东中山市', '1351543876',
'liping@163.com', '2009-9-6')
```

(2) 插入指定列。新顾客信息录入，顾客信息地址 CAddress 和电子邮箱 CEmail 尚缺，只能将该顾客的部分信息添加到 Customers 表中，如表 4-7 所示。

表 4-7　顾客信息表

| CID | CTrueName | Cpassword | CSex | CMobile | CRegisterDate |
|---|---|---|---|---|---|
| C0012 | 张先明 | 123456 | 男 | 13513452312 | 2009-10-6 |

在 SQLQuery 窗口中执行如下命令：

```
INSERT INTO Customers (CID, CTrueName, Cpassword, CSex, CMobile, CRegisterDate)
 VALUES ('C0012', '张先明', '123456', '男', '13513452312', '2009-10-6')
```

(3) 插入多条记录。多名顾客信息录入，添加到 Customers 表中，如表 4-8 所示。

表 4-8　顾客信息表

| CID | CTrueName | Cpassword | CSex | CAddress | CMobile | CEmail | CRegisterDate |
|---|---|---|---|---|---|---|---|
| C0013 | 韩志国 | 123456 | 男 | | 13512134256 | hanzg@163.com | 2010-1-16 |
| C0014 | 张小明 | 123456 | 男 | | 13613434256 | zxm@163.com | 2010-2-24 |

在 SQLQuery 窗口中执行如下命令：

```
USE BookShop
GO
INSERT INTO Customers
SELECT'C0013', '韩志国', '123456', '男', NULL, '13512134256', 'hanzg@163.com',
'2010-1-16'union
SELECT'C0014','张小明','123456','男',NULL,'13613434256','zxm@163.com','2010-2-24')
 GO
```

该语句将顾客信息插入到 Customers 表中，但顾客的地址取空值(NULL)，添加之后的结果如图 4-33 所示。

| | CID | CTrueName | Cpassword | CSex | CAddress | CMobile | CEmail | CRegisterDate |
|---|---|---|---|---|---|---|---|---|
| | C0001 | 刘小和 ... | 123456 | 男 | 广东广州市 | 13512612846 | liuxh@163.com | 2009-8-6 0:00:00 |
| | C00010 | 王天成 ... | 123456 | 男 | 广东佛山市 | 13643256789 | wangtc@163.com | 2007-7-24 0:00:00 |
| | C0002 | 张嘉靖 ... | 123456 | 男 | 广东广州市 | 13544345647 | zhangjj002@16... | 2010-9-4 0:00:00 |
| | C0003 | 罗红红 ... | 123456 | 女 | 广东珠海市 | 13556786472 | luohoho22@163... | 2008-11-24 0:0... |
| | C0004 | 李浩华 ... | 123456 | 女 | 广东珠海市 | 13634215643 | lihaohua@163.com | 2008-11-24 0:0... |
| | C0005 | 吴美霞 ... | 123456 | 女 | 湖南长沙市 | 13643256756 | wumeixia@163.... | 2010-10-22 0:0... |
| | C0006 | 陈毅名 ... | 123456 | 男 | 江西南昌市 | 13978657860 | chenym@163.com | 2010-12-21 0:0... |
| | C0007 | 黄小波 ... | 123456 | 男 | 湖北武汉市 | 13845637569 | huangxb@163.c... | 2011-1-22 0:00:00 |
| | C0008 | 张丰盛 ... | 123456 | 男 | 广西桂林市 | 13644556789 | zhangfs@163.com | 2009-7-25 0:00:00 |
| | C0009 | 许志敏 ... | 123456 | 女 | 广东珠海市 | 13966885897 | xzhiming@163.com | 2011-1-6 0:00:00 |
| | C0011 | 李平 ... | 123456 | 女 | 广东中山市 | 1351543876 | liping@163.com | 2009-9-6 0:00:00 |
| | C0012 | 张先明 ... | 123456 | 男 | NULL | 13513452312 | NULL | 2009-10-6 0:00:00 |
| | C0013 | 韩志国 ... | 123456 | 男 | NULL | 13512134256 | hanzg@163.com | 2010-1-16 0:00:00 |
| ▶ | C0014 | 张小明 ... | 123456 | 男 | NULL | 13613434256 | zxm@163.com | 2010-2-24 0:00:00 |
| * | NULL | NULL | NULL | NULL | NULL | NULL | NULL | NULL |

图 4-33　SSMS 中添加记录

2) 使用 UPDATE 语句修改记录

使用 UPDATE 语句用于修改现有的记录，其语法结构如下：

```
UPDATE<表名>
SET<列名>=<表达式>[,<列名>=<表达式>][...n]
[FROM<表名>]
[WHERE<条件>];
```

关键字 UPDATE：表示修改记录。

关键字 SET：是设置新值的关键字。

WHERE：为可选项，是修改记录条件的关键字。

(1) 修改单条记录。这种情况适用于按照 WHERE 子句的条件选择后，只有一条记录需要修改的情况。

例如，修改商品信息表 Goods 中的数据，将《游园惊梦》这本书的库存量“250”修改为“400”本。完成语句如下所示：

```
UPDATE Goods
SET GCount =400
WHERE GName= '游园惊梦'
```

(2) 修改多条记录。这种情况适用于按照 WHERE 子句的条件选择后，有多条记录需要修改的情况。

例如，修改商品信息表 Goods 中的数据，将书本存量小于 100 本的图书再增加 50 本。完成语句如下所示：

```
UPDATE Goods
SET GCount =GCount+50
WHERE GCount<=100
```

3) 使用 DELETE 语句删除记录

DELETE 语句可删除表或视图中的一行或多行，每一行的删除都将被记入日志。DELETE 语句的语法格式如下：

```
DELETE
[FROM<表名>]
[WHERE<条件>]
```

关键字 DELETE：表示删除记录。

FROM：指向删除记录的表名，为可选项。

WHERE：是删除记录条件的关键字。

(1) 删除指定记录。商品编号为“010001”的商品已售完，并且以后不考虑再进货，需要在商品信息表中清除该商品的信息。完成语句如下所示：

```
DELETE
FROM Goods
WHERE GID='010001'
```

(2) 删除所有记录。删除商品信息表中的所有信息。完成语句如下所示：

```
DELETE
FROM Goods
```

如果要删除表中所有的行，则可以使用 TRUNCATE TABLE<表名>语句来完成。

```
TRUNCATE TABLE Goods
```

TRUNCATE TABLE 在功能上与不带 WHERE 子句的 DELETE 语句相同，二者均删除表中的全部行。DELETE 语句每次删除一行，并在事务日志中为所删除的每行记录一项。TRUNCATE TABLE 通过释放存储表数据的用户数据页来删除数据，并且只在事务日志中记录页的释放。

# 项目实训 4　创建“图书管理系统”数据表

## 一、实训目的

1. 了解 SQL Server 2005 的数据类型。
2. 了解数据表的结构特点。
3. 学会使用 T-SQL 语句创建表、修改表。
4. 熟悉常用的几种约束的创建方法。
5. 学会使用 SQL Server 2005 管理平台的方法来插入、修改及删除数据。

## 二、实训内容

1. 在“对象资源管理器”面板中分别创建图书类别表(BookType 表)、图书信息表(Book 表)、图书存储信息表(BookStorage 表)、读者类别表(ReaderType 表)、读者信息表(Reader 表)和图书借阅表(BookBorrow 表)，其结构参照表 4-9～表 4-14。

表 4-9　图书类别(BookType 表)

| 序号 | 属性名称 | 含 义 | 数据类型 | 为空性 | 约束 |
|---|---|---|---|---|---|
| 1 | TypeId | 类型编号 | int | not null | 主键 |
| 2 | TypeName | 类型名称 | varchar(20) | null | |

表 4-10　图书信息(Book 表)

| 序号 | 属 性 名 称 | 含 义 | 数 据 类 型 | 为 空 性 | 约束 |
|---|---|---|---|---|---|
| 1 | BookId | 图书编号 | char(10) | not null | 主键 |
| 2 | BookName | 图书名称 | varchar(20) | not null | |
| 3 | TypeId | 类型编号 | int | null | 外键 |
| 4 | BookAuthor | 图书作者 | varchar(20) | null | |
| 5 | BookPublisher | 出版社 | varchar(50) | null | |
| 6 | BookPrice | 图书价格 | float | null | |
| 7 | BorrowSum | 借阅次数 | int | null | |

表 4-11　图书存储信息(BookStorage 表)

| 序号 | 属 性 名 称 | 含 义 | 数据类型 | 为空性 | 约束 |
|---|---|---|---|---|---|
| 1 | BookbarCode | 图书条码 | char(20) | not null | 主键 |
| 2 | BookId | 图书编号 | char(10) | not null | 外键 |
| 3 | BookInTime | 图书入馆时间 | datetime | null | |
| 4 | BookStatus | 图书状态 | Varchar(4) | null | |

表 4-12　读者类别(ReaderType 表)

| 序号 | 属 性 名 称 | 含 义 | 数据类型 | 为空性 | 约束 |
|---|---|---|---|---|---|
| 1 | TypeId | 读者类型 | int | not null | 主键 |
| 2 | TypeName | 类型名称 | varchar(20) | not null | |
| 3 | BorrowQuantity | 可借数量 | int | not null | |
| 4 | BorrowDay | 可借天数 | int | null | |

表 4-13　读者信息(Reader 表)

| 序号 | 属性名称 | 含 义 | 数据类型 | 为空性 | 约束 |
|---|---|---|---|---|---|
| 1 | ReaderId | 读者编号 | char(10) | not null | 主键 |
| 2 | ReaderName | 读者姓名 | varchar(20) | not null | |
| 3 | TypeId | 读者类型 | int | null | 外键 |
| 4 | ReaderDate | 发证日期 | datetime | null | |
| 5 | ReaderStatus | 借书证状态 | varchar(4) | null | |

表 4-14　图书借阅表(BookBorrow 表)

| 序号 | 属性名称 | 含 义 | 数据类型 | 为空性 | 约 束 |
|---|---|---|---|---|---|
| 1 | BorrowId | 借阅号 | char(10) | not null | 主键 |
| 2 | BookbarCode | 图书条码 | char(20) | not null | 外键 |
| 3 | ReaderId | 读者编号 | char(10) | not null | 外键 |
| 4 | BorrowTime | 借书日期 | datetime | null | |
| 5 | ReturnTime | 还书日期 | datetime | null | |
| 6 | BorrowStatus | 借阅状态 | Varchar(4) | null | |

2. 在查询分析器窗口中，先用 Drop Table 命令删除在对象资源管理器中创建的表，然后使用 T-SQL 语句再次创建图书类别表(BookType 表)、图书信息表(Book 表)、图书存储信息表(BookStorage 表)、读者类别表(ReaderType 表)、读者信息表(Reader 表)和图书借阅表(BookBorrow 表)。

3. 分别使用对象资源器和 SQL 语句修改表结构。

(1) 将 Reader 表中的“读者编号(ReaderId)”列长度从 8 个字符改为 10 个字符。

(2) 在 BookBorrow 表中最后加一列“罚金(Fine)”，其数据类型为 money 类型。

4. 建立约束。

(1) 为 Book 表中的“BookPrice”列建立 CHECK 约束。要求定价必须在 1～100 元之间，否则输入无效。

(2) 将 BookBorrow 表中的“BorrowID”设置为 PRIMARY KEY 约束。

5. 向上述表中插入数据，数据如表 4-15～表 4-20 所示。

表 4-15　图书类别数据

| TypeId | TypeName | TypeId | TypeName |
|---|---|---|---|
| 1 | 自然科学 | 6 | 励志/自我实现 |
| 2 | 数学 | 7 | 工业技术 |
| 3 | 计算机 | 8 | 基础医学 |
| 4 | 建筑水利 | 9 | 室内设计 |
| 5 | 旅游地理 | 10 | 人文景观 |

表 4-16　图书信息表数据

| BookId | BookName | TypeId | BookAuthor | BookPublisher | BookPrice | BorrowSum |
|---|---|---|---|---|---|---|
| 013452 | 离散数学 | 2 | 张小新 | 清华大学出版社 | 45.5 | 10 |
| R/345677 | 中医的故事 | 8 | 李奇德 | 人民卫生出版社 | 20 | 5 |
| TH/2345 | 机械设计手册 | 7 | 黄明凡 | 人民邮电出版社 | 40 | 10 |
| TP/3452 | JSP 程序设计案例 | 3 | 刘城青 | 电子工业出版社 | 42.8 | 8 |
| TP39/1712 | JAVA 程序设计 | 3 | 陈永红 | 机械工业出版社 | 35.5 | 30 |

表 4-17　图书存储数据

| BookbarCode | BookId | BookInTime | BookStatus |
|---|---|---|---|
| 132782 | TP39/1712 | 1900/1/26 0:00:00 | 在馆 |
| 132789 | TP39/1712 | 1900/1/26 0:00:00 | 借出 |
| 145234 | 013452 | 1900/1/28 0:00:00 | 借出 |
| 145321 | TH/3452 | 1900/2/15 0:00:00 | 借出 |
| 156833 | TH/2345 | 1900/2/11 0:00:00 | 借出 |
| 345214 | R/345677 | 1900/3/26 0:00:00 | 在馆 |

表 4-18　读者类别数据

| TypeID | TypeName | BorrowQuantity | BorrowDay |
|---|---|---|---|
| 1 | 学生 | 10 | 30 |
| 2 | 教师 | 20 | 60 |
| 3 | 管理员 | 15 | 30 |
| 4 | 职工 | 15 | 20 |

表 4-19　读者信息数据

| ReaderId | ReaderName | TypeId | ReaderDate | ReaderStatus |
|---|---|---|---|---|
| 0016 | 苏小东 | 1 | 1905/6/6 0:00:00 | 有效 |
| 0017 | 张明 | 1 | 1905/6/15 0:00:00 | 有效 |
| 0018 | 梁君红 | 1 | 1905/6/15 0:00:00 | 有效 |
| 0021 | 赵清远 | 2 | 1905/6/26 0:00:00 | 有效 |
| 0034 | 李瑞青 | 3 | 1905/6/22 0:00:00 | 有效 |
| 0042 | 张明月 | 4 | 1905/6/25 0:00:00 | 有效 |

表 4-20　图书借阅数据

| BorrowId | BookbarCode | ReaderId | BorrowTime | ReturnTime | BorrowStatus |
|---|---|---|---|---|---|
| 001328 | 132789 | 0017 | 2011/1/24 0:00:00 | 2011/1/28 0:00:00 | 已还 |
| 001356 | 145234 | 0018 | 2011/2/12 0:00:00 | 2011/2/27 0:00:00 | 已还 |
| 001432 | 132782 | 0016 | 2011/3/4 0:00:00 | 2011/4/5 0:00:00 | 已还 |
| 001435 | 145321 | 0021 | 2011/8/9 0:00:00 | 2011/9/2 0:00:00 | 已还 |
| 001578 | 156833 | 0034 | 2011/10/1 0:00:00 | 2011/11/1 0:00:00 | 未还 |
| 001679 | 345214 | 0042 | 2011/2/21 0:00:00 | 2011/3/5 0:00:00 | 未还 |

## 三、实训小结

数据库本身无法直接存储数据，存储数据是通过数据库中的表来实现的。表结构的设计和修改都比较简单，和查看操作过程类似。表的删除操作也很简单，但要注意的是，如果与其他表存在关联，则不能直接删除表，而是要先删除关联，然后删除表。

# 练 习 题

## 一、选择题

1. 下列不属于设计表时要明确的项目是(　　)。

A. 列的名称　　　　B. 列的数据类型和宽度

C. 表间的关系　　　　D. 表中的数据

2. 如果要保证商品的数量在 1 ~ 100 之间，可以通过(　　)约束来实现。

A. CHECK　　　　B. PRIMARY KEY

C. UNIQUE　　　　D. DEFAULT

3. 如果要求表中一个字段或几个字段的组合具有不重复的值，而且不允许为 NULL 值，就应当将这个字段或字段组合设置为表的(　　)。

A. 外键　　B. 主键　　C. 唯一性约束　　D. 检查约束

4. 主键用来实施(　　)约束。

A. 域完整性　　　　B. 实体完整性

C. 参照完整性　　　　D. 自定义的完整性

5. 设电话号码位数不超过 15 位，采用(　　)格式的数据类型存储最合适。

A. char(15)　　B. varchar(15)　　C. int　　D. decimal(15，0)

6. int 变量存储为(　　)位的数值形式。

A. 16　　B. 2　　C. 4　　D. 8

## 二、填空题

1. 在设计表时，对于邮政编码(固定为 6 位)列最适合的数据类型是＿＿＿＿＿＿。

2. 在 SQL Server 2005 中，创建数据表的方法＿＿＿＿＿＿、＿＿＿＿＿＿。

3. 在一个表中只能设置＿＿＿＿＿＿个主键约束，可以定义＿＿＿＿＿＿个唯一性约束。

4. 不允许在关系中出现重复记录的约束通过＿＿＿＿＿＿实现。

5. decimal(0，5)表示数值中共有＿＿＿＿＿＿位整数，＿＿＿＿＿＿位小数。

6. 若表中的一个字段定义类型为 varchar，长度为 20，当此字段中输入字符串“程序设计案例”时，此字段将占用＿＿＿＿＿＿字节的存储空间。

## 三、设计题

1. 为学生选课管理系统数据库(stuCourse)创建表，表结构如下:

(1) 创建学生表，学生(学号，姓名，性别，年龄，系别)。

(2) 创建选课表，选课(学号，分数，课程编号，教师编号)。

(3) 创建教师表，教师(教师编号，姓名，职称，工资，系别，课程号)。

(4) 创建课程表，课程(课程编号，课程名称，教材编号，测试时间，系别)。

(5) 创建教材表，教材(教材编号，教材名称，出版社，价格，数量)

2. 向上述表中插入数据，数据如表 4-21 ~ 表 4-25 所示。

表 4-21　学生数据

| 学 号 | 姓 名 | 性 别 | 年 龄 | 部 门 |
|---|---|---|---|---|
| 1001 | 宋江 | 男 | 25 | 计算机系 |
| 1003 | 李小鹏 | 男 | 26 | 计算机系 |
| 1004 | 郑冬 | 女 | 25 | 计算机系 |
| 3002 | 张明 | 男 | 23 | 生物系 |
| 4005 | 李小红 | 女 | 27 | 工商管理 |
| 5006 | 赵紫月 | 女 | 24 | 外语系 |

表 4-22　选课数据

| 学 号 | 分 数 | 课 程 号 | 教 师 号 |
|---|---|---|---|
| 1001 | 56 | C3 | 3108 |
| 1001 | 63 | C3 | 3108 |
| 1001 | 77 | C2 | 4105 |
| 1001 | 87 | C1 | 3102 |
| 1003 | 89 | C1 | 9103 |
| 1004 | 56 | C2 | 3106 |
| 3002 | 78 | C3 | 3108 |

(续)

| 学号 | 分数 | 课程号 | 教师号 |
|---|---|---|---|
| 3002 | 78 | C4 | 5102 |
| 4005 | 87 | C4 | 5102 |
| 5006 | *NULL* | C1 | 7101 |

表 4-23　教师数据

| 教师号 | 姓名 | 称职 | 工资 | 部门 | 课程号 |
|---|---|---|---|---|---|
| 3102 | 李明 | 初级 | 2500 | 计算机系 | C1 |
| 3106 | 赵明阳 | 初级 | 1500 | 地理系 | C2 |
| 3108 | 黄小明 | 初级 | 4000 | 生物系 | C3 |
| 4105 | 张小红 | 中级 | 3500 | 工商管理 | C2 |
| 5102 | 宋力月 | 高级 | 3500 | 物理系 | C4 |
| 7101 | 王力号 | 初级 | 1800 | 生物系 | C1 |
| 7108 | 张丽 | 高级 | 3500 | 生物系 | C3 |
| 9103 | 王彬 | 高级 | 3500 | 计算机系 | C1 |

表 4-24　课程数据

| 课程号 | 课程名 | 教材编号 | 测 试 时 间 | 系 别 |
|---|---|---|---|---|
| C1 | 计算机基础 | b1231 | 2009/4/6 0:00:00 | 计算机系 |
| C2 | 工商管理基础 | b1232 | 2009/7/16 0:00:00 | 工商管理 |
| C3 | 生物科学 | b1233 | 2010/3/6 0:00:00 | 生物系 |
| C4 | 大学物理 | b1234 | 2009/4/26 0:00:00 | 物理系 |
| C5 | 数据库原理 | b1235 | 2010/2/6 0:00:00 | 计算机系 |

表 4-25　教材数据

| 教材编号 | 教 材 名 称 | 出版社 | 价 格 | 数 量 |
|---|---|---|---|---|
| b1231 | Image Processing | 人民出版社 | 34,5600 | 8 |
| b1232 | Signal Processing | 清华出版社 | 51,7500 | 10 |
| b1233 | Digital Signal Processing | 人民邮电出版社 | 48,5000 | 11 |
| b1234 | The Logic Circuit | 北京大学出版社 | 49,2000 | 40 |
| b1235 | SQL Techniques | 人民邮电出版社 | 65,4000 | 20 |

# 项目 5　网上书城数据库的查询

## 项目简介

数据库查询是从指定的表或视图中提取满足条件的记录，然后按照想要得到的输出类型定向输出查询结果，通过查询可以向用户提供所需要的信息。数据库的查询，是通过 SELECT 语句实现的。通过 SELECT 语句，不仅可以完成简单的单表查询，也可以完成复杂的多表之间的连接查询和嵌套查询，还可以完成视图的查询。数据库查询是程序设计使用得最频繁的功能，本项目将介绍数据库查询的各种操作。

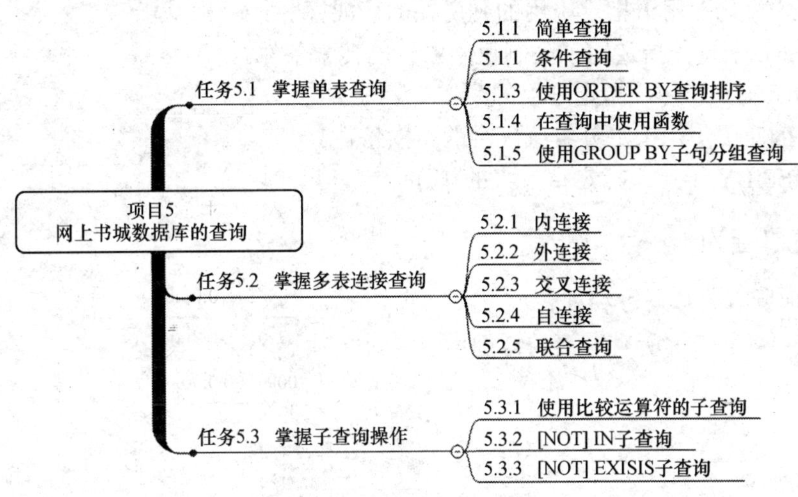


图 5-1　本项目知识要点

## 单词学习

| | |
|---|---|
| 1. select：选择 | 2. group：分组 |
| 3. order：排序 | 4. like：相似 |
| 5. distinct：不同的 | 6. top：顶部 |
| 7. between：两者之间 | 8. join：连接 |
| 9. exists：存在 | 10. union：联合 |
| 11. count：计数 | 12. sum：求和 |

## 任务 5.1　掌握单表查询

查询是针对表中已存在的数据进行“筛选”，把符合条件的行组织起来，形成另外一个类似表的结构，这便是查询的结果。因此，查询并不会改变数据库中的数据，它只是检索数据。

查询使用 SELECT 语句，SELECT 语句的完整语法较复杂，但其主要子句可归纳如下：

```
SELECT select_list [ INTO new_table ]
FROM table_source [ WHERE search_condition ]
[ GROUP BY group_by_expression]
[ HAVING search_condition]
[ ORDER BY order_expression [ ASC | DESC ] ]
```

必需的子句只有 SELECT 和 FROM 子句，其他子句都是可选的。各子句具体含义如下：

SELECT 子句：指定由查询返回的列。

INTO 子句：将检索结果存储到新表或视图中。

FROM 子句：用于指定引用的列所在的表或视图。

WHERE 子句：指定用于限制返回的行的搜索条件。

GROUP BY 子句：指定分组的列。

HAVING 子句：指定分组或聚合的搜索条件。

ORDER BY 子句：指定结果集的排序。

## 5.1.1 简单查询

### 1. 查询所有的数据行和列

【例 5-1-1】查询所有书籍的详细信息。

语句如下：

```
SELECT *
FROM Goods
```

该语句把 Goods 表中的所有行和列都列举出来，是最简单的一种查询，需要用通配符“*”来表示所有的列。运行结果如图 5-2 所示。

结果 | 消息

| | GID | GName | GTypeID | GWriter | GPublisher | GISBN | GPrice | GCount |
|---|---|---|---|---|---|---|---|---|
| 1 | 010001 | 高分子物理 | 01 | 何曼君 | 复旦大学出版社 | 9787309054145 | 35.00 | 200 |
| 2 | 020001 | 现代遗传学 | 02 | 赵寿元 | 高等教育出版社 | 9787040239737 | 36.00 | 100 |
| 3 | 030001 | 野外求生宝典 | 03 | 梶原玲 | 南海出版社 | 9787544240345 | 28.00 | 150 |
| 4 | 030002 | 欧洲日记 | 03 | 张明 | 湖南教育出版社 | 9787224240341 | 60.00 | 200 |
| 5 | 030003 | 西藏行 | 03 | 毛毛 | 湖南教育出版社 | 9787224240342 | 50.00 | 100 |
| 6 | 040001 | 游园惊梦 | 04 | 夏达明 | 湖南少儿出版社 | 9787535838823 | 24.00 | 250 |
| 7 | 050001 | 软件工程导论 | 05 | 张海藩 | 清华大学出版社 | 9787302164745 | 35.00 | 300 |
| 8 | 050002 | 软件架构设计 | 05 | 张海藩 | 清华大学出版社 | 9787302164748 | 40.00 | 200 |
| 9 | 050003 | 走进软件世界 | 05 | 刘一明 | 科学出版社 | 9787030189609 | 30.00 | 100 |
| 10 | 060001 | 自动控制原理 | 06 | 胡寿松 | 科学出版社 | 9787030189654 | 52.00 | 150 |
| 11 | 070001 | 算法导论 | 07 | 科曼 | 机械工业出版社 | 9787111187712 | 85.00 | 250 |

图 5-2 查询所有书籍的详细信息

### 2. 查询部分列

【例 5-1-2】查询所有书籍的书籍名称和价格。

语句如下：

```
SELECT GName, GPrice
FROM Goods
```

该语句把 Goods 表中的 GName(书籍名称)、GPrice(书籍价格)列举出来。运行结果如图 5-3 所示。

| | GName | GPrice |
|---|---|---|
| 1 | 高分子物理 | 35.00 |
| 2 | 现代遗传学 | 36.00 |
| 3 | 野外求生宝典 | 28.00 |
| 4 | 欧洲日记 | 60.00 |
| 5 | 西藏行 | 50.00 |
| 6 | 游园惊梦 | 24.00 |
| 7 | 软件工程导论 | 35.00 |
| 8 | 软件架构设计 | 40.00 |
| 9 | 走进软件世界 | 30.00 |
| 10 | 自动控制原理 | 52.00 |
| 11 | 算法导论 | 85.00 |

图 5-3　查询部分列

提示

用户在查询时可以改变查询列的顺序，但不改变表中原始列的顺序。

### 3. 查询计算列

【例 5-1-3】查询 ShopCat 表中每个购物车的书籍名称、书籍数量、单价和总金额。

语句如下：

```
SELECT GName, Gprice, GNumber, GPrice * GNumber
FROM ShopCar
```

GPrice * GDiscount 是一个计算列，没有列名。计算列可以是算术表达式，也可以是字符串常量和函数。运行结果如图 5-4 所示。

| | GName | Gprice | GNumber | (无列名) |
|---|---|---|---|---|
| 1 | 高分子物理 | 35.00 | 2 | 70.00 |
| 2 | 高分子物理 | 35.00 | 3 | 105.00 |
| 3 | 野外求生宝典 | 28.00 | 1 | 28.00 |
| 4 | 游园惊梦 | 24.00 | 8 | 192.00 |
| 5 | 自动控制原理 | 52.00 | 2 | 104.00 |

图 5-4　查询计算列

### 4. 使用别名

【例 5-1-4】查询 ShopCat 表中每个购物车的书籍名称、书籍数量、单价和总金额，并用别名命名列。

语句如下：

```
SELECT GName AS 书籍名, Gprice AS 单价, GNumber AS 数量, GPrice * GNumber AS 总金额
 FROM ShopCar
```

AS 子句可以用来改变结果集列的名称，也可以为组合或者计算出的列指定名称。使用别名使标题列的信息更易懂，例如 GName 列名查询后显示为“书籍名”。运行结果如图 5-5 所示。

结果 消息

| | 书籍名 | 单价 | 数量 | 总金额 |
|---|---|---|---|---|
| 1 | 高分子物理 | 35.00 | 2 | 70.00 |
| 2 | 高分子物理 | 35.00 | 3 | 105.00 |
| 3 | 野外求生宝典 | 28.00 | 1 | 28.00 |
| 4 | 游园惊梦 | 24.00 | 8 | 192.00 |
| 5 | 自动控制原理 | 52.00 | 2 | 104.00 |

图 5-5 使用别名

有三种方法指定别名：

(1) 通过“列名 AS 列标题”形式。

(2) 通过“列名 列标题”形式。

(3) 通过“列标题=列名”形式。

因此，以上案例还可以用以下语句实现：

```
SELECT GName  书籍名, Gprice 单价, GNumber 数量, GPrice * GNumber 总金额
```

或

```
SELECT书籍名=GName, 单价=Gprice, 数量= GNumber, 总金额 =GPrice * GNumber
FROM ShopCat
```

**5. 在查询中使用常量列**

有时候，需要将一些常量的默认信息添加到查询输出中，以方便统计或计算。

**【例 5-1-5】**查询 Customers 表的姓名、地址以及所属国家。

语句如下：

```
SELECT CTrueName AS 顾客姓名, CAddress AS 顾客地址, '中国' AS 国籍
FROM Customers
```

查询输出多了一列“国籍”，该列的所有数据都是“中国”。运行结果如图 5-6 所示。

结果 消息

| | 顾客姓名 | 顾客地址 | 国籍 |
|---|---|---|---|
| 1 | 刘小和 | 广东广州市 | 中国 |
| 2 | 张嘉靖 | 广东广州市 | 中国 |
| 3 | 罗红红 | 广东珠海市 | 中国 |
| 4 | 李浩华 | 广东珠海市 | 中国 |
| 5 | 吴美霞 | 湖南长沙市 | 中国 |
| 6 | 陈毅名 | 江西南昌市 | 中国 |
| 7 | 黄小波 | 湖北武汉市 | 中国 |
| 8 | 张丰盛 | 广西桂林市 | 中国 |
| 9 | 许志敏 | 广东珠海市 | 中国 |
| 10 | 王天成 | 广东佛山市 | 中国 |

图 5-6 在查询中使用常量列

### 6. 查询返回限制的行

**【例 5-1-6】**查询 Goods 表中的前五条记录。

语句如下：

```
SELECT TOP 5 *
FROM Goods
```

利用关键字 TOP 可以查询前面多条记录。运行结果如图 5-7 所示。

结果　消息

| | GID | GName | GTypeID | GWriter | GPublisher | GISBN | GPrice | GCount |
|---|---|---|---|---|---|---|---|---|
| 1 | 010001 | 高分子物理 | 01 | 何曼君 | 复旦大学出版社 | 9787309054145 | 35.00 | 200 |
| 2 | 020001 | 现代遗传学 | 02 | 赵寿元 | 高等教育出版社 | 9787040239737 | 36.00 | 100 |
| 3 | 030001 | 野外求生宝典 | 03 | 梶原玲 | 南海出版社 | 9787544240345 | 28.00 | 150 |
| 4 | 030002 | 欧洲日记 | 03 | 张明 | 湖南教育出版社 | 9787224240341 | 60.00 | 200 |
| 5 | 030003 | 西藏行 | 03 | 毛毛 | 湖南教育出版社 | 9787224240342 | 50.00 | 100 |

图 5-7　查询返回限制的行

这个功能可以按销售量查询销售量在前几名的书籍，需要和后面讲到的 ORDER BY(排序)联合一起使用。

还有一种情况需要从表中按一定的百分比提取记录，需要用到 Percent 关键字。例如，要提取 20%的书籍数据，语句如下：

```
SELECT 20 PERCENT *
FROM Orders
```

### 7. 消除重复行

**【例 5-1-7】**查询下了订单的会员编号，如果会员下了多个订单，只显示一次。

语句如下：

```
SELECT DISTINCT CID
FROM Orders
```

在 Orders 表中可以知道，编号为“C0006”的顾客下了两个订单，如果不用 DISTINCT 关键字，则“C0006”将会出现两次；反之，则出现一次。因此，关键字 DISTINCT 可以消除重复的行。运行结果如图 5-8 所示。

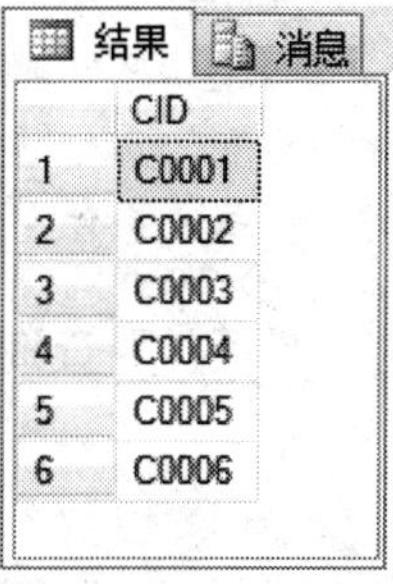

结果　消息

| | CID |
|---|---|
| 1 | C0001 |
| 2 | C0002 |
| 3 | C0003 |
| 4 | C0004 |
| 5 | C0005 |
| 6 | C0006 |

图 5-8　消除重复行

## 5.1.2 条件查询

### 1. 简单条件查询

**【例 5-1-8】** 查询书籍价格大于 35 元的书籍名称和价格。

语句如下：

```
SELECT GName, GPrice
FROM Goods
WHERE GPrice>35
```

该语句把 Goods 表中价格大于 35 元的书籍名称和价格全部列举出来。运行结果如图 5-9 所示。

结果 | 消息

| | GName | GPrice |
|---|---|---|
| 1 | 现代遗传学 | 36.00 |
| 2 | 欧洲日记 | 60.00 |
| 3 | 西藏行 | 50.00 |
| 4 | 软件架构设计 | 40.00 |
| 5 | 自动控制原理 | 52.00 |
| 6 | 算法导论 | 85.00 |

图 5-9 按简单条件查询

### 2. 复合条件查询

**【例 5-1-9】** 查询书籍类别为“03”，出版社为“湖南教育出版社”的书籍名称和价格。

语句如下：

```
SELECT GName, GPrice
FROM Goods
WHERE GTypeID='03' AND GPublisher='湖南教育出版社'
```

因为查询要同时满足两个条件，所以两个条件中间要用 AND 连接。运行结果如图 5-10 所示。

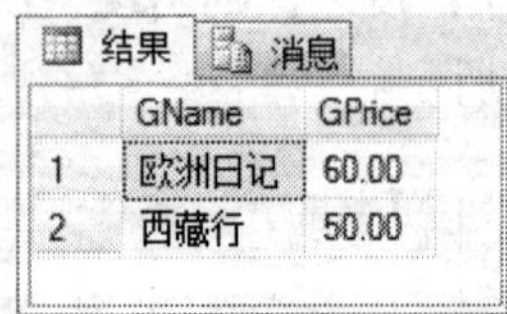

结果 | 消息

| | GName | GPrice |
|---|---|---|
| 1 | 欧洲日记 | 60.00 |
| 2 | 西藏行 | 50.00 |

图 5-10 复合条件查询

如果查询条件只需要满足其中之一即可，则查询条件中间用 OR 连接。使用 AND 和 OR 可以联结多个查询条件。

### 3. 指定范围查询

**【例 5-1-10】** 查询价格在 30 元到 80 元的书籍名称和价格。

语句如下：

```
SELECT GName, GPrice
FROM Goods
WHERE GPrice BETWEEN 30 AND 80
```

使用 BETWEEN 关键字可以查找那些介于两个已知值之间的未知值。“BETWEEN 30 AND 80”包含了 30 和 80，相当于“GPrice>=30 AND GPrice<=80”。查询结果如图 5-11 所示。

结果　消息

| | GName | GPrice |
|---|---|---|
| 1 | 高分子物理 | 35.00 |
| 2 | 现代遗传学 | 36.00 |
| 3 | 欧洲日记 | 60.00 |
| 4 | 西藏行 | 50.00 |
| 5 | 软件工程... | 35.00 |
| 6 | 软件架构... | 40.00 |
| 7 | 走进软件... | 30.00 |
| 8 | 自动控制... | 52.00 |

图 5-11　指定范围查询

如果价格不包含 30 元和 80 元，则语句如下：

```
SELECT GName, GPrice
FROM Goods
WHERE GPrice>30 AND GPrice<80
```

**提示**

“NOT BETWEEN”表示不在某个范围之间。

### 4. 指定集合查询

**【例 5-1-11】** 查询出版社是“湖南教育出版社”或“湖南少儿出版社”的书籍名称和出版社。

语句如下：

```
SELECT GName, GPublisher
FROM Goods
WHERE GPublisher IN('湖南教育出版社', '湖南少儿出版社')
```

查询的值是指定的某些值之一，可以使用带列举值的 IN 关键字来进行查询。

“GPublisher IN(‘湖南教育出版社’，‘湖南少儿出版社’)”相当于 OR 运算，本案例可改写为：

```
SELECT GName, GPublisher
FROM Goods
WHERE GPublisher='湖南教育出版社' OR GPublisher ='湖南少儿出版社'
```

查询结果如图 5-12 所示。

|  | GName | GPublisher |
|---|---|---|
| 1 | 欧洲日记 | 湖南教育出版社 |
| 2 | 西藏行 | 湖南教育出版社 |
| 3 | 游园惊梦 | 湖南少儿出版社 |

图 5-12　指定集合查询

使用“NOT IN”可以得到所有不匹配列举值的行。

### 5. 查询值为空的行

**【例 5-1-12】**查询 Customers 表中没有填写 Email 的顾客信息。

语句如下：

```
SELECT *
FROM Customers
WHERE CEmail IS NULL
```

在 SQL 中采用“IS NULL”或“IS NOT NULL”来判断查询值是否为空。运行结果如图 5-13 所示。

|  | CID | CTrueName | CPassword | CSex | CAddress | CMobile | CEmail | CRegisterDate |
|---|---|---|---|---|---|---|---|---|
| 1 | C0003 | 罗红红 | 123456 | 女 | 广东珠海市 | 13556786472 | NULL | 2008-11-24 00:00:00.000 |

图 5-13　查询值为空的行

### 6. 模糊查询

关键字 LIKE 用来进行字符串的匹配，和通配符一起使用，完成特殊条件的查询。

表 5-1　通配符

| 通配符 | 含 义 | 示 例 |
|---|---|---|
| _ | 一个字符 | GWriter LIKE ‘胡_’ |
| % | 任意长度的字符串 | GWriter LIKE ‘胡%’ |
| [] | 括号中所指定范围内的一个字符 | GISBN LIKE ‘978754424031[0-9]’ |
| [^] | 不在括号中所指定范围内的任意一个字符 | GISBN LIKE ‘978754424031[^4-5]’ |

**【例 5-1-13】**查询 Goods 表中书籍名称包含“软件”的所有书籍名称。

语句如下：

```
SELECT GName
FROM Goods
WHERE GName LIKE '%软件%'
```

因为查询条件是包含“软件”二字，因此必须在“软件”两边加上“%”作为查询条件。运行结果如图 5-14 所示。

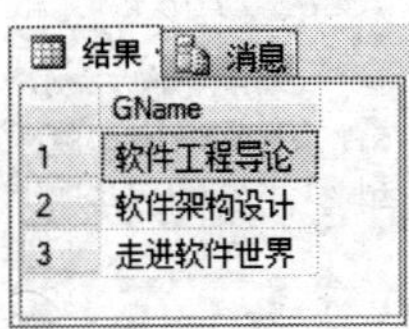

结果 | 消息

| | GName |
|---|---|
| 1 | 软件工程导论 |
| 2 | 软件架构设计 |
| 3 | 走进软件世界 |

图 5-14　模糊查询

### 5.1.3　使用 ORDER BY 查询排序

如果需要按照一定的顺序排列查询结果，则需要使用 Order By 子句，排列顺序可以是升序(ASC)或降序(DESC)，默认按升序排列。

**【例 5-1-14】**查询 Goods 表中书籍名称和书籍价格，并按价格从高到低排列。

语句如下：

```
SELECT GName, GPrice
FROM Goods
ORDER BY GPrice DESC
```

运行结果如图 5-15 所示。

结果 | 消息

| | GName | GPrice |
|---|---|---|
| 1 | 算法导论 | 85.00 |
| 2 | 欧洲日记 | 60.00 |
| 3 | 自动控制原理 | 52.00 |
| 4 | 西藏行 | 50.00 |
| 5 | 软件架构设计 | 40.00 |
| 6 | 现代遗传学 | 36.00 |
| 7 | 高分子物理 | 35.00 |
| 8 | 软件工程导论 | 35.00 |
| 9 | 走进软件世界 | 30.00 |
| 10 | 野外求生宝典 | 28.00 |
| 11 | 游园惊梦 | 24.00 |

图 5-15　使用 ORDER BY 查询排序

还可以按照多个字段进行排序，Order By 子句后列举排序的多个字段，中间用逗号分隔。

**【例 5-1-15】**查询 Goods 表中价格在 30 元以上的书籍类别、书籍名称和书籍价格，要求按类别升序排列，如果类别相同，再按价格降序排列。

语句如下：

```
SELECT GTypeID, GName, GPrice
FROM Goods
WHERE GPrice>30
ORDER BY GTypeID, GPrice DESC
```

运行结果如图 5-16 所示。

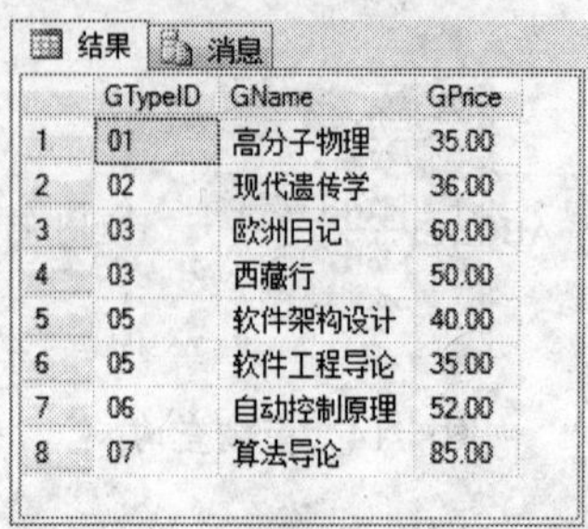

图 5-16　按照多个字段进行排序

**提示**

排序遵循以下规则：

- 如果排序的列中有空值(NULL)，则空值最大。
- 中英文字符按照 ASCII 码大小进行比较。
- 数值型数据根据其数值大小进行比较。
- 日期型数据按年、月、日的数值大小进行比较。
- 逻辑型数据“false”小于“true”。

### 5.1.4　在查询中使用函数

与 C 语言类似，SQL Server 也提供了一些内部函数，不同类别的函数可以和 Select 语句联合使用，也可以与 Update 和 Insert 一起使用。

**1. 字符串函数**

字符串函数用于控制返回给用户的字符串，这些功能仅用于字符型数据。表 5-2 列出了常用的字符串函数。

表 5-2　部分常用的字符串函数

| 函数名称 | 示　例 | 说　明 |
|---|---|---|
| ascii | select ascii('abc')返回 97 | 返回字符串中最左侧的字符的 ASCII 码 |
| char | select char(100)返回 d | 把 ASCII 码转换为字符 |
| charindex | select charindex('ab'，'BCabTabD')返回 3<br>select charindex('ab'，'BCabTabD'，4)返回 6 | 在字符串 2 中查找字符串 1，如果存在返回第一个匹配的位置；如果不存在返回 0。<br>可以指定在字符串 2 中查找的起始位置 |
| left | select left('abcdefg'，2)返回 ab | 返回字符串中从左边开始指定个数的字符 |
| right | select right('abcdefg'，2)返回 fg | 返回字符串中从右边开始指定个数的字符 |
| len | select len('abcdefg')返回 7<br>select len('abcdefg　　')返回 7 | 返回指定字符串表达式的字符数，其中不包含尾随空格 |

(续)

| 函数名称 | 示　例 | 说　明 |
|---|---|---|
| lower | select lower('ABCDEF')返回 abcdef | 返回大写字符数据转换为小写的字符表达式 |
| upper | select upper('abcdef')返回 ABCDEF | 返回小写字符数据转换为大写的字符表达式 |
| ltrim | select ltrim('　　abc')返回 abc | 返回删除了前导空格之后的字符表达式 |
| rtrim | select rtrim('abc　　')返回 abc | 返回删除了尾随空格之后的字符表达式 |
| reverse | select reverse('abcde')返回 edcba | 返回指定字符串反转后的新字符串 |
| space | select 'a'+space(2)+'b' 返回 a　b | 返回由指定数目的空格组成的字符串 |
| str | select str(123.451，7，3)返回123.451<br>select str(123.451，7，1)返回123.5 | 返回由数字转换成的字符串。返回字符数不到总长度的前面补空格，超过总长度的截断小数位 |
| stuff | select stuff('abcdef'，2，2，'123')<br>返回 a123def | 在字符串表达式 1 中在指定的开始位置删除指定长度的字符，并在指定的开始位置处插入字符串表达式 2 |
| substring | select substring('abcdef'，2，2)返回bc | 返回子字符串 |
| replace | select replace('abcttabchhabc'，'abc'，'123')<br>返回 123tt123hh123 | 用字符串表达式3替换字符串表达式1中出现的所有字符串表达式2的匹配项 |

【例 5-1-16】查询 Customers 表中包含“珠海市”的顾客地址，将其替换为“广州市”。语句如下：

```
SELECT CTrueName，CAddress，REPLACE(CAddress，'珠海市'，'广州市') AS NewAddressr
FROM Customers
WHERE CAddress LIKE '%珠海市%'
```

运行结果如图 5-17 所示。

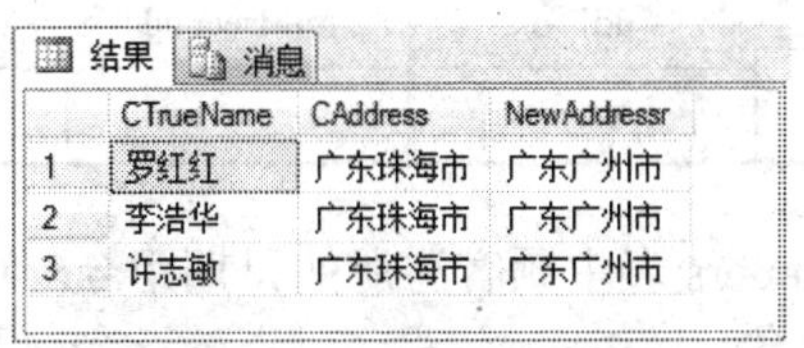

|  | CTrueName | CAddress | NewAddressr |
|---|---|---|---|
| 1 | 罗红红 | 广东珠海市 | 广东广州市 |
| 2 | 李浩华 | 广东珠海市 | 广东广州市 |
| 3 | 许志敏 | 广东珠海市 | 广东广州市 |

图 5-17　字符串函数的使用

## 2. 日期函数

日期函数用于操作日期值，用户不能直接对日期运用数学函数。日期函数帮助提取日期中的日、月以及年，以便分别对它们进行操作。表 5-3 列出了部分常用的日期函数。

表 5-3　部分常用的日期函数

| 函数名称 | 示　例 | 说　明 |
|---|---|---|
| dateadd | select dateadd(year，45，'1990-12-11')<br>返回 2035-12-11 00:00:00.000<br>select dateadd(month，45，'1990-12-11')<br>返回 1994-09-11 00:00:00.000 | 返回给指定日期加上一个时间间隔后的新的日期值 |
| datediff | select datediff(yy，'1990-12-11'，'2008-9-10')<br>返回 18 | 返回两个指定日期的指定日期部分的差的整数值 |
| datename | select datename(mm，'2007-12-11')<br>返回 12 | 返回表示指定日期的指定日期部分的字符串 |
| datepart | select datepart(mm，'2007-12-11')<br>返回 12 | 返回表示指定日期的指定日期部分的整数 |
| getdate | select getdate(　　)<br>返回 2009-04-28 18:57:24.153 | 返回当前系统日期和时间 |
| day | select day('2007-12-11')返回 11 | 返回一个整数，表示指定日期的天的部分 |
| month | select month('2007-12-11')返回 12 | 返回一个整数，表示指定日期的月的部分 |
| year | select year('2007-12-11')返回2007 | 返回一个整数，表示指定日期的年的部分 |

日期函数中，日期部分一般用缩写表示，表 5-4 列出了日期部分及其缩写。

表 5-4　日期部分及其缩写

| 日期部分 | 含 义 | 缩 写 | 日期部分 | 含 义 | 缩 写 |
|---|---|---|---|---|---|
| year | 年 | yy，yyyy | weekday | 天 | Dw，w |
| quarter | 季 | qq，q | hour | 小时 | hh |
| month | 月 | mm，m | minute | 分钟 | Mi，n |
| dayofyear | 天 | dy，y | second | 秒 | Ss，s |
| day | 天 | dd，d | millisecond | 毫秒 | ms |
| week | 星期 | wk，ww | | | |

**【例 5-1-17】**查询 Customers 表中顾客注册的日期距今(当前系统时间)的时间间隔。

```
SELECT CTrueName, CRegisterDate, DATEDIFF(yy, CRegisterDate, GETDATE(    )) AS 'Years',
DATEDIFF(mm, CRegisterDate, GETDATE(    )) AS 'Months', DATEDIFF(dd, CRegisterDate,
GETDATE(    )) AS 'Days'
FROM Customers
```

本案例中使用 DATEDIFF 函数来获取时间间隔，运行结果如图 5-18 所示。

| | CTrueName | CRegisterDate | Years | Months | Days |
|---|---|---|---|---|---|
| 1 | 刘小和 | 2009-08-06 00:00:00.000 | 2 | 27 | 821 |
| 2 | 张嘉靖 | 2010-09-04 00:00:00.000 | 1 | 14 | 427 |
| 3 | 罗红红 | 2008-11-24 00:00:00.000 | 3 | 36 | 1076 |
| 4 | 李浩华 | 2008-11-24 00:00:00.000 | 3 | 36 | 1076 |
| 5 | 吴美霞 | 2010-10-22 00:00:00.000 | 1 | 13 | 379 |
| 6 | 陈毅名 | 2010-12-21 00:00:00.000 | 1 | 11 | 319 |
| 7 | 黄小波 | 2011-01-22 00:00:00.000 | 0 | 10 | 287 |
| 8 | 张丰盛 | 2009-07-25 00:00:00.000 | 2 | 28 | 833 |
| 9 | 许志敏 | 2011-01-06 00:00:00.000 | 0 | 10 | 303 |
| 10 | 王天成 | 2007-07-24 00:00:00.000 | 4 | 52 | 1565 |

图 5-18　日期函数的使用

### 3. 数学函数

数学函数用于简单的数学运算，这些函数包括三角函数、取近似值函数和计算函数等。表 5-5 列出了部分常用的数学函数。

表 5-5　常用的数学函数

| 函数名称 | 示　例 | 说　明 |
|---|---|---|
| abs | select abs(−23.4)返回 23.4 | 返回指定数值表达式的绝对值(正值) |
| pi | select pi(　)返回 3.14159265358979 | 返回 π 的值 |
| sin | select　sin(pi(　)/6)返回 0.5 | 返回指定弧度的正弦值 |
| exp | select exp(4)返回54.5981500331442 | 返回求 e 的指定次幂，e=2.718281… |
| log | select log(6)返回1.79175946922805 | 返回以 e 为底的对数，求自然对数。 |
| ceiling | select ceiling(5.44)返回6<br>select ceiling(−8.44)返回−8 | 返回大于或等于指定数值表达式的最小整数。 |
| floor | select floor(5.44)返回5<br>select floor(−8.44)返回−9 | 返回小于或等于指定数值表达式的最大整数。 |
| power | select power(5，2)返回25 | 返回数值表达式 1 的数值表达式 2 次幂 |
| sqrt | select sqrt(25)返回5 | 返回数值表达式的平方根 |
| sign | select sign(6)返回1<br>select sign(−6)返回−1<br>select sign(0)返回0 | 表达式为正返回+1<br>表达式为负返回−1<br>表达式为零返回 0 |
| rand | select rand(　)返回0.28463380767982 | 返回从 0 到 1 之间的随机 float 值。 |
| round | select round(1236.555，2)返回1236.560 | 返回一个数值，四舍五入到指定的长度或精度。 |

### 4. 类型转换函数

使用编程语言操作数据库中的数据时，经常会遇到数据类型不匹配的问题，SQL Server 提供了三种类型转换函数，即 CAST、CONVERT 和 STR 进行数据类型的转换。STR 函数在字符串函数中已经介绍了，这里主要介绍 CAST 和 CONVERT 函数的使用。

表 5-6 常用的类型转换函数

| 函数名称 | 示 例 | 说 明 |
|---|---|---|
| CAST | SELECT CAST(123 AS CHAR(3))<br>返回：字符串 123 | 将日期型数据转换为字符串类型的数据时，最大长度为 11 |
| CONVERT | SELECT CONVERT(VARCHAR(3)，123)<br>返回：字符串 123 | 可以将日期型数据转换为任意日期、时间的字符串显示格式 |

【例 5-1-18】查询 Customers 表中顾客注册的日期，并以不同的日期、时间格式的字符串输出。

语句如下：

```
SELECT CTrueName, CRegisterDate, CONVERT(VARCHAR, CRegisterDate, 101) AS 'mm/dd/yyyy',
CONVERT(VARCHAR, CRegisterDate, 110) AS 'mm-dd-yyyy', CONVERT(VARCHAR, CRegisterDate, 11) AS
'yy/mm/dd' FROM Customers
```

在本案例中，采用 CONVERT 函数将日期转换为相应格式的字符串，运行结果如图 5-19 所示。

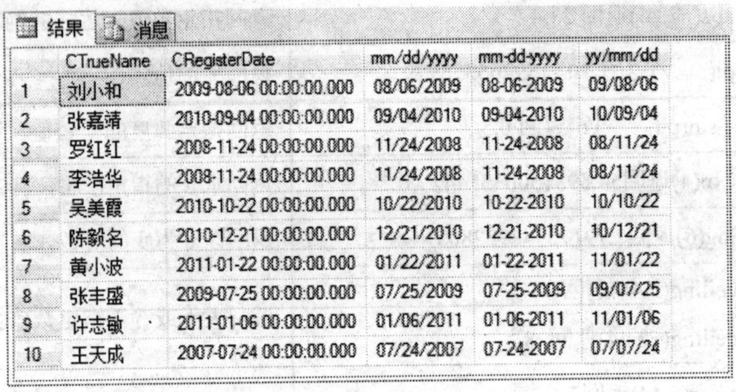

结果 消息

| | CTrueName | CRegisterDate | mm/dd/yyyy | mm-dd-yyyy | yy/mm/dd |
|---|---|---|---|---|---|
| 1 | 刘小和 | 2009-08-06 00:00:00.000 | 08/06/2009 | 08-06-2009 | 09/08/06 |
| 2 | 张嘉靖 | 2010-09-04 00:00:00.000 | 09/04/2010 | 09-04-2010 | 10/09/04 |
| 3 | 罗红红 | 2008-11-24 00:00:00.000 | 11/24/2008 | 11-24-2008 | 08/11/24 |
| 4 | 李浩华 | 2008-11-24 00:00:00.000 | 11/24/2008 | 11-24-2008 | 08/11/24 |
| 5 | 吴美霞 | 2010-10-22 00:00:00.000 | 10/22/2010 | 10-22-2010 | 10/10/22 |
| 6 | 陈毅名 | 2010-12-21 00:00:00.000 | 12/21/2010 | 12-21-2010 | 10/12/21 |
| 7 | 黄小波 | 2011-01-22 00:00:00.000 | 01/22/2011 | 01-22-2011 | 11/01/22 |
| 8 | 张丰盛 | 2009-07-25 00:00:00.000 | 07/25/2009 | 07-25-2009 | 09/07/25 |
| 9 | 许志敏 | 2011-01-06 00:00:00.000 | 01/06/2011 | 01-06-2011 | 11/01/06 |
| 10 | 王天成 | 2007-07-24 00:00:00.000 | 07/24/2007 | 07-24-2007 | 07/07/24 |

图 5-19 类型转换函数的使用

### 5. 系统函数

SQL Server 提供了一些主要用于系统管理相关的系统函数，包括信息查询和判断、分类系统函数。

表 5-7 部分常用的系统函数

| 函 数 名 称 | 示 例 | 说 明 |
|---|---|---|
| CURRENT_USER | SELECT CURRENT_USER<br>返回：登录的用户名 | 返回当前用户的名字 |
| DATALENGTH | SELECT DATALENGTH('学习 SQL')<br>返回：7 | 返回用于指定表达式的字节数 |
| HOST_NAME | SELECT HOST_NAME( )<br>返回：所登录的计算机的名字 | 返回当前用户所登录的计算机名字 |
| SYSTEM_USER | SELECT SYSTEM_USER<br>返回：当前所登录的用户名 | 返回当前所登录的用户名称 |

(续)

| 函数名称 | 示例 | 说明 |
| --- | --- | --- |
| USER_NAME | SELECT USER_NAME(1)<br>返回：从任意数据库中返回“dbo” | 从给定的用户 I D 返回用户名 |
| ISNUMERIC | SELECT ISNUMERIC(1111)返回 1 | 判断表达式是否为数值类型 |
| ISNULL | SELECT ISNULL(Gprice，20)from Goods<br>如果 Gprice 为 NULL，替换为 20 | 用指定的值替换 NULL |
| ISDATE | SELECT ISDATE(getdate( ))<br>返回1 | 判断表达式是否为日期类型 |

【例 5-1-19】查询当前服务器和数据库的相关信息。

语句如下：

```
SELECT HOST_NAME(    ) AS '主机名称',
DB_NAME(    ) AS '数据库的名称',
@@SERVERNAME AS '服务器的名称',
@@VERSION AS '版本信息'
```

运行结果如图 5-20 所示。

图 5-20　系统函数的使用

### 6. 聚合函数

在访问数据库时，经常需要对表中的某些数据进行统计分析，如求最大值、最小值、平均值等，SQL Server 提供了一些聚合函数，快速实现数据的统计分析。聚合函数对一组值执行计算，并返回单个值。除了 COUNT 以外，聚合函数都会忽略空值。聚合函数经常与 SELECT 语句的 GROUP BY 子句一起使用。

表 5-8　部分常用的聚合函数

| 函数名称 | 说明 |
| --- | --- |
| SUM | 返回选取结果集中所有值的总和 |
| COUNT | 返回选取结果集中所有记录行的数目 |
| MAX | 返回选取结果集中所有值的最大值 |
| MIN | 返回选取结果集中所有值的最小值 |
| AVG | 返回选取结果集中所有值的平均值 |

【例 5-1-20】查询 Goods 表中的书籍的数量，书籍价格的最大值、最小值和平均值。

语句如下：

```
    SELECT COUNT(*) AS 书籍总数，MAX(GPrice) AS '最高价格', MIN(GPrice) AS '最低价格',
AVG(GPrice) AS '平均价格'
    FROM Goods
```

本案例中，通过聚合函数 COUNT 求书籍总数，聚合函数 MAX、MIN 和 AVG 分别求最大值、最小值和平均值。运行结果如图 5-21 所示。

结果　消息

| | 书籍总数 | 最高价格 | 最低价格 | 平均价格 |
|---|---|---|---|---|
| 1 | 12 | 85.00 | 12.00 | 40.5833 |

图 5-21　聚合函数的使用

COUNT 函数有两种使用形式:

● COUNT(*)。计算表中行的总数，即使表中行的数据为 NULL，也被计入其中。

● COUNT(column)。计算 column 列包含的行的数目，如果该列某行数据为 NULL，则该行不计入统计总数。

DBMS 在执行 SELECT 语句显示由聚合函数计算的值时，步骤如下：

(1) 生成一个虚拟的中间表，代表 SELECT 语句的 FROM 子句中的表。

(2) 如果有 WHERE 子句，就对中间表中的每行对其搜索条件求值，只保留那些满足搜索条件的记录。

(3) 使用第 2 步中得到的中间表中的值来计算 SELECT 子句中的聚合函数的值。

(4) 将聚合函数计算得到的值作为单个结果表的列显示。

执行下面的代码，看看会出现什么错误?

```
SELECT GName, COUNT(*)
FROM Goods
```

运行结果如图 5-22 所示。

消息

消息 8120，级别 16，状态 1，第 1 行
选择列表中的列 'Goods.GName' 无效，因为该列没有包含在聚合函数或 GROUP BY 子句中。

图 5-22　聚合函数的错误使用

错误的原因：GName 列将返回多行记录，而 COUNT(*)将返回单行结果，显然二者相互冲突。

### 5.1.5　使用 GROUP BY 子句分组查询

大多数情况下，使用聚合函数返回的是所有行数据的统计结果。如果需要按某一列数据的值进行分类，在分类的基础上再进行查询，就要使用 GROUP BY 子句进行分组查询。

### 1. 简单分组

**【例 5-1-21】** 对 Goods 表中的书籍按照书籍类别分类，统计各类书籍的数量和均价。

语句如下：

```
SELECT GTypeID, COUNT(*) AS 书籍数, AVG(GPrice)A S 平均价格
FROM Goods
GROUP BY GTypeID
```

运行结果如图 5-23 所示。

结果 | 消息

| | GTypeID | 书籍数 | 平均价格 |
|---|---|---|---|
| 1 | 01 | 1 | 35.00 |
| 2 | 02 | 1 | 36.00 |
| 3 | 03 | 3 | 46.00 |
| 4 | 04 | 1 | 24.00 |
| 5 | 05 | 3 | 35.00 |
| 6 | 06 | 1 | 52.00 |
| 7 | 07 | 1 | 85.00 |
| 8 | 11 | 1 | 12.00 |

图 5-23　简单分组查询

GROUP BY 子句中不支持对列分配的别名，也不支持任何使用了统计函数的集合列。另外，SELECT 后面每一列数据除了出现在统计函数中的列以外，都必须在 GROUP BY 子句中应用。

执行下面的代码，看看会出现什么错误?

```
SELECT GTypeID, GName, COUNT(*) AS 书籍数, AVG(GPrice) AS 平均价格
FROM Goods
GROUP BY GTypeID
```

运行结果如图 5-24 所示。

图 5-24　分组查询的错误使用

错误的原因：列 GName 在选择列表中无效，因为该列既不包含在聚合函数中，也不包含在 GROUP BY 子句中。

### 2. 筛选分组结果

如果分组后还需要筛选满足条件的行，则需要用 HAVING 子句指定筛选条件。

**【例 5-1-22】** 对 Goods 表中的书籍按照书籍类别分类统计，查找书籍类别为“05”的书籍的数量和均价。

语句如下：

```
SELECT GTypeID, COUNT(*) AS 书籍数, AVG(GPrice) AS 平均价格
FROM Goods
GROUP BY GTypeID
HAVING GTypeID='05'
```

在本例中，对书籍类型分组查询后，再对按条件其进行筛选。运行结果如图 5-25 所示。

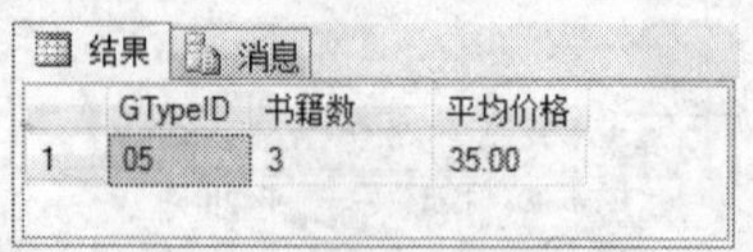

| | GTypeID | 书籍数 | 平均价格 |
|---|---|---|---|
| 1 | 05 | 3 | 35.00 |

图 5-25 筛选分组查询

WHERE 子句也可以对结果进行筛选，因此，上述代码可以改写为：

```
SELECT GTypeID, COUNT(*) AS 书籍数, AVG(GPrice) AS 平均价格
FROM Goods
WHERE GTypeID='05'
GROUP BY GTypeID
```

提示

要正确理解 HAVING 和 WHERE 子句在 GROUP BY 中的联系和区别：

- HAVING 子句和 WHERE 子句都是设置条件。
- HAVING 子句是为 GROUP BY 子句设置条件，而 WHERE 子句是为 FROM 子句设置条件。
- WHERE 搜索条件在分组操作之前应用，而 HAVING 搜索条件在分组操作之后应用。
- HAVING 子句中可以使用聚合函数，而 WHERE 子句则不可以。

因此，下面的查询语句中，HAVING 子句就不可以用 WHERE 子句取代：

```
SELECT GTypeID, COUNT(*) AS 书籍数, AVG(GPrice) AS 平均价格
FROM Goods
GROUP BY GTypeID
HAVING AVG(GPrice)>30
```

因为筛选条件“AVG(GPrice)>30”中包含了聚合函数。如果写成以下语句，将会出现如图 5-26 所示的错误。

```
SELECT GTypeID, COUNT(*) AS 书籍数, AVG(GPrice) AS 平均价格
FROM Goods
GROUP BY GTypeID
WHERE AVG(GPrice)>30
```

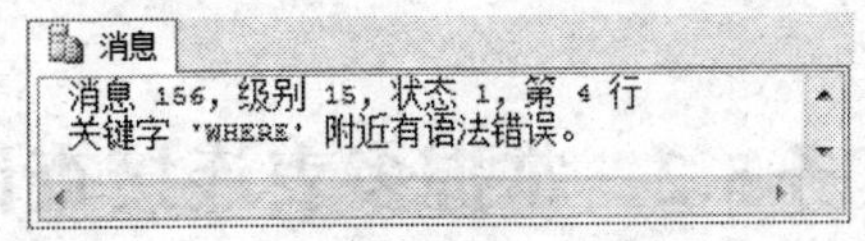


图 5-26　筛选分组的错误使用

HAVING 和 WHERE 子句也可以在同一个 SELECT 语句中一起使用，使用的顺序是：

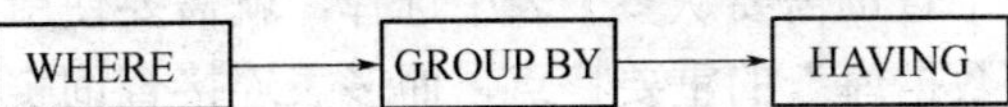


【例 5-1-23】对 Goods 表中的书籍按照书籍类别分类统计，查找书籍类别小于“06”、平均价格大于 30 元的书籍的数量和均价。

语句如下：

```
SELECT GTypeID, COUNT(*) AS 书籍数, AVG(GPrice) AS 平均价格
FROM Goods
WHERE GTypeID<'06'
GROUP BY GTypeID
HAVING AVG(GPrice)>30
```

在本例中，首先根据 WHERE 子句查询条件从 Goods 表中筛选书籍类别小于“06”的书籍，然后通过 GROUP BY 子句按照书籍类别分类统计，最后通过 HAVING 子句筛选平均价格大于 30 元的书籍。运行结果如图 5-27 所示。

|  | GTypeID | 书籍数 | 平均价格 |
|---|---|---|---|
| 1 | 01 | 1 | 35.00 |
| 2 | 02 | 1 | 36.00 |
| 3 | 03 | 3 | 46.00 |

图 5-27　HAVING 子句和 WHERE 子句在分组查询中的使用

### 3. 分组后排序

分组后的数据也可以根据指定的条件进行排序。

【例 5-1-24】对 Goods 表中的书籍按照书籍类别分类统计，按照均价从高到低排序。

语句如下：

```
SELECT GTypeID, AVG(GPrice) AS 平均价格
FROM Goods
GROUP BY GTypeID
ORDER BY AVG(GPrice)DESC
```

运行结果如图 5-28 所示。

|  | GTypeID | 平均价格 |
|---|---|---|
| 1 | 07 | 85.00 |
| 2 | 06 | 52.00 |
| 3 | 03 | 46.00 |
| 4 | 02 | 36.00 |
| 5 | 01 | 35.00 |
| 6 | 05 | 35.00 |
| 7 | 04 | 24.00 |

图 5-28　分组查询并排序

# 任务 5.2　掌握多表连接查询

一个数据库中的多个表之间一般都存在着某种内在联系，任务 5.1 中的查询都是针对单个表进行的，如果一个查询需要从多个表中选择，就需要使用多表连接查询。表和表的“关系”是“关系型数据库”的重要特点，而多表连接查询实际上是通过各个表之间共同列的关联性来查询数据的，它是关系数据库查询最主要的特征。连接可分为内连接、外连接、交叉连接和自连接等。

## 5.2.1　内连接

内连接是最典型、最常用的连接查询，它根据表中共同的列来进行匹配，特别是两个表存在主外键关系时通常会用到内连接查询。内连接通常使用“=”或“<>”的比较运算符来判断两个表的列数据是否相同。

### 1. 使用 FROM 子句实现多表查询

【例 5-2-1】查询书籍类别及其书籍的相关信息。

语句如下：

```
SELECT Category.CaID，Category.CaName，Goods.GID，Goods.GName
FROM Category，Goods
```

运行结果如图 5-29 所示。

结果　消息

| | CaID | CaName | GID | GName |
|---|---|---|---|---|
| 1 | 01 | 自然科学 | 010001 | 高分子物理 |
| 2 | 01 | 自然科学 | 020001 | 现代遗传学 |
| 3 | 01 | 自然科学 | 030001 | 野外求生宝典 |
| 4 | 01 | 自然科学 | 030002 | 欧洲日记 |
| 5 | 01 | 自然科学 | 030003 | 西藏行 |
| 6 | 01 | 自然科学 | 040001 | 游园惊梦 |
| 7 | 01 | 自然科学 | 050001 | 软件工程导论 |
| 8 | 01 | 自然科学 | 050002 | 软件架构设计 |
| 9 | 01 | 自然科学 | 050003 | 走进软件世界 |
| 10 | 01 | 自然科学 | 060001 | 自动控制原理 |
| 11 | 01 | 自然科学 | 070001 | 算法导论 |
| 12 | 02 | 医学卫生 | 010001 | 高分子物理 |
| 13 | 02 | 医学卫生 | 020001 | 现代遗传学 |
| 14 | 02 | 医学卫生 | 030001 | 野外求生宝典 |

图 5-29　使用 FROM 子句实现多表查询

从查询的结果看，每条 Category 表中的记录均与所有的 Goods 表中的记录进行了匹配连接。它实际上返回连接表中所有数据行的笛卡尔积，其结果集合中的数据行数等于第一个表中的数据行数乘以第二个表中的数据行数。

在多表连接查询中，为避免两个表中存在同名的列而产生错误，一般在列名前要指定表的名称，即用“表命.列名”的完整表达方式。如果连接的两个表中没有相同的列名，则可以省略表名。

### 2. 在 WHERE 子句中指定连接条件

直接使用 FROM 子句连接表，返回的是两个表的记录的笛卡尔积，这在实际应用中没什么意义。实际应用中，通常需要查询的两个表的记录满足一定的关系。这时，可以在 SELECT 语句的 WHERE 子句中指定连接条件。

**【例 5-2-2】** 查询书籍类别及其书籍的相关信息，只显示书籍类别和 Goods 表中书籍类别号匹配的记录。

语句如下：

```
SELECT Category.CaID, Category.CaName, Goods.GID, Goods.GName
FROM Category, Goods
WHERE Category.CaID= Goods.GTypeID
```

在此案例中，WHERE 子句给出了 Category 和 Goods 两个表进行连接所依据的关系，即根据两个表中的书籍类别进行匹配连接。从查询的结果来看，实际上是过滤掉了两个表中类别不相同的记录。运行结果如图 5-30 所示。

结果　消息

| | CaID | CaName | GID | GName |
|---|---|---|---|---|
| 1 | 01 | 自然科学 | 010001 | 高分子物理 |
| 2 | 02 | 医学卫生 | 020001 | 现代遗传学 |
| 3 | 03 | 旅游地理 | 030001 | 野外求生宝典 |
| 4 | 03 | 旅游地理 | 030002 | 欧洲日记 |
| 5 | 03 | 旅游地理 | 030003 | 西藏行 |
| 6 | 04 | 青春文学 | 040001 | 游园惊梦 |
| 7 | 05 | 软件开发 | 050001 | 软件工程导论 |
| 8 | 05 | 软件开发 | 050002 | 软件架构设计 |
| 9 | 05 | 软件开发 | 050003 | 走进软件世界 |
| 10 | 06 | 人工智能 | 060001 | 自动控制原理 |
| 11 | 07 | 计算机理论 | 070001 | 算法导论 |

图 5-30　在 WHERE 子句中指定连接条件

### 3. 使用 JOIN 关键字实现连接

以上的查询也可以通过 Join…On 子句来实现。

**【例 5-2-3】** 查询书籍类别及其书籍的相关信息，只显示书籍类别和 Goods 表中书籍类别号匹配的记录。

语句如下：

```
SELECT Category.CaID, Category.CaName, Goods.GID, Goods.GName
FROM Catogory
JOIN Goods
ON Category.CaID= Goods.GTypeID
```

运行结果如图 5-30 所示。使用 JOIN 关键字实现表的连接，有助于将连接操作和

WHERE 的搜索条件区分开来。

**4. 使用别名作为表名的简写**

为了程序的简洁明了，提高查询语句的可读性，在连接查询中，也可以使用 AS 关键字来指定表的“别名”。

**【例 5-2-4】**查询顾客编号、姓名及其下的订单号和金额。

语句如下：

```
SELECT C.CID, C.CTrueName, O.OID, O.OSum
FROM Customers AS C
JOIN Orders AS O
ON C.CID=O.CID
```

本案例中，使用别名 C 和 O 分别代表 Customers 和 Orders，在连接条件中就可以直接使用别名。运行结果如图 5-31 所示。

结果 消息

| | CID | CTrueName | OID | OSum |
|---|---|---|---|---|
| 1 | C0001 | 刘小和 | 201106051011 | 106.00 |
| 2 | C0002 | 张嘉靖 | 201106051022 | 35.00 |
| 3 | C0003 | 罗红红 | 201106051023 | 200.00 |
| 4 | C0004 | 李浩华 | 201108231012 | 240.00 |
| 5 | C0005 | 吴美霞 | 201108231210 | 480.00 |
| 6 | C0006 | 陈毅名 | 201108231342 | 293.00 |
| 7 | C0006 | 陈毅名 | 201109201130 | 170.00 |

图 5-31 使用别名

**5. 三个表的连接查询**

以上讲解的都是两个表的连接查询，如果是两个以上表的连接查询，则更复杂一些，但原理和两个表的连接查询是一样的。

**【例 5-2-5】**查询所有订单中订购的书籍名称、购买价格和购买数量以及订单日期。

语句如下：

```
SELECT Orders.OID,Orders.ODate,Goods.GName,OrderDetails.OdPrice,OrderDetails.OdNumber
FROM Orders
JOIN OrderDetails
ON Orders.OID = OrderDetails.OID
JOIN Goods
ON OrderDetails.GID=Goods.GID
```

分析：Orders 表中存放了订单编号和订单日期，而该订单所订购的书籍信息，如书籍号、购买价格和购买数量存放在 OrderDetails 表中，书籍名称存放在 Goods 表中。因此，Orders 表需要和 OrderDetails 表通过订单号 OID 进行连接以获得订单中所购书籍的书籍号、购买价格和购买数量等信息，而 OrderDetails 表需要和 Orders 表通过书籍号 GID 进行连接以获得书籍名称信息。运行结果如图 5-32 所示。

| | OID | ODate | GName | OdPrice | OdNumber |
|---|---|---|---|---|---|
| 1 | 201106051011 | 2011-06-05 00:00:00.000 | 高分子物理 | 35.00 | 2 |
| 2 | 201109201130 | 2011-09-20 00:00:00.000 | 算法导论 | 85.00 | 2 |
| 3 | 201106051011 | 2011-06-05 00:00:00.000 | 现代遗传学 | 36.00 | 1 |
| 4 | 201106051022 | 2011-06-05 00:00:00.000 | 高分子物理 | 35.00 | 1 |
| 5 | 201106051023 | 2011-06-05 00:00:00.000 | 野外求生宝典 | 28.00 | 5 |
| 6 | 201106051023 | 2011-06-05 00:00:00.000 | 欧洲日记 | 60.00 | 1 |
| 7 | 201108231012 | 2011-08-23 00:00:00.000 | 游园惊梦 | 24.00 | 10 |
| 8 | 201108231210 | 2011-08-23 00:00:00.000 | 游园惊梦 | 24.00 | 20 |
| 9 | 201108231342 | 2011-08-23 00:00:00.000 | 自动控制原理 | 52.00 | 4 |
| 10 | 201108231342 | 2011-08-23 00:00:00.000 | 算法导论 | 85.00 | 1 |

图 5-32　三个表的连接查询

### 5.2.2　外连接

在内部连接中，只有满足连接条件的记录才能作为结果输出，但是如果希望输出在连接表中没有匹配行的记录，例如有些书籍类别还没有具体的书籍，而又想将这些类别输出，就必须使用外连接。

外连接使用 OUTER JOIN 关键字，关键字 OUTER 可以省略。外连接分为三种：左外连接、右外连接和全外连接。

**1. 左外连接**

左外连接使用 LEFT JOIN 关键字。左外连接的结果集中包括“左表”(JOIN 关键字左边的表)中的所有行，其在“右表”(JOIN 关键字右边的表)中没有匹配的行显示为 NULL。因此，左外连接实际上可以表示如下：

左外连接=内部连接+左表中失配的元组

**【例 5-2-6】**查询书籍类别及其书籍的相关信息，不管某种书籍类别是否有书籍存在。

语句如下：

```
SELECT Category.CaID, Category.CaName, Goods.GID, Goods.GName
FROM Category
LEFT JOIN Goods
ON Category.CaID= Goods.GTypeID
```

运行结果如图 5-23 所示。从查询的结果看，Category 表(左表)中所有行的列(CaID，CaName)都显示出来，Goods 表(右表)中没有匹配行的列(GID，GName)填充为 NULL。

| | CaID | CaName | GID | GName |
|---|---|---|---|---|
| 1 | 01 | 自然科学 | 010001 | 高分子物理 |
| 2 | 02 | 医学卫生 | 020001 | 现代遗传学 |
| 3 | 03 | 旅游地理 | 030001 | 野外求生宝典 |
| 4 | 03 | 旅游地理 | 030002 | 欧洲日记 |
| 5 | 03 | 旅游地理 | 030003 | 西藏行 |
| 6 | 04 | 青春文学 | 040001 | 游园惊梦 |
| 7 | 05 | 软件开发 | 050001 | 软件工程导论 |
| 8 | 05 | 软件开发 | 050002 | 软件架构设计 |
| 9 | 05 | 软件开发 | 050003 | 走进软件世界 |
| 10 | 06 | 人工智能 | 060001 | 自动控制原理 |
| 11 | 07 | 计算机理论 | 070001 | 算法导论 |
| 12 | 08 | 电子电工电信 | NULL | NULL |
| 13 | 09 | 临床医学 | NULL | NULL |
| 14 | 10 | 工业技术 | NULL | NULL |

图 5-33　左外连接

### 2. 右外连接

右外连接使用 RIGHT JOIN 关键字，右外连接的结果集中包括“右表”(JOIN 关键字右边的表)中的所有行，其在“左表”(JOIN 关键字右边的表)中没有匹配的行显示为 NULL。因此，右外连接实际上可以表示如下：

右外连接=内部连接+右表中失配的元组

为了测试这一结果，首先将 Category 表和 Goods 表的主外键关系删除，然后向 Goods 表中添加一条记录：

```
INSERT INTO Goods VALUES('110001', '冒险小虎队', '11', '托马斯', '浙江少儿出版社',
'9787534233777', 12, 100)
```

书籍类别编号“11”在书籍类别表中并不存在，在实际应用中，这种情况不可能出现。

【例 5-2-7】查询所有书籍及其书籍类别的相关信息，不管某种书籍是否存在书籍类别。

语句如下：

```
SELECT Category.CaID, Category, CaName, Goods.GID, Goods.GName
FROM Category
RIGHT JOIN Goods
ON Category.CaID= Goods.GID
```

运行结果如图 5-34 所示。从查询的结果看，Goods 表(右表)中所有行的列(GID，GName)都显示出来，Category 表(左表)中没有匹配行的列(CaID，CaName)都填充为 NULL。

结果 | 消息

| | CaID | CaName | GID | GName |
|---|---|---|---|---|
| 1 | 01 | 自然科学 | 010001 | 高分子物理 |
| 2 | 02 | 医学卫生 | 020001 | 现代遗传学 |
| 3 | 03 | 旅游地理 | 030001 | 野外求生宝典 |
| 4 | 03 | 旅游地理 | 030002 | 欧洲日记 |
| 5 | 03 | 旅游地理 | 030003 | 西藏行 |
| 6 | 04 | 青春文学 | 040001 | 游园惊梦 |
| 7 | 05 | 软件开发 | 050001 | 软件工程导论 |
| 8 | 05 | 软件开发 | 050002 | 软件架构设计 |
| 9 | 05 | 软件开发 | 050003 | 走进软件世界 |
| 10 | 06 | 人工智能 | 060001 | 自动控制原理 |
| 11 | 07 | 计算机理论 | 070001 | 算法导论 |
| 12 | NULL | NULL | 110001 | 冒险小虎队 |

图 5-34　右外连接

### 3. 全外连接

与内部连接相比，全外连接除了包含两个表的匹配行外，还包含了 JOIN 关键字的“左表”和“右表”的不匹配行。因此，全外连接实际上可以表示如下：

全外连接=内部连接+左表中失配的元组+右表中失配的元组

【例 5-2-8】查询所有书籍及其书籍类别的相关信息，不管某种书籍是否存在书籍类别，也不管某种书籍类别是否有书籍存在。

语句如下：

```
SELECT Category.CaID, Category.CaName, Goods.GID, Goods.GName
FROM Category
FULL JOIN Goods
ON Category.CaID= Goods.GTypeID
```

运行结果如图 5-35 所示。从查询的结果看，除了两个表匹配的行外，还包括了“左表”Category 中的不匹配行，缺少的“右表”Goods 中的列设置为 NULL。另外，还包括了“右表”的不匹配行，缺少的“左表”Category 中的列也设置为 NULL。

结果　消息

| | CaID | CaName | GID | GName |
|---|---|---|---|---|
| 1 | 01 | 自然科学 | 010001 | 高分子物理 |
| 2 | 02 | 医学卫生 | 020001 | 现代遗传学 |
| 3 | 03 | 旅游地理 | 030001 | 野外求生宝典 |
| 4 | 03 | 旅游地理 | 030002 | 欧洲日记 |
| 5 | 03 | 旅游地理 | 030003 | 西藏行 |
| 6 | 04 | 青春文学 | 040001 | 游园惊梦 |
| 7 | 05 | 软件开发 | 050001 | 软件工程导论 |
| 8 | 05 | 软件开发 | 050002 | 软件架构设计 |
| 9 | 05 | 软件开发 | 050003 | 走进软件世界 |
| 10 | 06 | 人工智能 | 060001 | 自动控制原理 |
| 11 | 07 | 计算机理论 | 070001 | 算法导论 |
| 12 | 08 | 电子电工电信 | NULL | NULL |
| 13 | 09 | 临床医学 | NULL | NULL |
| 14 | 10 | 工业技术 | NULL | NULL |
| 15 | NULL | NULL | 110001 | 冒险小虎队 |

图 5-35　全外连接

为了保持数据的完整性，将刚才添加的记录删除，然后重新设定好表 Category 和表 Goods 的主外键关系。语句如下：

```
DELETE FROM GOODS WHERE GTypeID='11'
```

### 5.2.3　交叉连接

交叉连接采用 CROSS JOIN 关键字，没有 WHERE 子句的交叉连接将产生连接所涉及的表的笛卡尔积。交叉连接没有 ON 关键字，但可以使用 WHERE 子句定义连接条件。

**【例 5-2-9】**查询书籍类别及其书籍的相关信息，只显示书籍类别和书籍表中书籍类别号匹配的记录。

语句如下：

```
SELECT Category.CaID, Category.CaName, Goods.GID, Goods.GName
FROM Category
CROSS JOIN Goods
WHERE Category.CaID= GTypeID
```

运行结果如图 5-36 所示。从查询的结果可以看出，本例和“例 5-2-2”的结果是一样的。

| | CaID | CaName | GID | GName |
|---|---|---|---|---|
| 1 | 01 | 自然科学 | 010001 | 高分子物理 |
| 2 | 02 | 医学卫生 | 020001 | 现代遗传学 |
| 3 | 03 | 旅游地理 | 030001 | 野外求生宝典 |
| 4 | 03 | 旅游地理 | 030002 | 欧洲日记 |
| 5 | 03 | 旅游地理 | 030003 | 西藏行 |
| 6 | 04 | 青春文学 | 040001 | 游园惊梦 |
| 7 | 05 | 软件开发 | 050001 | 软件工程导论 |
| 8 | 05 | 软件开发 | 050002 | 软件架构设计 |
| 9 | 05 | 软件开发 | 050003 | 走进软件世界 |
| 10 | 06 | 人工智能 | 060001 | 自动控制原理 |
| 11 | 07 | 计算机理论 | 070001 | 算法导论 |

图 5-36　交叉连接

### 5.2.4　自连接

在信息查询时，有时需要将表与其自身进行连接，即自连接，这就需要用到别名。

【例 5-2-10】查询价格高于书籍“现代遗传学”的书籍的书籍号、书籍名称和书籍单价，并按价格从高到低排序。

语句如下：

```
SELECT G2.GID, G2.GName, G2.GPrice
FROM Goods AS G1, Goods AS G2
WHERE G1.GName='现代遗传学' AND G1.Gprice<G2.GPrice
ORDER BY G2.GPrice
```

在此例中，FROM 子句后的两个表实际上都是 Goods 表。为了独立使用它们，采取表别名方法，分别为其定义别名 G1 和 G2。使用 G1 通过书名查询到书籍《现代遗传学》，然后通过条件“G1.Gprice<G2.GPrice”查询到价格高于书籍《现代遗传学》的书籍，再用 G2 将书籍信息显示出来。运行结果如图 5-37 所示。

| | GID | GName | GPrice |
|---|---|---|---|
| 1 | 050002 | 软件架构设计 | 40.00 |
| 2 | 030003 | 西藏行 | 50.00 |
| 3 | 060001 | 自动控制原理 | 52.00 |
| 4 | 030002 | 欧洲日记 | 60.00 |
| 5 | 070001 | 算法导论 | 85.00 |

图 5-37　自连接

此例也可以用后面讲到的子查询实现。

### 5.2.5　联合查询

联合查询可合并多个相似的选择查询的结果集，等同于将一个表追加到另一个表，从而实现将两个表的查询组合到一起，使用关键字词为 UNION 或 UNION ALL。

UNION 运算符可以将两个或两个以上的 SELECT 语句的查询结果集合合并成一个结

果集合显示，即执行联合查询。UNION 的语法格式为:

```
select_statement
UNION [ALL] selectstatement
[UNION [ALL] selectstatement][...n]
```

其中，selectstatement 为待联合的 SELECT 查询语句。

ALL 选项表示将所有行合并到结果集合中。不指定该项时，被联合查询结果集合中的重复行将只保留一行。

联合查询时，查询结果的列标题为第一个查询语句的列标题。因此，要定义列标题必须在第一个查询语句中定义。要对联合查询结果排序时，也必须使用第一查询语句中的列名、列标题或者列序号。

在使用 UNION 运算符时，应保证每个联合查询语句的选择列表中有相同数量的表达式，并且每个查询选择表达式应具有相同的数据类型，或是可以自动将它们转换为相同的数据类型。在自动转换时，对于数值类型，系统将低精度的数据类型转换为高精度的数据类型。

【例5-2-11】查询包含“软件”的书籍以及价格不高于40元的书籍。

语句如下：

```
SELECT GID, GName, GPrice
FROM Goods
WHERE GName LIKE '%软件%'
UNION
SELECT GID, GName, GPrice
FROM Goods
WHERE GPrice<40
```

在本例中，将两个不同条件查询的结果合并到一张表中。运行结果如图 5-38 所示。

结果　消息

| | GID | GName | GPrice |
|---|---|---|---|
| 1 | 010001 | 高分子物理 | 35.00 |
| 2 | 020001 | 现代遗传学 | 36.00 |
| 3 | 030001 | 野外求生宝典 | 28.00 |
| 4 | 040001 | 游园惊梦 | 24.00 |
| 5 | 050001 | 软件工程导论 | 35.00 |
| 6 | 050002 | 软件架构设计 | 40.00 |
| 7 | 050003 | 走进软件世界 | 30.00 |
| 8 | 110001 | 冒险小虎队 | 12.00 |

图 5-38　联合查询

# 任务 5.3　掌握子查询操作

子查询是一个嵌套在 SELECT、INSERT、UPDATE 或 DELETE 语句中的查询。子查询也称为内部查询或内部选择，而包含子查询的语句也称为外部查询或父查询。

### 5.3.1 使用比较运算符的子查询

带有比较运算符的子查询是指父查询与子查询之间用比较符进行连接。当子查询返回的值是单值时，可以用>、<、=、>=、<=、!=或<>等比较运算符。

**【例5-3-1】**查询价格高于《现代遗传学》的书籍的书籍号、书籍名称和书籍单价，并按价格从高到低排序。

语句如下：

```
SELECT GID, GName, GPrice
FROM Goods
WHERE Gprice >(SELECT Gprice  FROM Goods WHERE GName='现代遗传学')
ORDER BY GPrice
```

上述查询中的“(SELECT Gprice  FROM Goods WHERE GName=’ 现代遗传学’)”部分，就是子查询，因为它嵌入到查询中，作为 WHERE 条件的一部分。SQL Server 执行时，先执行子查询部分，求出子查询部分的值，然后再执行整个父查询。

分析：第一步，查找书籍名为《现代遗传学》的书籍的价格；第二步，查找价格比书籍《现代遗传学》价格高的其他书籍；第三步，按照价格高低将查找结果进行排序。

运行结果如图 5-39 所示。

结果 | 消息

| | GID | GName | GPrice |
|---|---|---|---|
| 1 | 050002 | 软件架构设计 | 40.00 |
| 2 | 030003 | 西藏行 | 50.00 |
| 3 | 060001 | 自动控制原理 | 52.00 |
| 4 | 030002 | 欧洲日记 | 60.00 |
| 5 | 070001 | 算法导论 | 85.00 |

图 5-39 使用比较运算符的子查询

上述子查询是针对单表进行查询，除此以外，还可以将多表间的数据组合在一起，从而替换连接(JOIN)查询。

**【例 5-3-2】**查询书籍类别是“软件开发”的所有书籍信息，包括书籍名称和书籍价格。

语句如下：

```
SELECT GName, GPrice
FROM Goods
WHERE GTypeID =(SELECT CaID  FROM Category WHERE CaName='软件开发')
```

运行结果如图 5-40 所示。

结果 | 消息

| | GName | GPrice |
|---|---|---|
| 1 | 软件工程导论 | 35.00 |
| 2 | 软件架构设计 | 40.00 |
| 3 | 走进软件世界 | 30.00 |

图 5-40 多表子查询

上述查询也可以用多表连接实现，语句如下：

```
SELECT Goods.GName，Goods.GPrice
FROM Goods
JOIN Category
ON Goods .GTypeID = Category. CaID AND Category .CaName='软件开发'
```

**提示**

一般来说，表连接都可以用子查询替换，但反过来却不一定。子查询比较灵活、方便，形式多样，适合于作为查询的筛选条件；而表连接更适合于查询多表的数据。

### 5.3.2　[NOT] IN 子查询

使用比较运算符时，要求子查询只能返回一条或空的记录。如果子查询返回多条记录，则要用 IN 关键字，它用来判断某个属性列是否在子查询的结果中。由于在嵌套查询中，子查询的结果往往是一个集合，所以 IN 是嵌套查询中最常使用的关键字。

**【例 5-3-3】**查询订购了书籍的会员编号和姓名。

语句如下：

```
SELECT CID，CTrueName
FROM Customers
WHERE CID IN(SELECT CID FROM Orders)
```

查询结果如图 5-41 所示。

图 5-41　IN 子查询

本案例中，首先在 Orders 表查找所有会员编号，因为返回的记录有多行，因此必须用 IN 关键字查找 Customers 表中满足条件的会员信息。如果这里将“IN”换成“=”，将会发生如图 5-42 所示错误。

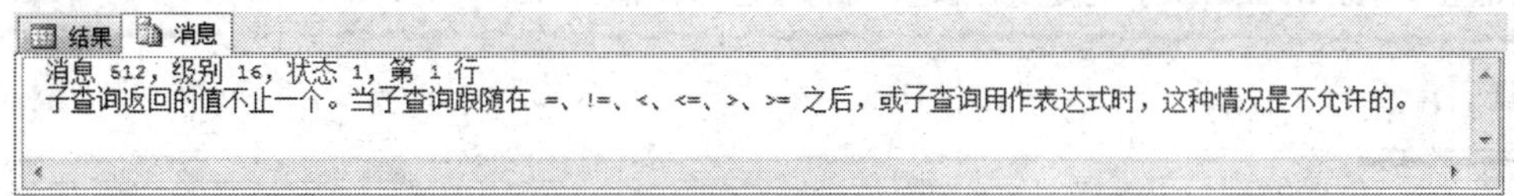


图 5-42　子查询的错误用法

如果希望查找没有订购书籍的顾客信息，加上否定的 NOT 即可。

**【例 5-3-4】**查询没有订购书籍的会员编号和姓名。

语句如下：

```
SELECT CID, CTrueName
FROM Customers
WHERE CID NOT IN(SELECT CID FROM Orders)
```

运行结果如图 5-43 所示。

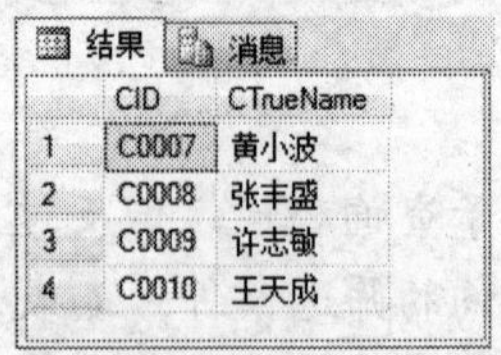

| | CID | CTrueName |
|---|---|---|
| 1 | C0007 | 黄小波 |
| 2 | C0008 | 张丰盛 |
| 3 | C0009 | 许志敏 |
| 4 | C0010 | 王天成 |

图 5-43　NOT IN 子查询

### 5.3.3　[NOT] EXISTS 子查询

在一些情况下，只需要子查询返回 TRUE 或 FALSE，子查询数据内容本身并不重要，这时，可使用 EXISTS 判别式来引入子查询。

**【例 5-3-4】**查询书籍类别号为“03”的所有书籍名称。

语句如下：

```
SELECT GName
FROM Goods
WHERE EXISTS(SELECT * FROM Category WHERE Caid='03' AND Caid=Goods.GTypeID)
```

运行结果如图 5-44 所示。

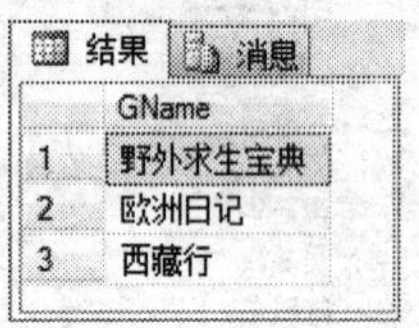

| | GName |
|---|---|
| 1 | 野外求生宝典 |
| 2 | 欧洲日记 |
| 3 | 西藏行 |

图 5-44　EXISTS 子查询

使用 EXISTS 关键字后，若查询结果非空，则 WHERE 子句返回真值，否则返回假值。由 EXISTS 引出的子查询，其目标列表达式通常都用“*”，因为列名实际没有意义。

与 EXISTS 相对应的是 NOT EXISTS 关键字。使用 NOT EXISTS 关键字后，若查询结果非空，则 WHERE 子句返回假值，否则返回真值。

子查询在使用时受到下面条件的限制：

- 通过比较运算符引入的子查询选择列表只能包括一个表达式或列名称(对“SELECT*”执行的 EXISTS 或对列表执行的 IN 子查询除外)。

● 如果外部查询的 WHERE 子句包括列名称，它必须与子查询选择列表中的列是连接兼容的。

● ntext、text 和 image 数据类型不能用在子查询的选择列表中。

● 由于必须返回单个值，所以由未修改的比较运算符(即后面未跟关键字 ANY 或 ALL 的运算符)引入的子查询不能包含 GROUP BY 和 HAVING 子句。

● 包含 GROUP BY 的子查询不能使用 DISTINCT 关键字。

● 不能指定 COMPUTE 和 INTO 子句。

● 只有指定了 TOP 时才能指定 ORDER BY。

● 不能更新使用子查询创建的视图。

● 按照惯例，由 EXISTS 引入的子查询的选择列表有一个星号(*)，而不是单个列名。因为由 EXISTS 引入的子查询创建了存在测试，并返回 TRUE 或 FALSE 而非数据，所以其规则与标准选择列表的规则相同。

# 项目实训5　数据库的查询

## 一、实训目的

1．掌握 SELECT 语句的基本用法。
2．掌握条件查询。
3．掌握查询排序。
4．掌握分组查询。
5．掌握查询中函数的使用。
6．掌握多表连接查询。
7．掌握子查询。

## 二、实训内容

对 Library 数据库进行以下查询：

(1) SELECT 语句的基本使用。

① 查询 Book 表的书号、书名和借出数量。

② 用别名查询 Book 表的书号、书名和借出数量。

(2) 条件查询。

① 查询类型是“学生”的所有读者的信息。

② 查询借出时间在 2011 年 3 月 1 日和 2011 年 10 月 1 日之间的图书。

③ 查询借出时间在 2011 年 3 月 1 日之后并且还书时间在 2011 年 10 月 1 日之前的图书。

④ 用 IN 关键字查询类型是“老师”或“学生”的读者信息。

⑤ 查询书名包含“程序”的图书信息。

(3) 查询排序。

① 查询借出数量排名前三的图书。

② 按图书借出数量从高到低排序查询，如果借出数量相同，再按价格高低排序。

(4) 分组查询。

① 按读者类型分组查询借出图书的数量。

② 查询读者类型是“管理员”的读者借出图书的平均价格。

(5) 多表连接查询。

① 查询读者编号是“0021”的读者借书的信息，包括读者名、图书号、借出时间和归还时间。

② 查询所有读者的借书信息，包括读者名、图书名、借出时间和归还时间。

(6) 子查询。

① 查询借出数量大于书籍编号为“TP/3452”的借出数量的图书信息。

② 查询已借了图书的读者信息。

## 三、实训小结

数据库的查询是数据库课程最核心的内容，涉及到的知识点较多，查询的方法也很灵活。希望大家多加练习，从而熟练掌握单表查询和不同方式的表的连接查询，为后续的数据库信息系统开发打下良好的基础。

# 练 习 题

## 一、选择题

1. 要消除返回结果集中的重复记录，应使用关键字(　　)。

   A. TOP　　B. COUNT
   C. DISTINCT　　D. DESC

2. 下列哪个统计函数可以计算平均值？(　　)

   A. sum　　B. avg　　C. count　　D. min

3. 下列设置的查询“工资”在 1500 元到 2000 元之间的准则正确的是(　　)。

   A. >=1500 OR <=2000　　B. 1500　AND　2000
   C. between 1500 and 2000　　D. between >=1500 AND 2000

4. SELECT 语句中与 HAVING 子句同时使用的是(　　)子句。

   A. ORDER BY　　B. WHERE
   C. GROUP BY　　D. 无需配合

5. 语句“SELECT * FROM stuinfo WHERE stuNo(　　)(SELECT stuNo FROM stuMarks)”中，括号中应填的字符为(　　)。

   A. <=　　B. IN　　C. LIKE　　D. >=

## 二、设计题

对 stuCourse 数据库进行以下查询:

(1) 查询全体学生的学号、姓名和年龄。

(2) 查询选修了课程的学生号。

(3) 查询选修课程号“C3”的学号和成绩。

(4) 查询成绩高于 85 分的学生的学号、课程号和成绩。

(5) 查询选修了 C1 或 C2 且分数大于等于 85 分的学生和学号、课程号和成绩。

(6) 查询工资在 1500 元~2000 元之间的教师的教师号、姓名及职称。

(7) 查询选修 C1 或 C2 的学生的学号、课程号和成绩。

(8) 查询所有姓张的教师的教师号和姓名。

(9) 查询姓名中第二个汉字是“力”的教师号和姓名。

(10) 查询没有考试成绩的学生的学号和相应的课程号。

(11) 查询选修 C1 课程的学生学号和成绩，并按成绩降序排列。

(12) 查询选修 C2、C3、C4 或 C5 课程的学号、课程号和成绩，查询结果按学号升序排列，学号相同再按成绩降序排列。

(13) 通过查询，求计算机系学生的总数。

(14) 查询计算机系学生的总数。

(15) 查询每位学生的学号及其选课的门数。

(16) 在分组查询中使用 HAVING 条件，查询平均成绩大于 85 分的学生学号及平均成绩。

(17) 查询选课在两门以上且各门课均及格的学生的学号及其总成绩，查询结果按总成绩降序列出。

(18) 查询所有选课学生的学号、姓名、选课名称及成绩。

(19) 查询选修 C1 课程且成绩在 60 分以上的所有学生的学号、姓名和分数。

(20) 查询与李明教师职称相同的教师号、姓名。

(21) 把讲授 C3 课程的教师的工资增加 100 元。

# 项目 6 网上书城数据库的开发与实务

## 项目简介

在前面的项目中，可以用 T-SQL 语句创建库、创建表，还可以添加、删除、修改和查询数据。除了这些功能外，T-SQL 还支持定义变量、输出语句、批处理、逻辑控制语句(IF、CASE、WHILE)、过程和函数、事务处理等，这些内容一般被称为 T-SQL 编程。通过 T-SQL 编程，用户可以对网上书城数据库开发一些比较复杂的应用。

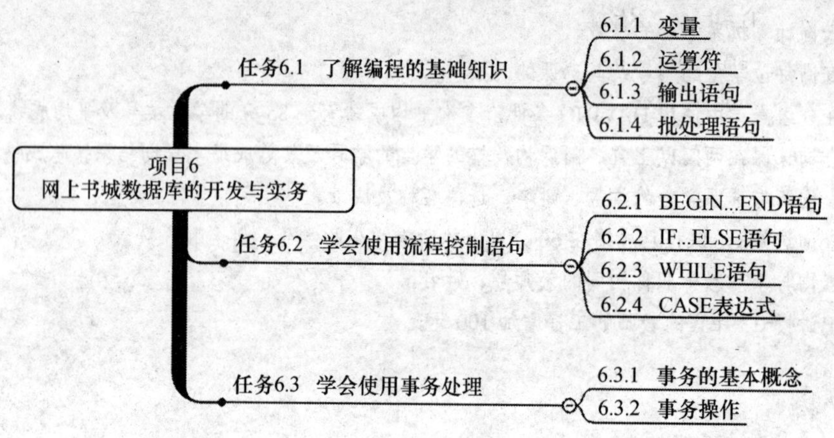


图 6-1 本项目知识要点

## 单词学习

1. declare：声明
2. set：设置
3. print：打印
4. transaction：事务
5. begin：开始
6. end：结束
7. while：当
8. case：情况
9. commit：提交
10. rollback：回滚
11. break：中断
12. continue：继续

## 任务 6.1 了解编程的基础知识

### 6.1.1 变量

变量是一种语言中必不可少的组成部分，它是在语句之间传递数据的方式之一。

T-SQL 语言中有两种形式的变量，一种是用户自己定义的局部变量，另外一种是系统提供的全局变量。

**1. 局部变量**

局部变量是一种能够拥有特定数据类型的对象，它的作用范围仅限制在程序内部。局部变量可以作为计数器来计算循环执行的次数，或是控制循环执行的次数。另外，利用局部变量还可以保存数据值，以供控制流语句测试以及保存由存储过程返回的数据值等。局部变量被引用时要在其名称前加上标志“@”，而且必须先用 DECLARE 命令定义后才可以使用。

(1) 变量声明语句格式如下：

```
DECLARE  @局部变量  数据类型
```

声明变量要注意以下几点：

① 变量名必须以@字符开头。

② 在一个 DECLARE 语句中可以同时声明多个局部变量，它们相互之间用逗号分隔。

③ 数据类型是任何由系统提供的或用户定义的数据类型。

④ 变量不能是 text、ntext 或 image 数据类型。

(2) 变量赋值。

SQL Server 中对已经定义的变量赋值的方式有两种，分别是 SET 和 SELECT。SET 语句的基本格式如下：

```
SET  @局部变量  = 表达式
```

**【例 6-1-1】**创建一个名为“@city”的局部变量，并在 SELECT 语句中使用该局部变量来查找位于广州市的所有顾客的编号和名字。

语句如下：

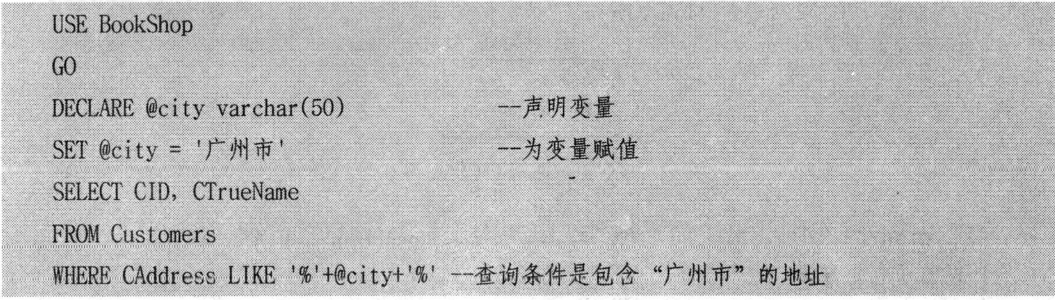

```
USE BookShop
GO
DECLARE @city varchar(50)                --声明变量
SET @city = '广州市'                     --为变量赋值
SELECT CID, CTrueName
FROM Customers
WHERE CAddress LIKE '%'+@city+'%' --查询条件是包含“广州市”的地址
```

在本案例中，采用 SET 语句将值“广州市”赋给变量@city，查询时使用变量@city。运行结果如图 6-2 所示。

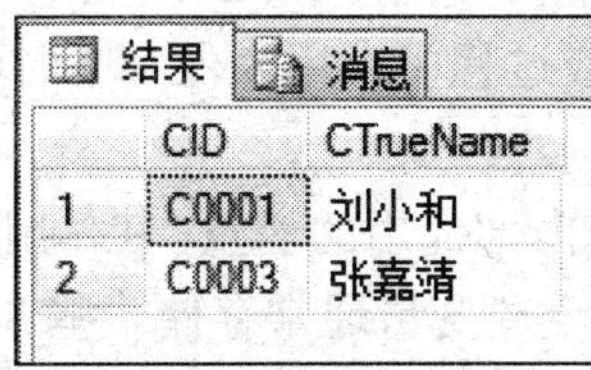



| | CID | CTrueName |
|---|---|---|
| 1 | C0001 | 刘小和 |
| 2 | C0003 | 张嘉靖 |

图 6-2　SET 赋值

SELECT 语句的基本格式如下：

```
SELECT  @局部变量= 表达式 [FROM <表名> WHERE<条件>]
```

其中，表达式可以是一个常量、变量、函数、列名和子查询。

“SELECT @局部变量”通常用于将单个值返回到变量中。但是，如果表达式是列的名称，则可返回多个值。如果 SELECT 语句返回多个值，则将返回的最后一个值赋给变量。

如果 SELECT 语句没有返回行，变量将保留当前值。如果表达式是不返回值的标量子查询，则将变量设为 NULL。

字符串与变量的连接用“+”，因此，LIKE 后面的查询值不能写成“%@city%”。

【例 6-1-2】查找书名为《欧洲日记》的作者，并将作者名保存在变量中。

语句如下：

```
USE BookShop
GO
DECLARE @writer varchar(50)            --声明变量
SELECT @writer=GWriter                 --为变量赋值
FROM Goods
WHERE GName='欧洲日记'                 --查询条件是书名为“欧洲日记”
print  '作者是: '+@writer              --打印变量
```

在本例中，首先用 SELECT 语句查找书名是《欧洲日记》的记录，然后将作者名赋给变量@ writer。运行结果如图 6-3 所示。

图 6-3　SELECT 赋值

SQL Server 推荐使用 SET 而不是 SELECT 对变量进行赋值。当表达式返回一个值并对一个变量进行赋值时，推荐使用 SET 方法。

使用局部变量应该注意以下几点：

(1) 局部变量的作用域局限在一个批处理中。

(2) 声明一个变量后，该变量初始化为 NULL。

(3) 局部变量常用在批处理或过程中，用来保存临时信息。

**2. 全局变量**

全局变量是 SQL Server 系统内部使用的变量，其作用范围并不仅仅局限于某一程序，而是任何程序均可以随时调用。全局变量通常存储一些 SQL Server 的配置设定值和统计数据。用户可以在程序中用全局变量来测试系统的设定值或者是 Transact-SQL 命令执行后的状态值。全局变量实际上是一些特殊的不需要参数、也不需要加括号调用的函数，可直接返回特定的值。表 6-1 列出了几种较为常见的全局变量。

表 6-1　常见的全局变量表

| 变量名 | 作　用 |
| --- | --- |
| @@CONNECTIONS | 返回自上次启动以来连接或试图连接的次数 |
| @@CURSOR_ROWS | 返回连接上最后打开的游标中当前存在的合格行的数量 |
| @@DATEFIRST | 返回每周第一天的数字 |
| @@ERROR | 返回最后执行的 SQL 语句的错误代码 |
| @@FETCH_STATUS | 返回被 FETCH 语句执行的最后游标的状态 |
| @@IDENTITY | 返回最后插入的标识值 |
| @@LANGID | 返回当前所使用语言的本地语言标识符(ID) |
| @@LANGUAGE | 返回当前使用的语言名 |
| @@LOCK_TIMEOUT | 返回当前会话的当前锁超时设置，单位为毫秒 |
| @@PROCID | 返回当前过程的存储过程标识符(ID) |
| @@ROWCOUNT | 返回受上一语句影响的行数 |
| @@SERVERNAME | 返回运行的本地服务器名称 |
| @@SPID | 返回当前用户进程的服务器进程标识符(ID) |
| @@TRANCOUNT | 返回当前连接的活动事务数 |
| @@VERSION | 返回当前安装的日期、版本和处理器类型 |

**【例 6-1-3】**在更新数据时使用全局变量检查错误信息并检测是否有更新。

语句如下：

```
UPDATE Goods SET GTypeID='12'
WHERE GID='070001'
IF @@ERROR=547
PRINT '错误，违反了主外键约束！'
IF @@ROWCOUNT=0
PRINT '没有数据被更新！'
```

在本例中，通过全局变量@@error 的值判断当前的错误状态，通过全局变量@@ROWCOUNT的值判断数据是否发生了变化。运行结果如图6-4所示。

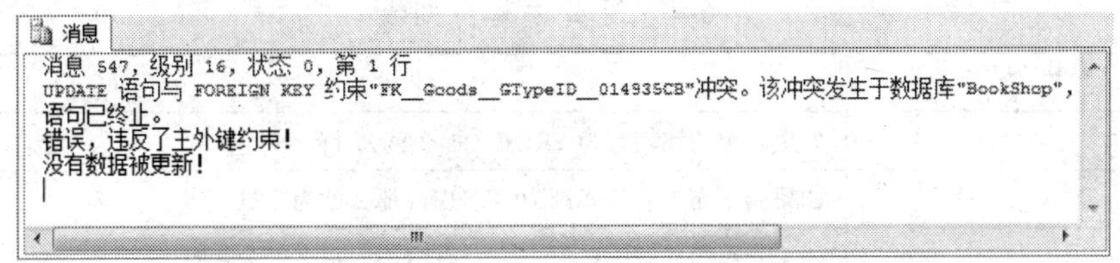


图 6-4　全局变量的使用

使用全局变量时应该注意以下几点：

(1) 全局变量不是由用户的程序定义的，它们是在服务器级定义的。

(2) 用户只能使用预先定义的全局变量。

(3) 引用全局变量时，必须以标记符“@@”开头。

(4) 局部变量的名称不能与全局变量的名称相同，否则会在应用程序中出现不可预测的结果。

### 6.1.2 运算符

#### 1. 算术运算符

算术运算符对两个表达式执行数学运算，这两个表达式可以是数值数据类型类别的一个或多个。

表 6-2 算术运算符列表

| 运 算 符 | 含 义 | 运 算 符 | 含 义 |
|---|---|---|---|
| +(加) | 加 | /(除) | 除 |
| -(减) | 减 | %(取模) | 返回一个除法运算的整数余数 |
| *(乘) | 乘 | | |

#### 2. 比较运算符

比较运算符测试两个表达式是否相同。除了 text、ntext 或 image 数据类型的表达式外，比较运算符可以用于所有的表达式。

表 6-3 比较运算符列表

| 运 算 符 | 含 义 | 运 算 符 | 含 义 |
|---|---|---|---|
| =(等于) | 等于 | <>(不等于) | 不等于 |
| >(大于) | 大于 | !=(不等于) | 不等于(非 ISO 标准) |
| <(小于) | 小于 | !<(不小于) | 不小于(非 ISO 标准) |
| >=(大于等于) | 大于等于 | !>(不大于) | 不大于(非 ISO 标准) |
| <=(小于等于) | 小于等于 | | |

#### 3. 逻辑运算符

逻辑运算符对某些条件进行测试，以获得其真实情况。逻辑运算符和比较运算符一样，返回带有 TRUE、FALSE 或 UNKNOWN 值的 Boolean 数据类型。

表 6-4 逻辑运算符列表

| 运 算 符 | 含 义 |
|---|---|
| ALL | 如果一组的比较都为 TRUE，那么就为 TRUE |
| AND | 如果两个布尔表达式都为 TRUE，那么就为 TRUE |
| ANY | 如果一组的比较中任何一个为 TRUE，那么就为 TRUE |
| BETWEEN | 如果操作数在某个范围之内，那么就为 TRUE |
| EXISTS | 如果子查询包含一些行，那么就为 TRUE |
| IN | 如果操作数等于表达式列表中的一个，那么就为 TRUE |

(续)

| 运 算 符 | 含 义 |
|---|---|
| LIKE | 如果操作数与一种模式相匹配，那么就为 TRUE |
| NOT | 对任何其他布尔运算符的值取反 |
| OR | 如果两个布尔表达式中的一个为 TRUE，那么就为 TRUE |
| SOME | 如果在一组比较中，有些为 TRUE，那么就为 TRUE |

**4. 位运算符**

位运算符在两个表达式之间执行位操作，这两个表达式可以为整数数据类型类别中的任何一种。

**5. 一元运算符**

一元运算符只对一个表达式执行操作，该表达式可以是 numeric 数据类型类别中的任何一种。

表 6-5　位运算符列表

| 运 算 符 | 含 义 |
|---|---|
| &(位与) | 数值为正 |
| \|(位或) | 数值为负 |
| ^(位异或) | 返回数字的非 |

表 6-6　一元运算符列表

| 运 算 符 | 含 义 |
|---|---|
| +(正) | 数值为正 |
| −(负) | 数值为负 |
| ~(位非) | 返回数字的非 |

**6. 字符串串联运算符**

加号(+)是字符串串联运算符，可以用它将字符串串联起来。其他所有字符串操作都使用字符串函数进行处理。

**7. 运算符优先级**

当一个复杂的表达式有多个运算符时，运算符优先级决定执行运算的先后次序。执行的顺序可能严重地影响所得到的值。运算符的优先级别如表 6-7 中所示。在较低级别的运算符之前先对较高级别的运算符进行求值。

表 6-7　运算符优先级

| 级 别 | 运 算 符 |
|---|---|
| 1 | ~(位非) |
| 2 | *(乘)、/(除)、%(取模) |
| 3 | +(正)、−(负)、+(加)、(+ 连接)、− (减)、&(位与) 、^(位异或)、\|(位或) |
| 4 | =，>、<、>=、<=、<>、!=、!>、!<(比较运算符) |
| 5 | NOT |
| 6 | AND |
| 7 | ALL、ANY、BETWEEN、IN、LIKE、OR、SOME |
| 8 | =(赋值) |

当一个表达式中的两个运算符有相同的运算符优先级别时，将按照它们在表达式中的位置对其从左到右进行求值。

### 6.1.3 输出语句

T-SQL 中支持输出语句，用于显示处理的数据结果。常用的输出语句有两种：PRINT 和 SELECT。

**1. PRINT 输出语句**

PRINT 输出语句语法如下：

```
PRINT 字符串 | 变量 |返回字符串的表达式
```

PRINT 语句接受任何字符串表达式，包括字符或 Unicode 类型的常量和局部变量名，或返回字符，或 Unicode 字符串的函数。PRINT 还接受由两个或多个常量、局部变量或函数串联生成的复杂字符串。使用 PRINT 可以帮助用户排除 Transact-SQL 代码中的故障，检查数据值或生成报告。

**【例 6-1-4】**使用 PRINT 语句输出错误号。

语句如下：

```
UPDATE Goods SET GTypeID='12'
WHERE GID='070001'
PRINT '错误号是：'+CONVERT(varchar(5), @@ERROR)
```

在本例中，使用 PRINT 语句输出字符串。运行结果如图 6-5 所示。

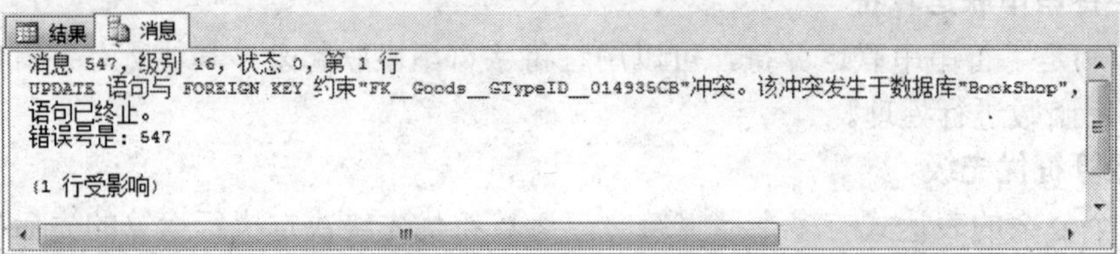


图 6-5 使用 PRINT 语句输出

由于 PRINT 语句要求以单个变量或字符串表达式作为参数，所以以下语句是错误的：

```
PRINT '错误号是：'+ @@ERROR
```

因为全局变量@@ERROR 返回的是整型数值，必须通过转换函数 CONVERT 把数值转换为字符串。

**2. SELECT 输出语句**

SELECT 输出语句语法如下：

```
SELECT 变量 AS 自定义列名
```

这种方法是查询语句的特殊应用。

**【例 6-1-5】**使用 SELECT 输出错误号。

语句如下：

```
UPDATE Goods SET GTypeID='12'
WHERE GID='070001'
SELECT @@ERROR AS 错误号
```

在本例中，使用了 SELECT 语句输出，输出结果如图 6-6 所示。

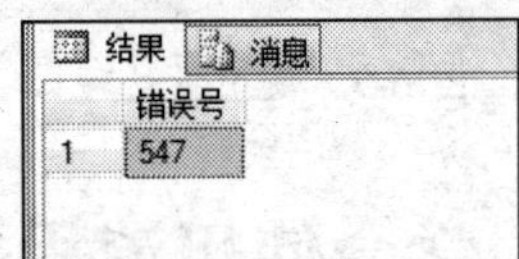


图 6-6　使用 SELECT 语句输出

用 PRINT 语句输出的结果将在消息窗口中以文本方式显示，而用 SELECT 语句输出的结果在窗口中以表格方式显示。

### 6.1.4　批处理语句

批处理是同时从应用程序发送到 SQL Server 2005 并得以执行的一组单条或多条 Transact-SQL 语句。SQL Server 将批处理的语句编译为单个可执行单元，称为执行计划。执行计划中的语句每次执行一条。

Microsoft SQL Server Management Studio、sqlcmd 实用工具和 osql 实用工具使用 GO 命令作为结束批处理的信号。GO 不是 Transact-SQL 语句，它只是向实用工具表明批处理中应包含多少条 SQL 语句。

使用批处理要注意以下规则：

(1) CREATE 语句不能在批处理中与其他语句组合使用。

(2) 不能在同一个批处理中更改表，然后引用新列。

(3) 在批处理中的第一条语句后执行任何存储过程必须包含 EXECUTE 关键字。

(4) 局部(用户定义)变量的作用域限制在一个批处理中，不可在 GO 命令后引用。

**【例 6-1-6】**使用批处理。

语句如下：

```
USE BookShop
GO
DECLARE @NmbrCustomers int
SELECT @NmbrCustomers = COUNT(*)
FROM Customers
PRINT '客户数到' +
      CAST(GETDATE(    )AS char(20))+ '为止，一共是' +
      CAST(@NmbrCustomers AS char(10))+'人'
GO
```

本案例创建了两个批处理。第一个批处理只包含一条 USE BookShop 语句，用于打开数据库。在第二个批处理中，使用了局部变量，所有局部变量声明必须组成一个批。为此，必须在最后一条引用此变量的语句之后才使用 GO 命令。运行结果如图 6-7 所示。

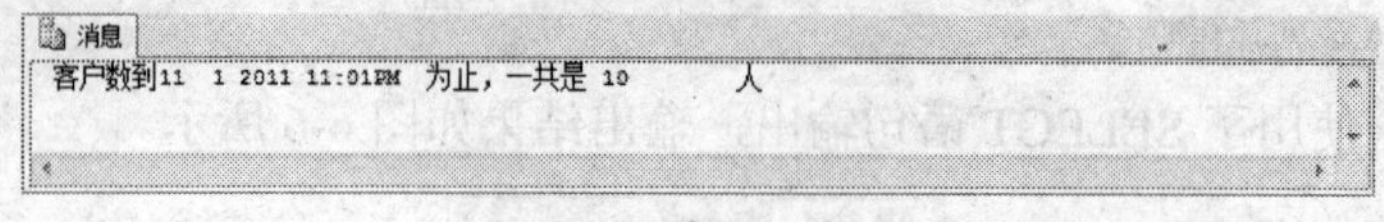


图 6-7 使用批处理

# 任务 6.2 学会使用流程控制语句

## 6.2.1 BEGIN…END 语句

BEGIN … END 语句用于将多个 Transact-SQL 语句组合为一个逻辑块。在控制流语句必须执行包含两条或多条 Transact-SQL 语句的语句块的任何地方，都可以使用 BEGIN … END 语句。其语法如下：

```
BEGIN
  {
      SQL 语句 | 语句块
  }
END
```

BEGIN … END 语句必须成对使用，任何一个均不能单独使用。BEGIN 语句单独出现在一行中，后跟 Transact-SQL 语句块。最后，END 语句单独出现在一行中，指示语句块的结束。BEGIN...END 语句块允许嵌套。

BEGIN 和 END 语句用于下列情况：

(1) WHILE 循环需要包含语句块。

(2) CASE 函数的元素需要包含语句块。

(3) IF 或 ELSE 子句需要包含语句块。

## 6.2.2 IF…ELSE 语句

IF…ELSE 语句是条件判断语句，如果满足条件，则在 IF 关键字及其条件之后执行 Tt-SQL 语句，否则，执行 ELSE 关键字后的 T-SQL 语句。其中，ELSE 关键字是可选的。其语法如下：

```
IF 布尔表达式
    { SQL 语句 | 语句块}
[ ELSE
    { SQL 语句 | 语句块} ]
```

可以在其他 IF 之后或在 ELSE 下面，嵌套另一个 IF 语句。

**【例 6-2-1】**统计某天的订单数，如果订单数量大于 10，则显示“业绩不错”，否则显示“业绩糟糕”。

语句如下：

```
USE BookShop
GO
DECLARE @ordernumber int
SELECT @ordernumber=COUNT(*)FROM Orders
WHERE Odate='2011-6-5'
IF @ordernumber>10
   PRINT '今天业绩不错，共下了'+convert(varchar(5), @ordernumber)
+'个订单'
ELSE
   PRINT '今天业绩很糟糕，才下了'+ convert(varchar(5), @ordernumber)+'个订单'
```

本例中，通过 IF 语句判断某天订单的数量范围来确定业绩的好坏，运行结果如图 6-8 所示。

图 6-8　IF…ELSE 语句

### 6.2.3　WHILE 语句

WHILE 循环语句可以根据某些条件重复执行一条 SQL 语句或一个语句块。只要指定的条件为真，就重复执行语句。可以使用 BREAK 和 CONTINUE 关键字在循环内部控制 WHILE 循环中语句的执行。其语法如下：

```
WHILE 布尔表达式
   { SQL 语句 | 语句块}
   [ BREAK ]
   { SQL 语句 | 语句块}
   [ CONTINUE ]
   { SQL 语句 | 语句块}
```

BREAK 导致从最内层的 WHILE 循环中退出，将执行出现在 END 关键字(循环结束的标记)后面的任何语句。CONTINUE 使 WHILE 循环重新开始执行，忽略 CONTINUE 关键字后面的任何语句。

**【例 6-2-2】**如果产品的平均价格小于 50 元，则 WHILE 循环将价格加 2 元。在循环过程中，如果最高价格小于或等于 100 元，则 WHILE 循环重新开始，并再次将价格加 2 元。该循环不断地将价格加 2 元，直到最高价格超过 100 元，然后退出 WHILE 循环。最后显示加价后的书籍信息。

语句如下：

```
USE BookShop
GO
```

```
WHILE(SELECT AVG(GPrice)FROM Goods)< 50
BEGIN
   UPDATE Goods
      SET GPrice = GPrice+ 2
   IF(SELECT MAX(GPrice)FROM Goods)> 100
      BREAK
   ELSE
      CONTINUE
END
PRINT '加价后的书籍价格如下：'
SELECT GID, GName, GPrice FROM Goods
```

本例中，循环条件是书籍的平均价格小于 50 元，循环中利用 IF 语句判断当书籍最高价格大于 100 元时跳出循环。运行结果如图 6-9 所示。

```
结果

(1 行受影响)

加价后的商品价格如下：
GID    GName                    GPrice
------ ------------------------ --------------
010001 高分子物理                45.00
020001 现代遗传学                46.00
030001 野外求生宝典              38.00
030002 欧洲日记                  70.00
030003 西藏行                    60.00
040001 游园惊梦                  34.00
050001 软件工程导论              45.00
050002 软件架构设计              50.00
050003 走进软件世界              40.00
060001 自动控制原理              62.00
070001 算法导论                  95.00
110001 冒险小虎队                22.00
```

图 6-9　WHILE 语句运行结果

为了把输出的表格数据和文本消息显示在同一个窗口中，需要做如下设置：单击 MicroSoft SQL Server Management Studio 菜单中【工具】→【选项】命令，选择【查询结果】选项，将“显示结果的默认方式”设置为“以文本格式显示结果”，如图 6-10 所示。或者直接单击工具条上的按钮 也可设置“以文本格式显示结果”。

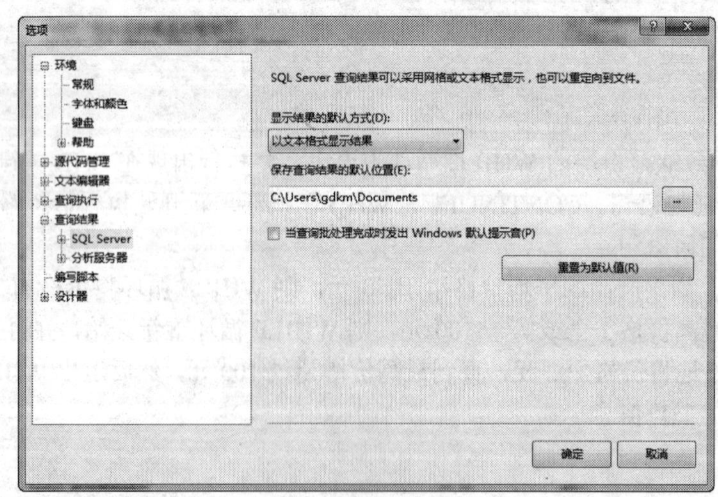


图 6-10　修改结果输出方式

### 6.2.4　CASE 表达式

CASE 表达式可以计算多个条件表达式，并返回符合条件的结果表达式。CASE 表达式有两种格式：

(1) CASE 简单表达式：将某个表达式与一组简单表达式进行比较以确定结果。

(2) CASE 搜索表达式：计算一组布尔表达式以确定结果。

可以允许有效表达式的任何语句或子句中使用 CASE。例如，可以在 SELECT、UPDATE、DELETE 和 SET 等语句以及 select_list、IN、WHERE、ORDER BY 和 HAVING 等子句中使用 CASE。

#### 1. CASE 简单表达式

语法：

```
CASE 输入表达式
  WHEN 简单表达式 THEN 结果表达式 [ ...n ]
  [ELSE 结果表达式]
END
```

CASE 简单表达式的工作方式如下：将输入表达式与每个 WHEN 子句中的简单表达式进行比较，以确定它们是否相等。如果这些表达式相等，将返回 THEN 子句中的结果表达式。表达式计算结果都不为 TRUE，则返回 ELSE 子句后的结果表达式；若没有指定 ELSE 子句，则返回 NULL 值。

**【例 6-2-3】**使用 CASE 表达式更改书籍系列类别的显示，以使这些类别更易于理解。

语句如下：

```
USE BOokShop
GO
SELECT   GID, Category =
      CASE GTypeID
         WHEN '01' THEN '自然科学'
         WHEN '02' THEN '医学卫生'
         WHEN '03' THEN '旅游地理'
         WHEN '04' THEN '青春文学'
         WHEN '05' THEN '软件开发'
         WHEN '06' THEN '人工智能'
         WHEN '07' THEN '计算机理论'
         WHEN '08' THEN '电子电工电信'
         WHEN '09' THEN '临床医学'
         WHEN '10' THEN '工业技术'
         ELSE '其他类别'
      END,
   GName
FROM Goods
```

```
ORDER BY GID
GO
```

本例中，书籍类型(GTypeID)有具体的值，所以 WHEN 子句后面只需列出其值就可以了。运行结果如图 6-11 所示。

| | 商品编号 | 类别名称 | 商品名称 |
|---|---|---|---|
| 1 | 010001 | 自然科学 | 高分子物理 |
| 2 | 020001 | 医学卫生 | 现代遗传学 |
| 3 | 030001 | 旅游地理 | 野外求生宝典 |
| 4 | 030002 | 旅游地理 | 欧洲日记 |
| 5 | 030003 | 旅游地理 | 西藏行 |
| 6 | 040001 | 青春文学 | 游园惊梦 |
| 7 | 050001 | 软件开发 | 软件工程导 |
| 8 | 050002 | 软件开发 | 软件架构设计 |
| 9 | 050003 | 软件开发 | 走进软件世界 |
| 10 | 060001 | 人工智能 | 自动控制原理 |
| 11 | 070001 | 计算机理论 | 算法导论 |

图 6-11　CASE 简单表达式

### 2. CASE 搜索表达式

其语法如下：

```
CASE
   WHEN 布尔表达式 THEN 结果表达式 [ ...n ]
   [ ELSE 结果表达式 ]
END
```

CASE 搜索表达式的工作方式如下：按指定顺序对每个 WHEN 子句的布尔表达式进行计算，返回布尔表达式的第一个计算结果为 TRUE 的结果表达式。如果布尔表达式计算结果不为 TRUE，则返回 ELSE 子句后的结果表达式；若没有指定 ELSE 子句，则返回 NULL 值。

在 SELECT 语句中，CASE 搜索表达式允许根据比较值替换结果集中的值。

**【例 6-2-4】**根据书籍的价格范围将标价显示为不同等级。

语句如下：

```
USE BOokShop
GO
SELECT  GID AS 书籍编号, GName AS 书籍名称, GPrice AS 价格, 等级=
      CASE
          WHEN GPrice < 20 THEN '低价书籍'
          WHEN GPrice >= 20 and GPrice <50 THEN '较低价书籍'
          WHEN GPrice >= 50 and GPrice < 100 THEN '较贵书籍'
          ELSE '昂贵书籍'
      END
```

```
FROM Goods
ORDER BY GID
GO
```

本案例中，因为价格是在某个范围中，而不是具体的值，所以 WHEN 子句后面必须采用表达式来判断价格的范围。运行结果如图 6-12 所示。

| | 商品编号 | 商品名称 | 价格 | 等级 |
|---|---|---|---|---|
| 1 | 010001 | 高分子物理 | 45.00 | 较低价书籍 |
| 2 | 020001 | 现代遗传学 | 46.00 | 较低价书籍 |
| 3 | 030001 | 野外求生宝典 | 38.00 | 较低价书籍 |
| 4 | 030002 | 欧洲日记 | 70.00 | 较贵书籍 |
| 5 | 030003 | 西藏行 | 60.00 | 较贵书籍 |
| 6 | 040001 | 游园惊梦 | 34.00 | 较低价书籍 |
| 7 | 050001 | 软件工程导论 | 45.00 | 较低价书籍 |
| 8 | 050002 | 软件架构设计 | 50.00 | 较贵书籍 |
| 9 | 050003 | 走进软件世界 | 40.00 | 较低价书籍 |
| 10 | 060001 | 自动控制原理 | 62.00 | 较贵书籍 |
| 11 | 070001 | 算法导论 | 95.00 | 较贵书籍 |
| 12 | 110001 | 冒险小虎队 | 22.00 | 较低价书籍 |

图 6-12　CASE 搜索表达式

# 任务 6.3　学会使用事务处理

## 6.3.1　事务的基本概念

事务是单个的工作单元。如果某一事务成功，则在该事务中进行的所有数据修改均会提交，成为数据库中的永久组成部分。如果事务遇到错误且必须取消或回滚，则所有数据修改均被清除。因此，事务是一个不可分割的工作逻辑单元，在数据库系统上执行并发操作时，事务是作为最小的控制单元来使用的。它包含的所有数据库操作命令，作为一个整体一起向系统提交或撤消，这一组数据库操作命令要么都执行，要么都不执行。它特别适用于多用户同时操作的数据库系统，例如，航空公司的订票系统，银行、保险公司及证券交易系统等。例如，用户经常用到的银行转账操作。转账程序一般分为 4 个步骤，如图 6-13 所示。

假设上述操作每执行一步，均对数据库完成操作。那么，转账程序执行到第 3 步时，若 B1>B，则银行数据库中，B1 的值设置为 B1-B，即将金额 B 转出，而后执行第 4 步。假设在执行第 4 步的时候，由于硬件故障而突然中断了与银行数据库的连接，那么第 4 步就无法执行。也就是说，账户 A2 的金额并没有发生改变，这样就造成了转账前后银行数据库的总金额不一致的情况。显然，这种情况是不允许发生的。

如何解决这个问题呢？这就需要用到事务(Transaction)，将上述的数据库操作放在一个事务中，所有这些操作步骤，要么都执行，要么都不执行。应用事务，可以保证数据库的一致性和可恢复性。

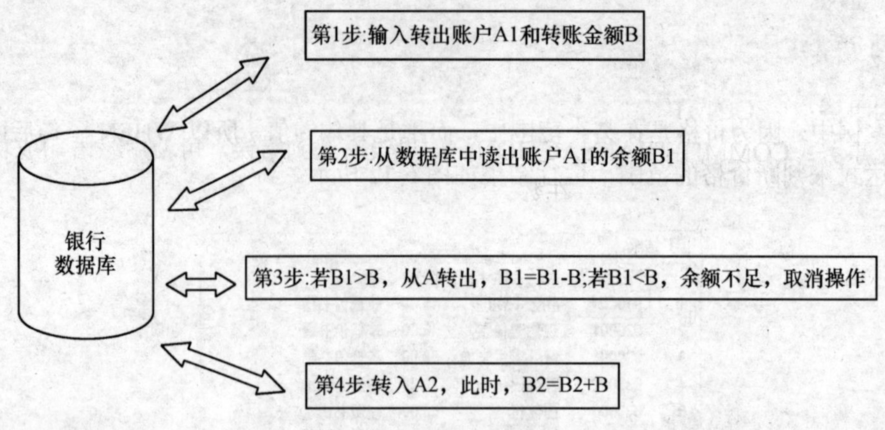


图 6-13 银行转账程序

事务是作为单个逻辑工作单元来执行的一系列操作。一个逻辑工作单元必须有 4 个属性，即原子性(Atomicity)、一致性(Consistency)、隔离性(Isolation)及持久性(Durability)，这些特性通常简称为 ACID。

(1) 原子性(Atomicity)。事务中的所有元素作为一个整体提交或回滚，事务的各元素是不可分的，事务是一个完整操作。

(2) 一致性(Consistency)。事务完成时，数据必须是一致的，也就是说，在事务开始之前，数据存储中的数据处于一致状态。在正在进行的事务中，数据可能处于不一致的状态，例如，数据可能有部分修改。然而，当事务成功完成时，数据必须再次回到一致状态。通过事务对数据所做的修改不能损坏数据。

(3) 隔离性(Isolation)。对数据进行修改的多个事务是彼此隔离的。这表明事务必须是独立的，不应该以任何方式依赖或影响其他事务。修改数据的事务可以在另一个使用相同数据的事务开始之前访问这些数据，或者在另一个使用相同数据的事务结束之后访问这些数据。另外，当事务修改数据时，如果任何其他进程正在同时使用相同数据，则直到该事务成功提交之后，对数据的修改才能生效。

(4) 持久性(Durability)。事务完成之后，它对于系统的影响是永久的，即使出现系统故障该修改也将一直保留。

事务分为以下三类:

(1) 自动提交事务。每条单独的语句都是一个事务。如果成功执行，则自动提交。如果错误，则自动回滚。这是 SQL Server 的默认模式。

(2) 显式事务。每个事务均以 BEGIN TRANSACTION 语句显式开始，以 COMMIT 或 ROLLBACK 语句显式结束。

(3) 隐式事务。在前一个事务完成时新事务隐式启动，但每个事务仍以 COMMIT 或 ROLLBACK 语句显式完成。隐式事务必须通过 SET IMPLICIT_TRANSACTIONS ON 语句设置为打开。

在实际应用中，最常用的就是显示事务，它明确地指定事务的开始边界。下面重点讲解显示事务的操作方式。

### 6.3.2　事务操作

T-SQL 使用下列语句来显示管理事务：

开始事务：BEGIN TRANSACTION，标记显式连接事务的起始点。

提交事务：COMMIT TRANSACTION，如果没有遇到错误，可使用该语句成功地结束事务。该事务中的所有数据修改在数据库中都将永久有效，事务占用的资源将被释放。

回滚事务：ROLLBACK TRANSACTION，用来清除遇到错误的事务。该事务修改的所有数据都返回到事务开始时的状态，事务占用的资源将被释放。

在 SQL Server 中，典型事务的执行流程如图 6-14 所示。

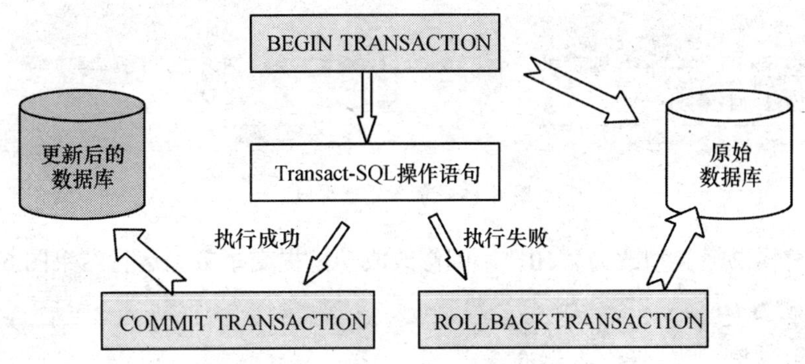


图 6-14　典型事务的执行流程

当事务开始时，数据库处于原始状态。然后开始执行 SQL 操作语句，如果执行成功，则执行 COMMIT 语句提交事务，这时才更新数据库数据，并终止事务。如果 SQL 操作语句执行失败，则执行 ROLLBACK 语句，数据库恢复到原始状态。

**【例 6-3-1】** 修改 Goods 表的书籍类型，如果成功则提交事务，否则回滚事务。

语句如下：

```
USE BOokShop
GO
SELECT * FROM Goods
BEGIN TRANSACTION
DECLARE @cid char(6)
SET @cid='11'
UPDATE Goods SET GTypeID=@cid
WHERE GTypeID='01'
IF @@ERROR=0
  BEGIN
    PRINT '修改成功，提交事务！'
    COMMIT TRANSACTION
  END
ELSE
```

```
    BEGIN
      PRINT '修改失败，回滚事务！'
      COMMIT TRANSACTION
    END
  GO
```

本例中，在修改 Goods 表的书籍类型时开始一个事务，由于 Goods 表和 Catogory 表有主外键约束关系，替换书籍类型“11”并不存在，所以修改语句会出错，则修改不能完成，事务回滚到修改前的状态。运行结果图 6-15 所示。

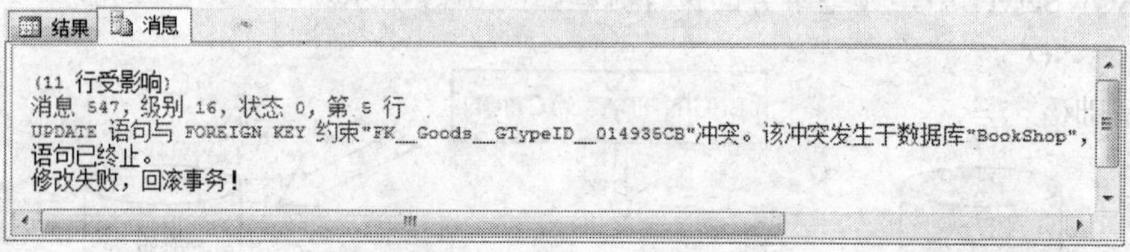

```
(11 行受影响)
消息 547，级别 16，状态 0，第 5 行
UPDATE 语句与 FOREIGN KEY 约束"FK__Goods__GTypeID__014935CB"冲突。该冲突发生于数据库"BookShop",
语句已终止。
修改失败，回滚事务！
```

图 6-15　事务处理失败

如果将替换书籍类型改为“10”，则修改成功，提交事务。运行结果图 6-16 所示。

```
(11 行受影响)

(1 行受影响)
修改成功，提交事务！
```

图 6-16　事务处理成功

# 项目实训 6　T-SQL 编程操作

## 一、实训目的

1．了解使用 T-SQL 程序设计的方法。

2．掌握批处理和流程控制的方法。

3．掌握事务处理的方法。

## 二、实训内容

对 Library 数据库进行 T-SQL 编程，实现以下功能：

(1) 变量的使用。

创建一个名为 publisher 的出版社变量，并在 SELECT 语句中使用该局部变量查找 Book 表中的所有该出版社的图书。

(2) 流程控制语句。

① 判断 Reader 表中是否存在编号为“0018”的读者，如果存在，则显示该读者的信息，否则显示“没有此读者！”。

② 使用 CASE 表达式更改读者类型的显示：类型 1、2、3、4 的读者分别显示为学生、教师、管理员和职工。

③ 将图书馆的图书打折处理：循环将图书价格减 2 元，直到图书的最低价格小于或等于 5 元，显示打折后的图书信息。

(3) 事务处理。

在读者借书时，将 BookStorage 表的 BookStatus 列修改为"借出"，对 Book 表的 BorrowSum 列加 1，将这两个操作合成一个事务处理，以保证同一本书的状态是一致的。

## 三、实训小结

采用 T-SQL 语句进行数据库编程是数据库课程的一个难点，可以通过与 C 语言、Java 语言等基础语言等进行对比学习，更快、更好地掌握本知识点。要注意掌握程序流程控制语句和事务处理，为后续存储过程和触发器的学习打下基础。

## 练 习 题

### 一、选择题

1. 给变量赋值时，如果数据来源于表的某一列，应采用(　　)方式。

A. SELECT　　B. Print　　C. SET

2. 对数据库的修改必须遵循的规则是：要么全部完成，要么全部修改。这点可以认为是事务的(　　)特性。

A. 一致性　　B. 持久性　　C. 原子性　　D. 隔离性

3. 下列(　　)语句用于清除自最近的事务语句以来所有的修改。

A. COMMIT TRANSACTION　　B. ROLLBACK TRANSACTION

C. BEGIN TRANSACTION　　D. SAVE TRANSACTION

4. 下列(　　)语句可以用来从 WHILE 语句块中退出。

A. CLOSE　　B. BREAK　　C. EXIT

### 二、思考题

1. SET 和 SELECT 赋值语句有什么不同？

2. 事务的四个特性是什么？分别有什么含义？

### 三、设计题

对 stuCourse 数据库进行 T-SQL 编程：

(1) 在选课表中，查询学号为"1001"的学生的最低分。如果成绩大于 90 分，显示"成绩优秀"；如果成绩大于 60 分，显示"成绩合格"；否则显示"不合格"。

(2) 在课程表里增加学分列(学分)，并在学分列中插入数据。输出 C1 这门课的学分信息(学分在 2 和 3 之间、学分大于 4 及学分小于 1 的信息)。

(3) 调整课程的学分，对学分为 2 的调整为 3，对学分为 1 的调整为 2，其他的学分调整为 1。

(4) 在选课表中，学号为"1001"学生的平均成绩如果小于 75 分，则该学生的每门成绩以 5%的比例提高，当平均成绩大于等于 75 分，或者所有课程都及格时，终止操作。

# 项目 7　存储过程的规划与设计

## 项目简介

当用户操作数据库的时候，如果调用一个行数不多的存储过程来运行 T-SQL 代码，与直接调用 SQL 语句的网络通信量可能不会有很大的不同。但是如果需要编写大量的 T-SQL 代码来完成非常复杂的业务逻辑，这些代码要传送到服务器端进行编译和运行，就需要等待服务器端对代码进行编译。如果存储过程包含上百行 SQL 语句，那么其性能绝对比一条一条地调用 SQL 语句要高得多，并且存储过程是存储在数据库中，不需要在网络上进行代码传送，安全性更高。存储过程可以重复使用的特性，也减少了数据库开发人员的工作量，有利于数据的开发和管理。

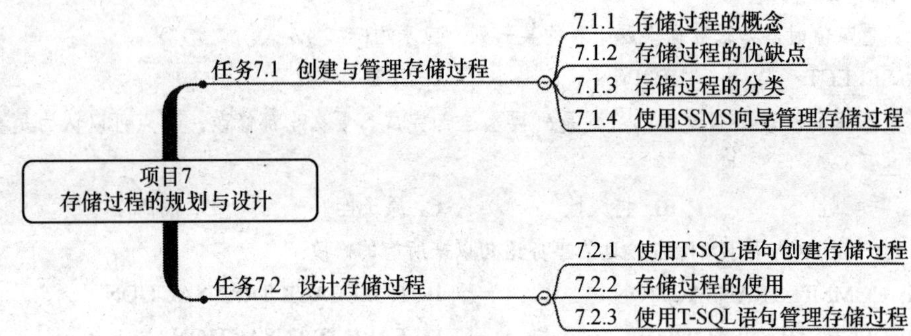


图 7-1　本项目知识要点

## 单词学习

1. stored procedure：存储过程
2. parameter：参数
3. declare：声明
4. default：默认
5. return：返回
6. output：输出
7. input：输入
8. execute：执行

## 任务 7.1　创建与管理存储过程

### 7.1.1　存储过程的概念

存储过程(Stored Procedure)是一组为了完成特定功能的 SQL 语句集，经编译后以一个名称存储在数据库中，客户端应用程序可以通过指定存储过程的名字并给出参数(如果该存储过程带有参数)来执行它，而且允许用户声明变量、有条件执行存储过程，这使得存储过程具有强大的编程功能。

调用一个行数不多的存储过程与直接调用 SQL 语句的网络通信量可能不会有很大的差别，可是如果存储过程包含上百行 SQL 语句，那么其性能必定比一条一条地调用 SQL 语句要高得多，并且执行速度更快。因为在存储过程创建的时候，数据库已经对其进行了一次解析和优化，存储过程一旦执行，在内存中就会保留一份该存储过程，这样下次再执行同样的存储过程时，可以从内存中直接调用。由于在外部应用程序中，存储过程对数据库的访问是通过存储过程名来完成的，因此数据库开发人员修改存储过程时，这些改动不会对应用程序造成影响。因此，应用程序和存储过程分别独立进行，互不干扰，使得用户在以后的程序维护中更加方便。

### 7.1.2　存储过程的优缺点

#### 1. 存储过程的优点

(1) 存储过程只在创造时进行编译，以后每次执行存储过程都不需再重新编译，而一般 SQL 语句每执行一次就编译一次，所以使用存储过程可提高数据库执行速度。

(2) 当对数据库进行复杂操作时(如对多个表进行增删等操作时)，可将此复杂操作用存储过程封装起来，与数据库提供的事务处理结合一起使用。

(3) 存储过程可以重复使用，可减少数据库开发人员的工作量。

(4) 安全性高，可设定只有某些用户才具有对指定存储过程的使用权。

#### 2. 存储过程的缺点

(1) 由于存储过程将应用程序绑定到 SQL Server，因此使用存储过程封装业务逻辑将限制应用程序的可移植性。

(2) 如果需要更新程序集中的代码以添加参数、更新调用等，就需要修改存储过程，过程会比较烦琐。

### 7.1.3　存储过程的分类

在 SQL Server 2005 中存储过程分为以下几类：

(1) 系统存储过程。以 sp_开头，用来进行系统的各项设定、取得数据库信息等相关管理工作。

(2) 本地存储过程。用户创建的存储过程是由用户创建并完成某一特定功能的存储过程，事实上，通常所说的存储过程就是指本地存储过程。

(3) 临时存储过程。临时存储过程分为本地临时存储过程和全局临时存储过程。

① 本地临时存储过程。以井字号(#)作为其名称的第一个字符，则该存储过程将成为一个存放在 tempdb 数据库中的本地临时存储过程，且只有创建它的用户才能执行它。

② 全局临时存储过程。以两个井字号(##)开始，则该存储过程将成为一个存储在 tempdb 数据库中的全局临时存储过程。全局临时存储过程一旦创建，以后连接到服务器的任意用户都可以执行它，而且不需要特定的权限。

(4) 远程存储过程。在 SQL Server 2005 中，远程存储过程(Remote Stored Procedures)是位于远程服务器上的存储过程，通常可以使用分布式查询和 EXECUTE 命令执行一个远程存储过程。

(5) 扩展存储过程。用户可以使用外部程序语言编写的存储过程为扩展存储过程，其名称通常以 xp_开头。

## 7.1.4 使用 SSMS 向导创建并管理存储过程

### 1. 使用 SSMS 向导创建存储过程

【例 7-1-1】在 BookShop 数据库中创建查询客户指定信息的存储过程 selectCustomer。

(1) 启动 SSMS，在“对象资源管理器”窗口中，展开“数据库”节点，再展开具体数据库节点“BookShop”，然后展开“可编程性”节点，右键单击“存储过程”，选择“新建存储过程”命令，如图 7-2 所示。

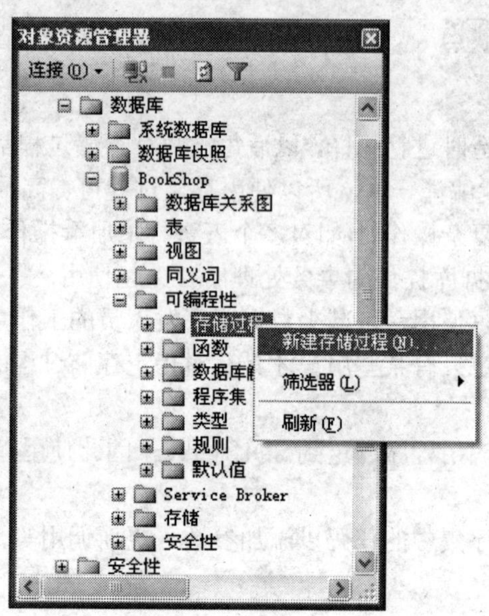


图 7-2 新建存储过程

(2) 在右侧窗格中出现存储过程的模板，用户可以在此基础上编辑存储过程，输入存储过程的创建代码，如图 7-3 所示。

```
SET ANSI_NULLS ON
GO
SET QUOTED_IDENTIFIER ON
GO
-- =============================================
-- Author:        <Author,,Name>
-- Create date: <Create Date,,>
-- Description: <Description,,>
-- =============================================
CREATE PROCEDURE selectCustomer
AS
BEGIN
    SELECT CTrueName,CSex,CAddress FROM Customers
    SET NOCOUNT ON;
END
GO
```

图 7-3 输入存储过程的创建代码

(3) 然后单击“执行”按钮，即可创建该存储过程。如果代码执行成功，在“对象资源管理器”窗口中便可显示新创建的存储过程，如图 7-4 所示。

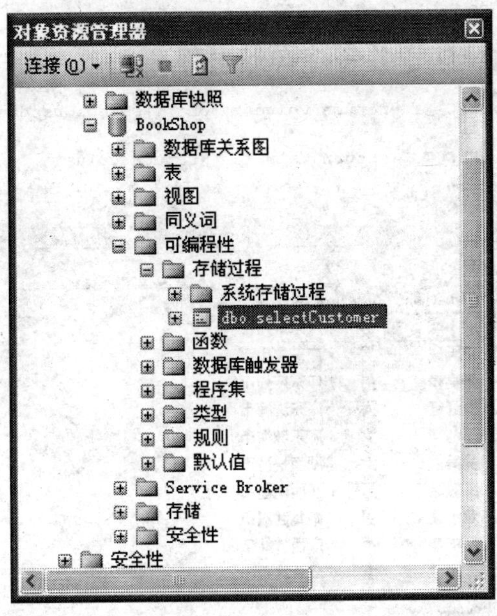


图 7-4　新创建的存储过程

【例 7-1-2】执行存储过程 selectCustomer。

(1) 启动 SSMS，在“对象资源管理器”窗口中，展开“数据库”节点，再展开具体数据库节点“BookShop”，然后展开“可编程性”节点，右键单击“dbo.selectCustomer”存储过程，选择“执行存储过程”命令，如图 7-5 所示。

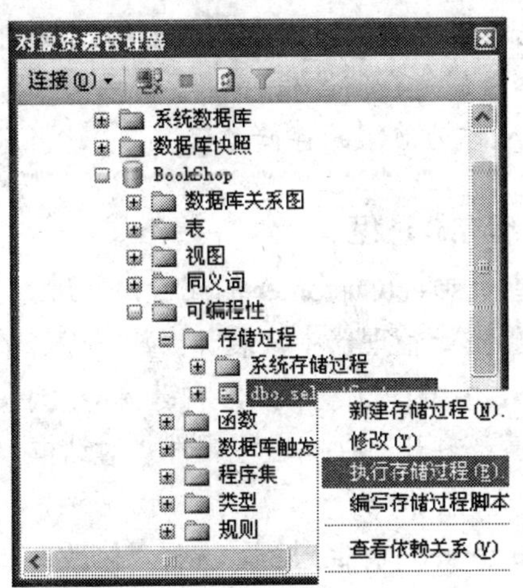


图 7-5　执行存储过程

(2) 在该对话框中单击“确定”按钮来执行该存储过程，在右侧窗格中出现存储过程的执行结果，如图 7-6 所示。

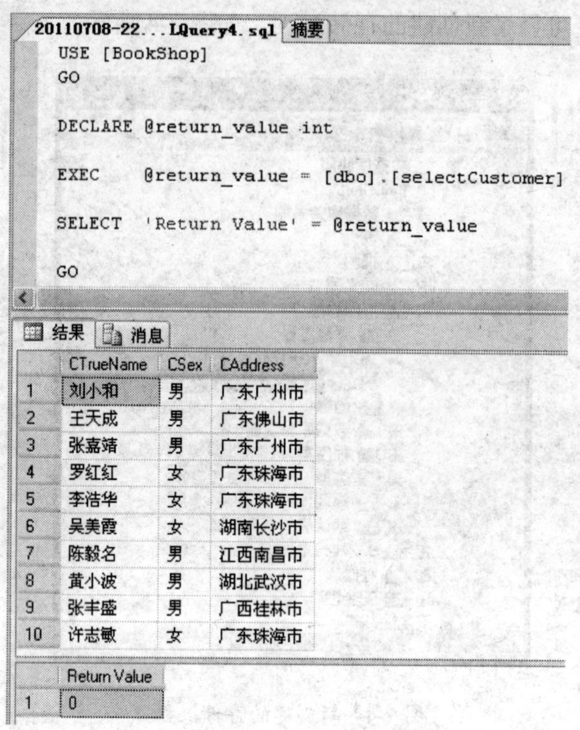


图 7-6 存储过程执行结果

**提示**

创建存储过程的注意事项：

- 必须具备创建存储过程 CREATE PROCEDURE 的权限才能创建存储过程。
- 只能在当前数据库中创建存储过程。.
- 不能创建任何以 sp_ 作为前缀的存储过程。

### 2. 使用 SSMS 向导管理存储过程

【例 7-1-3】查看存储过程 selectCustomer 的属性，并进行存储过程的管理。

(1) 启动 SSMS，在对象资源管理器中，展开“数据库”节点，再展开具体数据库节点“BookShop”，然后展开“可编程性”节点，右键单击“selectCustomer”存储过程，如图 7-7 所示。选择“属性”，打开”存储过程属性“对话框，查看该存储过程的详细内容。

(2) 右键单击“selectCustomer”存储过程，选择“修改”，进入存储过程的修改状态，修改完毕后保存即可。

(3) 右键单击“selectCustomer”存储过程，选择“重命名”，将该存储过程重命名为其他名称。

(4) 右键单击“selectCustomer”存储过程，选择“删除”，删除该存储过程。

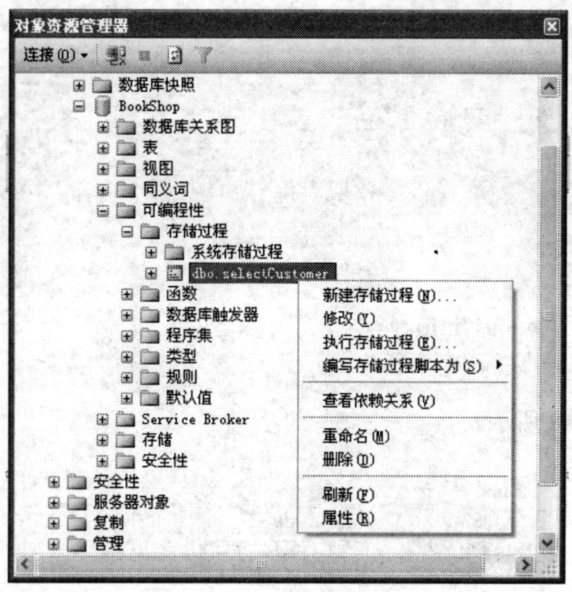


图 7-7　存储过程的操作

# 任务 7.2　设计存储过程

## 7.2.1　使用 T-SQL 语句创建存储过程

### 1. 使用 T-SQL 语句创建存储过程

基本语句格式如下：

```
CREATE PROC[EDURE] 存储过程名
[ {@参数名 数据类型} [=DEFAULT][OUTPUT], ... ]
AS
T-SQL 语句
```

各参数说明如下：

@参数名：存储过程的参数。需要指明该参数的数据类型，可以声明一个或者多个参数。

[= DEFAULT]：参数的默认值。如果定义了默认值，则不指定该参数的值也可以执行该存储过程。默认值必须是常量或 NULL。

[OUTPUT]：带有 OUTPUT 的参数是输出参数，不带 OUTPUT 的参数是输入参数。

### 2. 使用 EXECUTE 语句执行存储过程

执行存储过程的语句是 EXECUTE，其基本语句格式如下：

```
EXEC [UTE ] 存储过程名 [实参 [, OUTPUT] [, …n] ]
```

**【例 7-2-1】**创建一个无参数的存储过程 goods_Info，查找所有图书的书名、作者、出版社和 ISBN，并且执行该存储过程，查看输出结果。

(1) 创建存储过程 goods_info。

```
USE BookShop
GO
CREATE PROCEDURE goods_Info
AS
Select  GName as 书名，GWrite as 作者，GPublisher as 出版社，GISBN
FROM Goods
GO
```

(2) 执行存储过程 goods_info。

```
EXEC goods_Info
```

输出结果如图 7-8 所示。

| | 书名 | 作者 | 出版社 | GISBN |
|---|---|---|---|---|
| 1 | 高分子物理 | 何曼君 | 复旦大学出版社 | 9787309054145 |
| 2 | 现代遗传学 | 赵寿元 | 高等教育出版社 | 9787040239737 |
| 3 | 野外求生宝典 | 梶原玲 | 南海出版社 | 9787544240345 |
| 4 | 欧洲日记 | 张明 | 湖南教育出版社 | 9787224240341 |
| 5 | 西藏行 | 毛毛 | 湖南教育出版社 | 9787224240342 |
| 6 | 游园惊梦 | 夏达明 | 湖南少儿出版社 | 9787535838823 |
| 7 | 软件工程导论 | 张海藩 | 清华大学出版社 | 9787302164745 |
| 8 | 软件架构设计 | 张海藩 | 清华大学出版社 | 9787302164748 |
| 9 | 走进软件世界 | 刘一明 | 科学出版社 | 9787030189609 |
| 10 | 自动控制原理 | 胡寿松 | 科学出版社 | 9787030189654 |
| 11 | 算法导论 | 科曼 | 机械工业出版社 | 9787111187712 |

图 7-8　执行存储过程结果

### 7.2.2　存储过程的使用

#### 1. 在存储过程中使用输入函数

**【例 7-2-2】**创建一个带有参数的存储过程 ordersByPrice，查找指定客户订单(C0003)中包含图书单价大于某个值(大于 50 元)的订单明细，包括订单号、客户编号、图书名、图书单价、购买数量，并且执行该存储过程，查看输出结果。

(1) 创建存储过程 ordersByPrice。

```
USE BookShop
GO
CREATE PROCEDURE ordersByPrice (
    @C_ID char (6),
    @G_Price float )
AS
SELECT Orders.OID, CID, GNAME, ODPRICE, ODNUMBER
FROM Orders, OrderDetails, Goods
WHERE Orders.CID=@C_ID AND OrderDetails.GID=Goods.GID
```

```
    AND Orders.OID=OrderDetails.OID  AND OdPrice>=@G_Price
GO
```

(2) 执行存储过程 orderByPrice。

```
EXEC ordersByPrice 'C0003' , 50.0
```

输出结果如图 7-9 所示。

| | OID | CID | GNAME | ODPRICE | ODNUMBER |
|---|---|---|---|---|---|
| 1 | 201106051023 | C0003 | 欧洲日记 | 60 | 1 |

图 7-9　执行存储过程结果

执行带输入参数存储过程的几种方法:

- EXEC goods_Info '020001'
- EXEC goods_Info @number='020001'
- Declare @number varchar(6)
  SET @number='020001'
  EXEC goods_Info @number

**2. 在存储过程中使用输出参数**

在存储过程中的参数如果指明 OUTPUT 关键字，表示在执行该存储过程时，可以通过该输出参数得到返回值。在调用该存储过程时，输出参数也必须加上 OUTPUT 关键字。

**【例 7-2-3】**创建一个带有参数的存储过程 goodsNumByType，计算指定书籍分类编号(03)的图书总数量，并根据程序的执行结果返回不同的值，若程序执行成功，返回“0”，若执行出错，则返回错误号，并且执行该存储过程，查看输出结果。

(1) 创建存储过程 goodsNumByType。

```
USE BookShop
GO
CREATE PROCEDURE goodsNumByType (
    @GType char (2) ,
    @GTypeNum int OUTPUT)
AS
DECLARE @ErrorValue int
SET @ErrorValue=0
SELECT @GTypeNum= SUM (GCount)
FROM Goods
GROUP BY GTypeID
HAVING GTypeID=@GType
```

```
IF (@@ERROR<>0)
    SET @ErrorValue=@@ERROR
PRINT @ErrorValue
```

(2) 执行存储过程 goodsNumByType。

```
USE BookShop
GO
DECLARE @tempTypeNum int
EXECUTE goodsNumByType '03' , @tempTypeNum OUTPUT
PRINT @tempTypeNum
```

输出结果如图 7-10 所示。

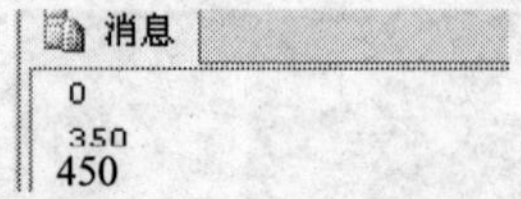


图 7-10 执行存储过程结果

## 7.2.3 使用 T-SQL 语句管理存储过程

### 1. 查看存储过程信息

(1) 查看存储过程信息的基本语句格式如下：

```
sp_help 存储过程名
```

【例 7-2-4】查看存储过程 goods_Info 的基本信息。

语句如下：

```
sp_help goods_Info
```

输出结果如图 7-11 所示。

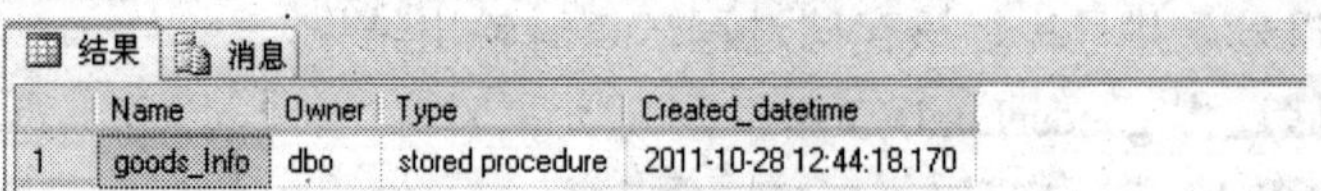

| | Name | Owner | Type | Created_datetime |
|---|---|---|---|---|
| 1 | goods_Info | dbo | stored procedure | 2011-10-28 12:44:18.170 |

图 7-11 存储过程的信息

(2) 查看存储过程源代码的基本语句格式如下：

```
sp_helptext 存储过程名
```

【例 7-2-5】查看存储过程 goods_Info 的源代码。

语句如下：

```
sp_helptext goods_Info
```

输出结果如图 7-12 所示。

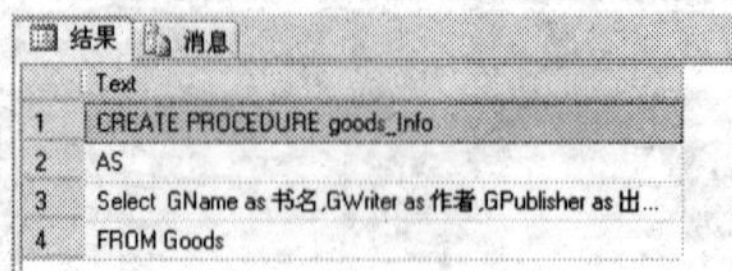

| | Text |
|---|---|
| 1 | CREATE PROCEDURE goods_Info |
| 2 | AS |
| 3 | Select GName as 书名,GWriter as 作者,GPublisher as 出... |
| 4 | FROM Goods |

图 7-12 存储过程源代码

使用 ENCRYPTION 选项创建的存储过程不能使用 sp_helptext 查看该存储过程的源代码。

### 2. 使用 T-SQL 修改存储过程

基本语句格式如下：

```
ALTER PROC[EDURE] 存储过程名
[ {@参数名 数据类型} [=DEFAULT][OUTPUT], ... ]
AS
T-SQL 语句
```

**【例 7-2-6】**修改例 7-2-1 的存储过程 goods_Info，使它成为一个带有参数的存储过程，查找指定图书编号为 020001 的图书的书名、作者、出版社和 ISBN，并且执行该存储过程，查看输出结果。

(1) 修改存储过程 goods_info。语句如下：

```
USE BookShop
GO
ALTER PROCEDURE goods_Info
(@number char(6))
AS
Select  GName as 书名,GWriter as 作者,GPublisher as 出版社,GISBN
FROM Goods
WHERE GID=@number
GO
```

(2) 执行存储过程 goods_info。语句如下：

```
EXEC goods_Info '020001'
```

输出结果如图 7-13 所示。

| | 书名 | 作者 | 出版社 | GISBN |
|---|---|---|---|---|
| 1 | 现代遗传学 | 赵寿元 | 高等教育出版社 | 9787040239737 |

图 7-13　执行存储过程结果

如果需要更改存储过程中的语句或参数，可以先删除，然后重新创建该存储过程，也可以使用 Alter 语句直接修改该存储过程。删除或重新创建存储过程时，所有与该存储过程相关的权限都将丢失；而修改存储过程时，过程或参数定义会更改，但权限将保持不变。

### 3. 使用 T-SQL 删除存储过程

基本语句格式如下：

```
DROP PROC[EDURE]存储过程名
```

# 项目实训 7　创建"图书管理系统"的存储过程

## 一、实训目的

1. 掌握存储过程的功能和作用。

2. 掌握用户自定义存储过程的创建方法，包括不带参数的和带返回值参数的存储过程。

3. 掌握存储过程的几种执行方法。

## 二、实训内容

1. 在 library 数据库中创建一个带有参数的存储过程 bookInfo，根据不同的图书编号查询该图书在图书馆共有几本图书上架，并执行该存储过程。

2. 在 library 数据库中创建一个带有参数的存储过程 readBorrowed，根据读者编号查询该读者的借阅情况，并执行该存储过程。

3. 在 library 数据库中创建一个带有输出参数的存储过程 sumByBookType，根据图书类型编号查询该类型的图书共有多少本，并执行该存储过程。

## 三、实训小结

存储过程可以封装 SQL 代码，通过本章的学习，能够创建存储过程，实现一些复杂的业务逻辑，能够正确调用存储过程，并可以通过存储过程的输出参数输出结果。希望同学们通过练习加深对存储过程的理解，提高运用能力。

## 练 习 题

### 一、选择题

1. 用户在数据库中创建了一个名为 overdueOrders 的储存过程，没有加密。那么以下(　　)方法可以查看存储过程的内容。

A. EXEC sp_helptext 'overdueOrders'

B. EXEC sp_help overdueOrders

C. EXEC sp_stored_procedures 'overdueOrders'

D. EXEC sp_depends 'overdueOrders'

2. 修改存储过程使用的语句是(　　)。

A. ALTER PROCEDURE　　　　B. DROP PROCEDURE

C. INSERT PROCEDUE　　　　D. DELETE PROCEDUE

## 二、编程题

1. 在 stuCourse 数据库中，创建一个名为 checkPhone 的存储过程，该存储过程接受一个长途电话号码，并检查该号码的前四位为 0731 还是 0735。如果是 0731，则显示“您输入的是长沙的区号”；如果是 0735，则显示信息“您输入的是郴州的区号”。

2. 在 stuCourse 数据库中，创建一个存储过程，根据学生的学号查询他的选课记录。

# 项目 8　数据库触发器的规划与设计

## 项目简介

数据库触发器是一种特殊的存储过程，它在插入、删除或修改特定表中的数据时触发执行，它比数据库本身的标准功能拥有更强大的数据控制能力。数据库触发器可以实现一般约束无法完的成复杂约束，从而实现更为复杂的完整性要求。使用触发器并不存在严格的限定，只要用户想在无人工参与的情况下完成一般的定义约束不可以完成的约束，来保证数据库完整性，那么就可以使用触发器。

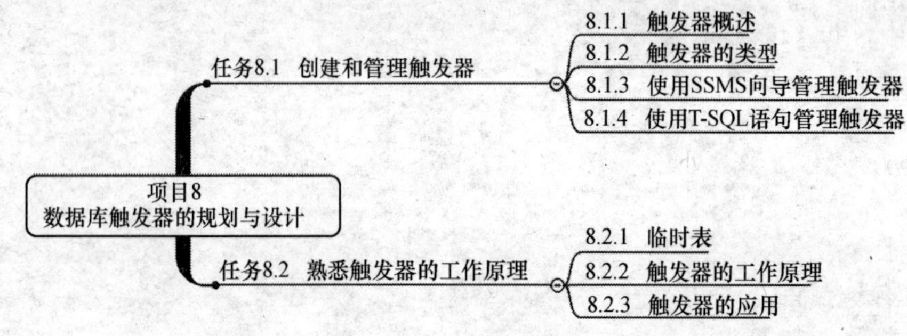


图 8-1　本项目知识要点

## 单词学习

1. trigger：触发器　　　　2. DML：数据操作语言

3. DDL：数据定义语言　　　　4. encryption：加密

# 任务 8.1　创建与管理触发器

### 8.1.1　触发器概述

触发器是特殊的存储过程，基于一个表创建。一般的存储过程通过存储过程名称被直接调用，而触发器主要是通过当某个事件发生时自动被触发执行的。当触发器所保护的数据发生变化后，自动运行以保证数据的完整性和正确性。触发器可以用于 SQL Server 约束、默认值和规则的完整性检查，还可以完成难以用普通约束实现的复杂功能。

当创建数据库对象或在数据表中插入记录、修改记录或者删除记录时，SQL Server 就会自动执行触发器所定义的 SQL 语句，从而确保对数据的处理必须符合由这些 SQL

语句所定义的规则。触发器和引起触发器执行的 SQL 语句被当作一次事务处理，如果这次事务未获得成功，SQL Server 会自动返回该事务执行前的状态。

## 8.1.2 触发器的类型

### 1. DML 触发器

在数据库中发生数据操作语言(DML)事件时，将启用 DML 触发器。DML 事件包括在指定表或视图中修改数据的 INSERT 语句、UPDATE 语句或 DELETE 语句。DML 触发器可以查询其他表，还可以包含复杂的 T-SQL 语句。系统将触发器和触发它的语句作为可在触发器内回滚的单个事务对待，如果检测到错误(例如磁盘空间不足)，则整个事务即自动回滚。DML 触发器可通过数据库中的相关表实现级联更改，也可以防止恶意或错误的 INSERT、UPDATE 以及 DELETE 操作，并强制执行比 CHECK 约束定义的限制更为复杂的其他限制。综上所述，触发器的主要功能有：

(1) 实现复杂的数据完整性规则。

(2) 自动生成派生数据。

(3) 提供审计和日志记录。

(4) 启用复杂的业务逻辑。

(5) 实施更复杂的安全性检查。

(6) 防止无效的事务处理。

### 2. DDL 触发器

SQL Server 2005 的新增功能。当服务器或数据库中发生数据定义语言(DDL)事件时，将调用 DDL 触发器。但与 DML 触发器不同的是，它们不会为响应针对表或视图的 UPDATE、INSERT 或 DELETE 语句而激发，相反，它们会为响应多种 DDL 语句而激发。这些语句主要是以 CREATE、ALTER 和 DROP 开头的语句。DDL 触发器可用于管理任务，例如审核和控制数据库操作。

### 3. SQL Server 支持的触发方式

SQL Server 支持的 DML 类型的触发器有两种：

(1) AFTER 触发器。这种类型的触发器将在数据变动(INSERT、UPDATE 和 DELETE 操作)完成以后才被触发。AFTER 触发器只能在表上定义。

(2) INSTEAD OF 触发器。INSTEAD OF 触发器将在数据变动以前被触发，并取代变动数据的操作，而去执行触发器定义的操作，也就是只是执行触发器本身。INSTEAD OF 触发器可以在表或视图上定义。每个 INSERT、UPDATE 和 DELETE 语句最多定义一个 INSTEAD OF 触发器。

在创建触发器以前必须考虑到以下几个方面：

(1) CREATE TRIGGER 语句必须是批处理的第一个语句。

(2) 表的所有者具有创建触发器的缺省权限，表的所有者不能把该权限传给其他用户。

(3) 触发器只能创建在当前数据库中，并且一个触发器只能对应一个表。

(4) 只能在永久表上创建触发器，不能在视图或临时表上创建触发器。

(5) TRUNCATE TABLE、WRITETEXT 语句不能触发 INSERT 或 UPDATE 型的触发器。

(6) 触发器不允许带有参数，也不能直接调用，但可以由于触发器所在表数据的变化而被系统自动触发。

## 8.1.3 使用 SSMS 向导管理触发器

### 1. 使用 SSMS 向导创建触发器

【例 8-1-1】在 Customers 表上创建一个 AFTER 类型的插入触发器 TR-Customer-Insert，该触发器被执行后输出“你在客户表中插入了一条新纪录!”，执行该触发器，查看输出结果。

(1) 启动 SSMS，在对象资源管理器中，展开“数据库”节点，再展开具体数据库节点“BookShop”，然后展开“Customers 表”节点，右键单击“触发器”，选择“新建触发器”命令，如图 8-2 所示。

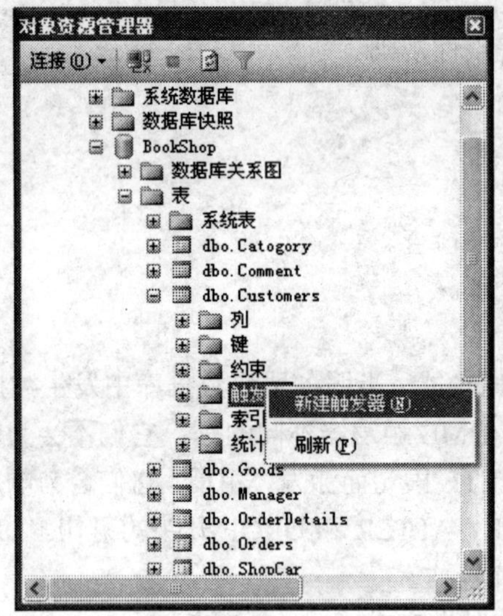


图 8-2 新建触发器

(2) 在查询编辑器中出现触发器设计模板，用户可以在此基础上编辑触发器，输入触发器的源代码，如图 8-3 所示。

```
CREATE TRIGGER TR_Customer_Insert
   ON Customers
   AFTER INSERT
AS
BEGIN
    -- SET NOCOUNT ON added to prevent extra result sets from
    -- interfering with SELECT statements.
    SET NOCOUNT ON;

    -- Insert statements for trigger here
    DECLARE @msg char(30)
        SET  @msg='你在客户表中插入了一条新记录!'
    PRINT @msg
END
GO
```

图 8-3 输入触发器源代码

(3) 单击“执行”按钮，即可创建该触发器。如果代码执行成功，在对象资源管理器中便可显示新创建的触发器 TR_Customer_Insert，如图 8-4 所示。

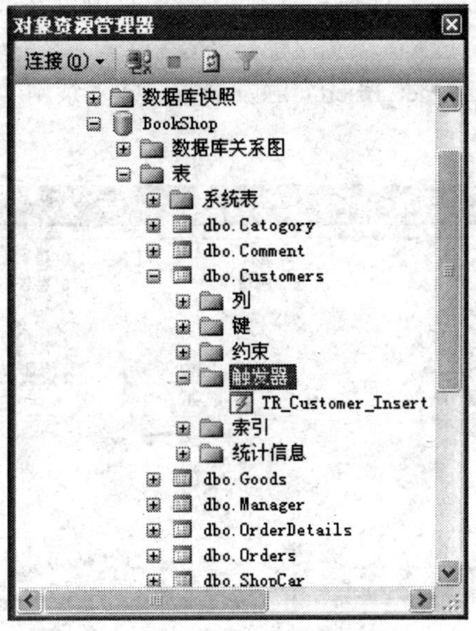


图 8-4 新建触发器成功

(4) 创建触发器 TR_Customer_Insert 成功后，向 Customers 表中插入新数据：Insert into Customers(CID，CTrueName，CPassword，CSex，CAddress，CMobile，CEmail，CRegisterDate)values('C0020'，'张晓明'，'123456'，'男'，'广东深圳市'，'13552416598'，'Zhangxm@163.com'，'2009/10/6')。

查看触发器是否被执行，查看此触发器所完成的功能，结果如图 8-5 所示。

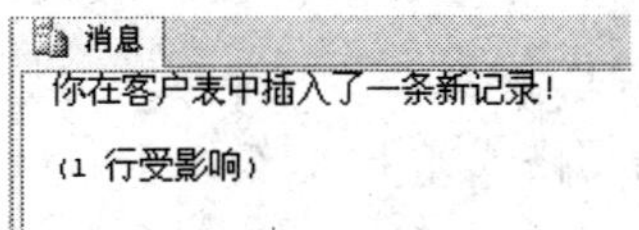


图 8-5 执行触发器结果

提示

- 触发器一旦创建，在特定条件下会自动触发。
- 触发器的命名必须遵守标识符命名规则，通常可以以 TR 开头，表明这是一个触发器。
- 不能在临时表上创建触发器，但是在触发器内可以使用临时表。
- 如果仅指定 FOR 关键字，则默认为 AFTER 触发器。

### 2. 使用 SSMS 向导管理触发器

**【例 8-1-2】** 使用 SSMS 向导，对触发器 TR_Customer_Insert 进行修改、禁用和删除操作。

(1) 启动 SSMS，在对象资源管理器中，展开“数据库”节点，再展开具体数据库节点“BookShop”，然后展开“Customers 表”节点，再展开“触发器”节点。右键单击“TR_Customer_Insert”触发器，选择“修改”，修改该触发器的内容，然后单击“执行”按钮，即可完成修改。

(2) 右键单击“TR_Customer_Insert”触发器，选择“禁用”，则该触发器不能被使用，如图 8-6 所示。

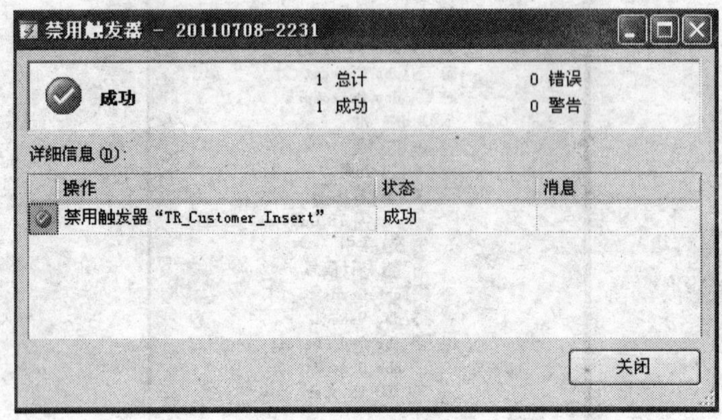


图 8-6 禁用触发器

向触发器内新增一条新数据 Insert into Customers(CID，CTrueName)values('C0021','黎洪明')时，执行后不会出现“你在客户表中插入了一条新纪录！”的提示信息，说明 TR_Customer_Insert 触发器没有被执行。

(3) 右键单击“TR_Customer_Insert”触发器，选择“删除”，删除该触发器。

## 8.1.4 使用 T-SQL 语句管理触发器

### 1. 使用 T-SQL 语句创建 DML 触发器

创建 DML 触发器的基本语句格式如下：

```
CREATE TRIGGER 触发器名
ON 表名
[WITH ENCRYPTION]
{FOR | AFTER | INSTEAD OF}
{DELETE, INSERT, UPDATE}
AS T-SQL 语句
```

各参数说明如下：

WITH ENCRYPTION：表示加密触发器定义的 SQL 文本。

FOR | AFTER：AFTER 指定触发器仅在触发 SQL 语句中指定的所有操作都已成功执行时才被触发。不能对视图定义 AFTER 触发器。

INSTEAD OF：指定执行 DML 触发器而不是触发 SQL 语句。

DELETE，INSERT，UPDATE：指定数据修改语句。至少要指定一个选项。

**【例 8-1-3】**创建一个 INSTEAD OF 触发器，要求实现以下功能：在表上创建一个删除类型的触发器 TR_NotAllowDelete，当在 Comment 表中删除记录时，触发该触发器，显示“不允许删除 Comment 表中数据！”的提示信息。

(1) 创建触发器 TR_NotAllowDelete。

```
USE BookShop
GO
CREATE TRIGGER TR_NotAllowDelete
ON Comment
INSTEAD OF DELETE
AS
   PRINT 'INSTEAD OF 触发器开始执行……'
   PRINT '不允许删除Comment表中数据！'
GO
```

(2) 测试触发器 TR_NotAllowDelete。

```
DELETE FROM Comment
```

输出结果如图 8-7 所示。

```
消息
INSTEAD OF 触发器开始执行……
不允许删除Comment表中数据！

(5 行受影响)
```

图 8-7　执行触发器结果

### 2. 使用 T-SQL 语句创建 DDL 触发器

创建 DDL 触发器的基本语句格式如下：

```
CREATE TRIGGER 触发器名
ON {服务器名|数据库名}
[WITH <触发方式> [ , ...n ]]
{FOR|AFTER}
 AS T-SQL 语句
```

各参数说明如下：

<触发方式>：主要是以 CREATE、ALTER 和 DROP 开头的语句。

**【例 8-1-4】**创建 DDL 触发器 TR_Safety 来防止数据库中的任一表被修改或删除。

(1) 创建触发器 TR_Safety。

```
CREATE TRIGGER TR_Safety
ON DATABASE
FOR DROP_TABLE, ALTER_TABLE
AS
PRINT 'You must disable Trigger "TR_Safety" to drop or alter tables!'
ROLLBACK
```

(2) 测试触发器 TR_Safety。

```
DROP TABLE Comment
```

输出结果如图 8-8 所示。

消息

You must disable Trigger "TR_Safety" to drop or alter tables!
消息 3609，级别 16，状态 2，第 3 行
事务在触发器中结束。批处理已中止。

图 8-8　执行触发器结果

### 3. 使用 T-SQL 语句修改触发器

基本语句格式如下：

```
ALTER TRIGGER 触发器名
ON 表名
[WITH ENCRYPTION]
[FOR | AFTER | INSTEAD OF ]
[DELETE, INSERT, , UPDATE]
AS T-SQL 语句
```

**【例 8-1-5】**修改触发器 TR_Safety，将提示信息修改为“不能修改和删除数据表，除非你禁用触发器 TR_Safety!”。

语句如下：

```
ALTER TRIGGER TR_Safety
ON DATABASE
FOR DROP_TABLE, ALTER_TABLE
AS
PRINT '不能修改和删除数据表，除非你禁用触发器TR_Safety!'
ROLLBACK
```

### 4. 使用 T-SQL 语句查看触发器

(1) 查看触发器信息的基本语句格式如下：

```
sp_help 触发器名
```

**【例 8-1-6】**查看触发器 TR_Customer_Insert 的基本信息。

语句如下：

```
sp_help TR_Customer_Insert
```

输出结果如图 8-9 所示。

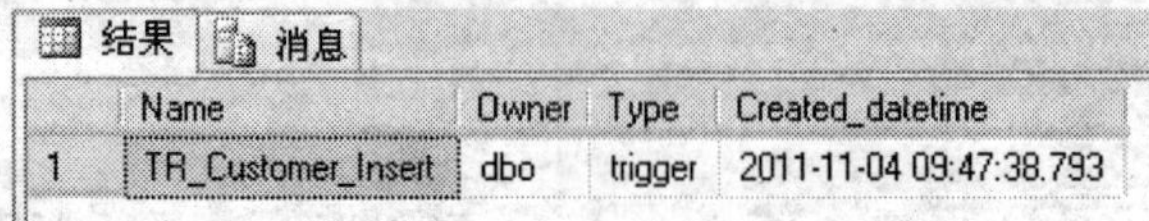

结果　消息

| | Name | Owner | Type | Created_datetime |
|---|---|---|---|---|
| 1 | TR_Customer_Insert | dbo | trigger | 2011-11-04 09:47:38.793 |

图 8-9　查看触发器信息

(2) 查看触发器源代码的基本语句格式如下：

```
sp_helptext 触发器名
```

【例 8-1-7】查看触发器 TR_Customer_Insert 的源代码。

语句如下：

```
sp_helptext TR_Customer_Insert
```

输出结果如图 8-10 所示。

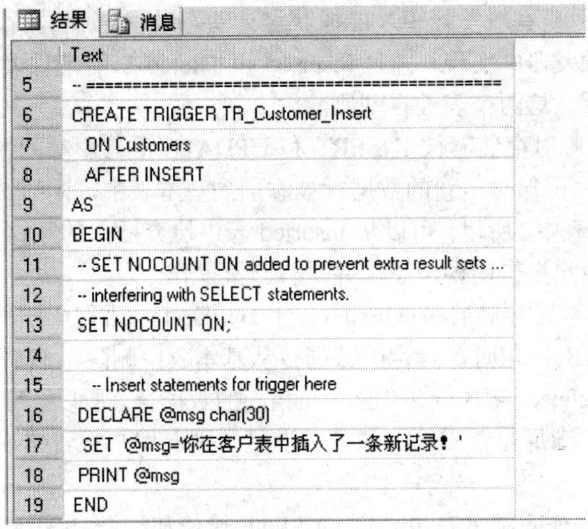

结果 | 消息

| | Text |
|---|---|
| 5 | -- ============================================= |
| 6 | CREATE TRIGGER TR_Customer_Insert |
| 7 | ON Customers |
| 8 | AFTER INSERT |
| 9 | AS |
| 10 | BEGIN |
| 11 | -- SET NOCOUNT ON added to prevent extra result sets ... |
| 12 | -- interfering with SELECT statements. |
| 13 | SET NOCOUNT ON; |
| 14 | |
| 15 | -- Insert statements for trigger here |
| 16 | DECLARE @msg char(30) |
| 17 | SET @msg='你在客户表中插入了一条新记录！' |
| 18 | PRINT @msg |
| 19 | END |

图 8-10　查看触发器源代码

(3) 查看指定数据表的触发器信息的基本语句格式如下：

```
sp_helptrigger 表名
```

【例 8-1-8】查看指定数据表的触发器信息。

语句如下：

```
sp_helptrigger Customers
```

输出结果如图 8-11 所示。

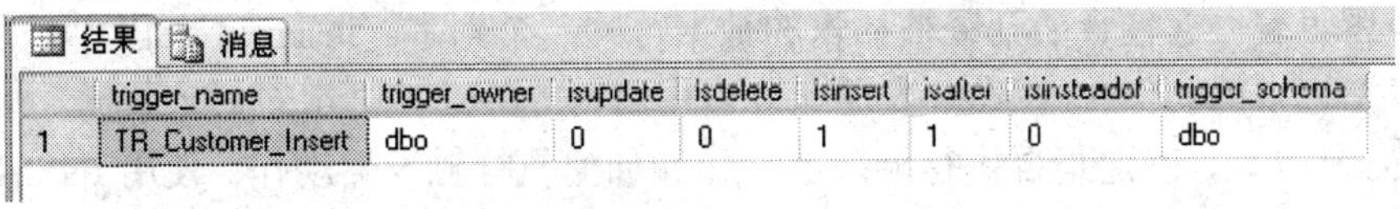

结果 | 消息

| | trigger_name | trigger_owner | isupdate | isdelete | isinsert | isafter | isinsteadof | trigger_schema |
|---|---|---|---|---|---|---|---|---|
| 1 | TR_Customer_Insert | dbo | 0 | 0 | 1 | 1 | 0 | dbo |

图 8-11　查看指定表的触发器信息

### 5. 使用 T-SQL 语句删除触发器

语句如下：

```
DROP TRIGGER 触发器名
```

【例 8-1-9】删除触发器 TR_Customer_Insert。

语句如下：

```
DROP TRIGGER TR_Customer_Insert
```

# 任务 8.2，熟悉触发器的工作原理

## 8.2.1 临时表

DML 触发器可以使用两个特殊的临时表，它们分别是 inserted 表和 deleted 表。inserted 和 deleted 表不能直接被读取，因为这两个表是存在于内存中。它们在结构上类似于定义了触发器的表，而也只有在触发器中才能捕获这一动态过程(事务)，所以 inserted 和 deleted 表的读取也只能在触发器中实现，并且 inserted 和 deleted 只能是只读状态，不允许修改。在触发器执行完成后，这两个表被自动删除。

在 inserted 表中临时存储着被 INSERT 和 UPDATE 语句影响的新的数据行。在执行 INSERT 或 UPDATE 语句时，新的数据行被添加到基本表中，同时这些数据行的备份被复制到 inserted 临时表中。所以，可以从 inserted 表中检查插入的数据是否满足业务需求，如果不满足，则向用户报告错误消息，并执行回滚操作。

在 deleted 表中临时存储着被 DELETE 和 UPDATE 语句影响的旧数据行。在执行 DELETE 或 UPDATE 语句时，指定的数据行从基本表中删除，然后被转移到了 deleted 表中。在基本表和 deleted 表中一般不会存在相同的数据行。所以，可以从 deleted 表中检查被删除的数据是否满足业务需求。如果不满足，则向用户报告错误消息，并执行回滚操作。

一个 UPDATE 操作实际上是由一个 DELETE 操作和一个 INSERT 操作组成的。在执行 UPDATE 操作时，旧的数据行从基本表中转移到 deleted 表中，然后将新的数据行同时插入基本表和 inserted 表中。

## 8.2.2 触发器的工作原理

### 1. INSERT 触发器的工作原理

用户可以定义一个无论什么时候，只要 INSERT 语句向表中插入数据，就执行的触发器。

当 INSERT 触发器被激发时，新的数据行被加到触发器表和 inserted 表中。inserted 表是一个逻辑表，它包含了已经被插入的数据行的一个副本。inserted 表包含了 INSERT 语句的日志记录的动作。inserted 表还允许引用启动 INSERT 语句的记录数据。触发器可以检查 inserted 表，确定是否执行触发器动作和如何执行触发器动作。使用 INSERT 触发器时需要考虑以下事项和原则：

(1) inserted 表中的行总是触发器表中一行或多行的副本。所有数据修改活动(INSERT、UPDATE 和 DELETE 语句)都被记录，但是事务日志中的数据是不可读的。

(2) inserted 表允许引用 INSERT 语句引起的日志变化，这样可以比较对插入数据的修改，来验证它们或采取进一步的动作。也可以引用插入的数据，而不必在变量中存储它们。

**【例 8-2-1】**在 BookShop 数据库的 Orders 表中定义触发器 TR_CheckCID，在向 Orders 表中插入数据行时，检查在 Customers 表中是否有和要插入数据行相同的客户 ID(插入的客户 ID 为 C0015)。如果没有，就不允许插入。

(1) 创建触发器 TR_CheckCID。

```
USE BookShop
GO
CREATE  TRIGGER  TR_CheckCID
ON  Orders
FOR  INSERT
AS
IF  EXISTS(SELECT  CID  FROM  inserted WHERE CID NOT IN(SELECT  CID  FROM  Customers))
BEGIN
   PRINT 'The customer is not exist'
   ROLLBACK
END
```

(2) 测试触发器 TR_CheckCID。

```
INSERT orders(OID, CID) values('201107251080', 'C0015')
```

输出结果如图 8-12 所示。

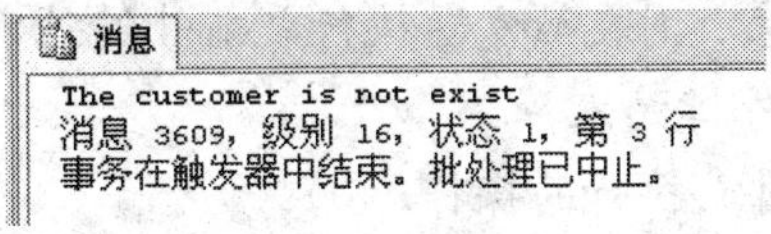

消息

The customer is not exist
消息 3609，级别 16，状态 1，第 3 行
事务在触发器中结束。批处理已中止。

图 8-12　执行 INSERT 触发器结果

## 2. DELETE 触发器的工作原理

当触发 DELETE 触发器后，从受影响的表中删除的行将被放置到一个特殊的 deleted 表中。deleted 表是一个逻辑表，它保留已被删除数据行的一个副本。deleted 表还允许引用由初始化 DELETE 语句产生的日志数据。使用 DELETE 触发器时，需要考虑以下事项和原则：

(1) 当某行被添加到 deleted 表中时，它就不再存在丁数据库表中。因此，deleted 表和数据库表没有相同的行。

(2) 创建 deleted 表时，空间是从内存中分配的，所以 deleted 表总是被存储在高速缓存中。

**【例8-2-2】**在BookShop数据库的Customers表中定义一个触发器TR_CheckCIDInCustomer。当Customers表中某一行被删除时(客户ID为C0005)，检查在Orders表中是否有和要删除数据行相同的客户ID。如果有，就不允许删除。

(1) 创建触发器 TR_CheckCIDByOrder。

```
USE BookShop
GO
CREATE  TRIGGER  TR_CheckCIDByOrder
ON  Customers
FOR  DELETE
```

```
AS
IF  EXISTS(SELECT  CID  FROM  deleted  WHERE CID IN(SELECT  CID  FROM  Orders))
BEGIN
   PRINT 'The customer is exist in orders'
   ROLLBACK
END
```

(2) 测试触发器 TR_ CheckCIDByOrder。

```
DELETE FROM Customers Where CID='C0005'
```

输出结果如图 8-13 所示。

消息
The customer is exist in orders
消息 3609，级别 16，状态 1，第 1 行
事务在触发器中结束。批处理已中止。

图 8-13　执行 DELETE 触发器结果

提示

● 如果创建了外键约束，则在触发器执行之前外键约束会起作用，为了验证触发器，要先删除 Orders 表的外键约束。

● Rollback 表示回滚对表执行的操作。

● 当对 Orders 表执行插入操作时，触发器对 Customers 表的客户 ID 执行检查，从而检查了数据的一致性和完整性。

### 3. UPDATE 触发器的工作原理

UPDATE 触发器的工作过程是可以将 UPDATE 语句看成两步操作，即捕获数据前像的 DELETE 语句和捕获数据后像的 INSERT 语句。当定义有触发器的表上执行 UPDATE 语句时，原始行(前像)被移入到 deleted 表，更新行(后像)被移入到 inserted 表。使用 UPDATE 触发器时，需要考虑以下事项和原则：

(1) 触发器检查 deleted 表和 inserted 表以及被更新的表，来确定是否更新了多行以及如何执行触发器动作。

(2) deleted 表 UPDATE 语句定义一个监视指定列的数据更新的触发器，当它检测到指定列已经更新时，触发器就会进一步执行适当的动作，例如发出错误信息指出该列不能更新，或者根据新的更新的列值执行一系列的动作语句。

**【例 8-2-3】**在 BookShop 数据库中创建一个触发器 TR_NumCheck，当更新 Goods 表的图书库存数量时，如果 GCount 列值小于零时，则不允许更新。

(1) 创建触发器 TR_NumCheck。

```
USE BookShop
GO
CREATE TRIGGER TR_NumCheck
```

```
ON Goods
FOR UPDATE
AS
BEGIN
    DECLARE @count int
    SELECT @count= (SELECT GCount FROM inserted)
    IF @count<0
    Begin
        PRINT '输入图书库存有误，请确认数量！'
      Rollback
    End
END
GO
```

(2) 测试触发器 TR_NumCheck。

```
UPDATE Goods SET GCount=-182 WHERE GID='020001'
```

输出结果如图 8-14 所示。

```
消息
输入图书库存有误，请确认数量！
消息 3609，级别 16，状态 1，第 1 行
事务在触发器中结束。批处理已中止。
```

图 8-14　执行 UPDATE 触发器结果

### 8.2.3　触发器的应用

触发器除了可以检查数据的一致性和完整性之外，还可以实现一些特殊的业务规则。

**【例 8-2-4】**创建触发器 TR_Count，用于在订购图书(在 OrderDetails 表中新增一条记录)时更新 Goods 表中图书库存数量 GCount，用原库存数量减去订购的数量即为新库存数量。

(1) 创建触发器 TR_Count。

```
USE BookShop
GO
CREATE TRIGGER TR_Count
ON OrderDetails
FOR INSERT, UPDATE
AS
BEGIN
    Declare @goodID char (6)
    SELECT @goodID=GID FROM INSERTED
UPDATE Goods
SET GCount= (GCount- (SELECT ODNumber FROM INSERTED) )
```

```
WHERE GID=@goodID
    PRINT '图书ID为'+@goodID+'的库存数量修改成功!'
END
GO
```

(2) 测试触发器 TR_Count。

```
insert into Orders (OID, CID, ODate, OSum, OStatus)
values ('201106051031', 'C0001', '2011/6/5', '142', '0')
insert into  OrderDetails (OdID , OID, GID, OdPrice, OdNumber)
values ('92', '201106051031', '010001', '35', '2')
insert into  OrderDetails (OdID , OID, GID, OdPrice, OdNumber)
values ('93', '201106051031', '020001', '36', '2')
```

输出结果如图 8-15 所示。

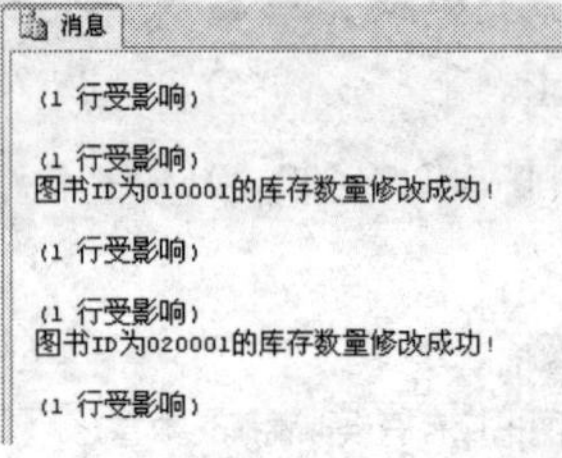


图 8-15　执行触发器结果

**【例 8-2-5】**创建一个触发器 TR_GoodsLog，以实现对 Goods 表的操作时间、人员进行日志记录。

(1) 创建日志表 GoodsLog。

```
CREATE TABLE GoodsLog (
    operator varchar(30),
    operateTime varchar(50)
)
```

(2) 创建触发器 TR_GoodsLog。

```
CREATE TRIGGER TR_GoodsLog
on Goods
FOR INSERT, UPDATE, DELETE
AS
BEGIN
    DECLARE @user varchar(30)
    DECLARE @time varchar(50)
    SELECT @user=user_name(    )
    SELECT @time=getDate(    )
    INSERT INTO GoodsLog(operator, operateTime)values(@user, @time);
END
```

(3) 测试触发器 TR_GoodsLog。

```
INSERT INTO Goods(GID, GName, GTypeID, GWriter, GPublisher)
values('040010', '网页设计教程', '07', '黎铭', '邮电出版社')
```

输出结果如图 8-16 所示。

| | operator | operateTime |
|---|---|---|
| ▶ | dbo | 11 7 2011 12:08PM |
| * | NULL | NULL |

图 8-16　执行触发器结果

提示

实现数据库的一些业务规则，可以通过编写触发器来完成，也可以通过应用程序员编写应用程序来完成。

# 项目实训 8　创建“图书管理系统”的触发器

## 一、实训目的

1. 掌握触发器的功能和作用。
2. 掌握触发器的创建和管理方法。
3. 掌握触发器的工作原理和一些业务应用。

## 二、实训内容

1. 在 Library 数据库中，创建基于表 BookStorage 的触发器，当在 BookStorage 中执行 DELETE 操作时，如果该书被借出则不允许删除此条记录。

2. 在 Library 数据库中，为表 BookBorrow 中添加借阅信息记录时，得到该书的应还日期。

3. 在 Library 数据库中，当读者续借时，实际上要修改表 BookBorrow 中相应记录归还日期列的值，请计算出是否过期。如果过期，则不允许续借。

## 三、实训小结

本章介绍了触发器的创建和管理方法，其中重点介绍了触发器的创建和执行，以及 DDL 和 DML 触发器的创建方法。希望同学们通过练习加深对触发器的理解，提高运用能力。

## 练 习 题

### 一、选择题

1. 不能激活 DML 触发器的语句使(　　)。

A. INSERT　　B.SELECT　　C. DELETE　　D. UPDATE

2. 对读者类型表执行操作时，如果不执行对该表的更新操作，而是执行触发器的更新操作，则应创建的触发器类型是(　　)。

A. BEFORE　　B. FOR　　C. INSTEAD OF　　D. AFTER

3. 下列哪条命令是用来查看指定表的触发器信息(　)。

A. sp_help　　B. sp_depends　　C. sp_helptext　　D. sp_ helptrigger

## 二、编程题

1. 在 stuCourse 数据库中创建一个的触发器，该触发器不允许的 courseinfo 表中的 cname 列进行更新。

2. 在 stuCourse 数据库中创建一个触发器，当学生选课时，计算已选的课程门数，超过 5 门不允许进行选课操作。

# 项目9　索引与视图的规划与设计

## 项目简介

数据库视图被定义后便存储在数据库中，视图的结构和数据是对数据表进行查询的结果。当对通过视图看到的数据进行修改时，相应的基表的数据也会发生变化，同时，若基表的数据发生变化，这种变化也会自动地反映到视图中。数据库使用索引可快速访问数据库表中的特定信息，如果要按照某个关键字查找特定列的信息，与必须搜索表中的所有行相比，索引则不必查找所有行，能帮助用户更快地获得需要查询的信息。

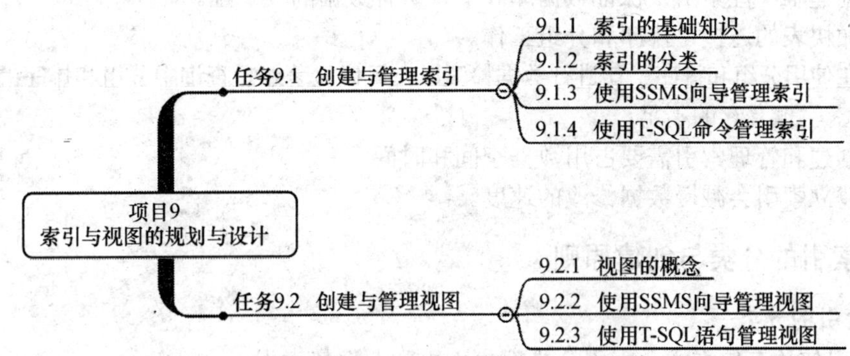


图 9-1　本项目知识要点

## 单词学习

1. view：视图
2. schemabinding：绑定架构
3. check：检查
4. option：选项
5. index：索引
6. clustered：聚集
7. unique：唯一
8. nonclustered：非聚集

## 任务 9.1　创建与管理索引

### 9.1.1　索引的基础知识

索引是一个在表上或视图上创建的独立的物理数据库结构，在视图上创建索引只能针对架构绑定的视图。索引可以在创建表的约束时由系统自动创建，也可以通过 SQL Server Management Studio 或 CREATE INDEX 语句来创建。

#### 1. 数据的存储

在 SQL Server 2005 中，数据存储的基本单位是页，页的大小是 8KB。每页的开始部分是 96 个字节的页首，用于存储系统信息，如页的类型、页的可用容量、拥有页的对象 ID 等。在没有建立索引的表内进行数据访问时，SQL Server 2005 通过表扫描法来获取所需要的数据。当 SQL Server 2005 执行表扫描时，它从表的第一行开始进行逐行查找，直到找到符合查询条件的行。显然，使用表扫描法所耗费的时间直接与数据表中存放的数据量成正比。当数据表中存在大量的数据时，使用表扫描将造成系统响应时间过长。在建有索引的表内进行数据访问时，SQL Server 2005 通过使用索引来获取所需要的数据。当 SQL Server 2005 使用索引时，它会通过遍历索引树来查找所需行的存储位置，并通过查找的结果提取所需的行。通常由于索引加速了对表中数据行的检索，使用索引可以加快 SQL Server 2005 访问数据的速度，缩短数据访问时间。

#### 2. 索引的优缺点

使用索引的优点主要有：

(1) 大大加快数据查询的速度。

(2) 创建唯一性索引，保证数据库表中每一行数据的唯一性。

(3) 加快表的连接、排序和分组工作。

(4) 在使用分组和排序子句进行数据检索时，可以显著缩短查询中分组和排序的时间。

使用索引也有它的不足：

(1) 创建和管理索引需要占用数据空间和时间。

(2) 建立索引会减慢数据修改的速度。

### 9.1.2 索引的分类与创建原则

#### 1. 索引的分类

按索引值的存储方式，索引分为聚集索引和非聚集索引。

1) 聚集索引

在聚集索引中，表中行的物理顺序与键值的逻辑(索引)顺序相同。聚集索引会对表进行物理排序，所以这种索引对查询非常有效。表中只能有一个聚集索引。当建立主键约束时，如果表中没有聚集索引，SQL Server 2005 会用主键列作为聚集索引键。创建聚集索引时应该考虑以下几个因素：

(1) 每个表只能创建一个聚集索引。

(2) 创建任何非聚集索引之前，要首先创建聚集索引。

(3) 要保证有足够的空间创建聚集索引。

2) 非聚集索引

使用非聚集索引不会影响数据表中记录的实际存储顺序。非聚集索引中存储了组成非聚集索引的关键字值和行定位器。由于非聚集索引使用索引页存储，因此它比聚集索引需要较少的存储空间，但检索效率比聚集索引低。由于一个表只能建一个聚集索引，当用户需要建立多个索引时，就需要使用非聚集索引了。每个表中最多只能创建 249 个非聚集索引。在下列情况下，可以考虑使用非聚集索引：

(1) 含有大量唯一值的字段。

(2) 返回很小的或者单行结果集的检索。

(3) 使用 ORDER BY 子句的查询。

除了以上两种索引类型之外，还有一些特殊的索引类型，如唯一索引和主键索引。

1) 唯一索引

要求所有数据行中任意两行中的被索引列或索引列组合不能存在重复值，包括不能有两个空值 NULL。非唯一索引不存在这样的限制。当现有数据中存在重复的键值时，大多数数据库不允许将新创建的唯一索引与表一起保存。数据库还可能防止添加将在表中创建重复键值的新数据。例如，如果在客户表中职员的账号上创建了唯一索引，则任何两个账号都不能相同。

2) 主键索引

数据库表经常有一列或列组合，其值唯一标识表中的每一行。该列称为表的主键。在数据库关系图中为表定义主键将自动创建主键索引，主键索引是唯一索引的特定类型。该索引要求主键中的每个值都唯一。当在查询中使用主键索引时，它还允许对数据快速访问。

**2. 索引的创建原则**

创建索引的一般原则有：

(1) 对经常用来检索的字段建立索引。

(2) 对数据表中的主键建立索引。

(3) 对数据表中的外键建立索引。

(4) 对经常用于连接的字段建立索引。

## 9.1.3　使用 SSMS 向导管理索引

**1. 使用 SSMS 向导创建索引**

**【例 9-1-1】** 在 BookShop 数据库中创建一个新的非聚集索引 IX_Customer，要求按照 Customers 表中的 CTrueName 字段降序，CAddress 字段升序进行排列。

(1) 启动 SSMS，在“对象资源管理器”中，展开“数据库”节点，再展开具体数据库节点“BookShop”，然后展开“Customers 表”节点，右键单击“索引”，选择“新建索引”命令，如图 9-2 所示。

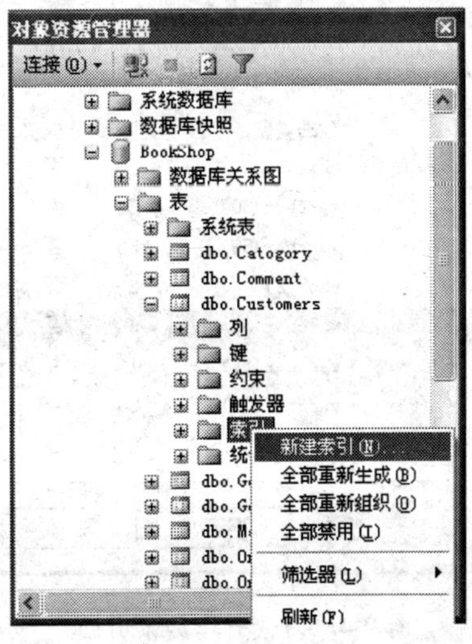


图 9-2　新建索引

(2) 在弹出的“新建索引”对话框(图9-3)中，输入索引名称“IX_Customer”，默认选择索引类型“非聚集”，单击“添加”按钮，如图9-4所示。

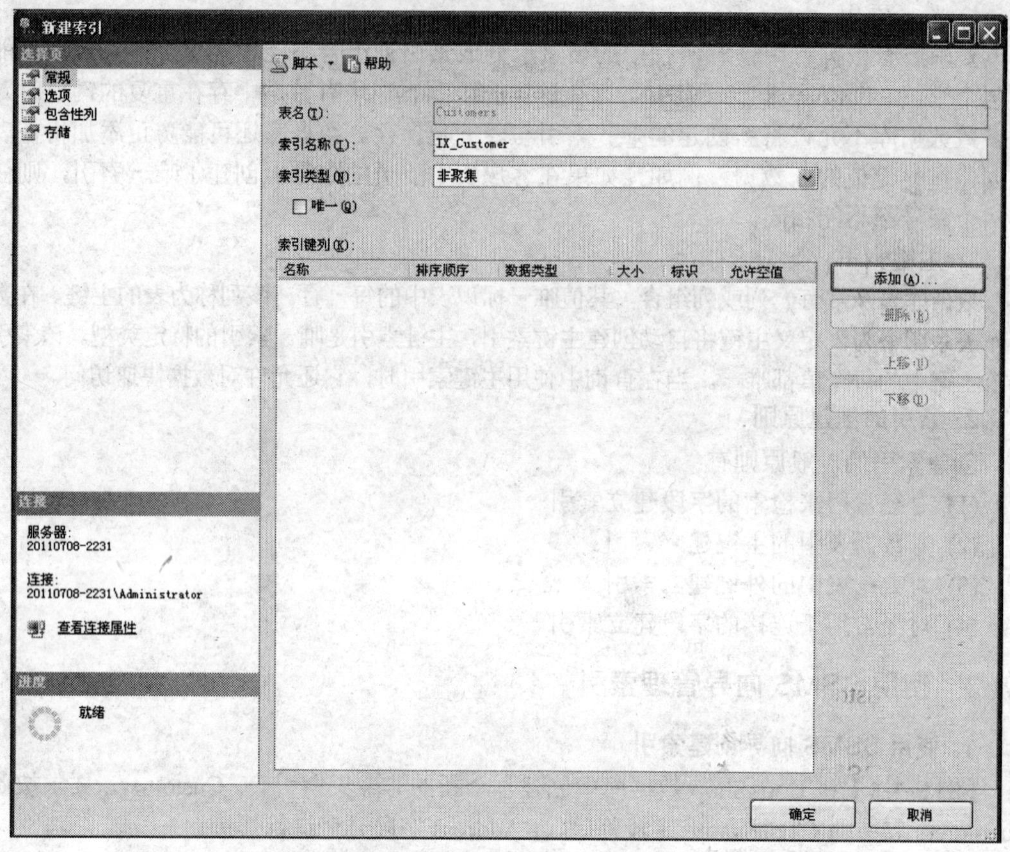


图 9-3 “新建索引”对话框

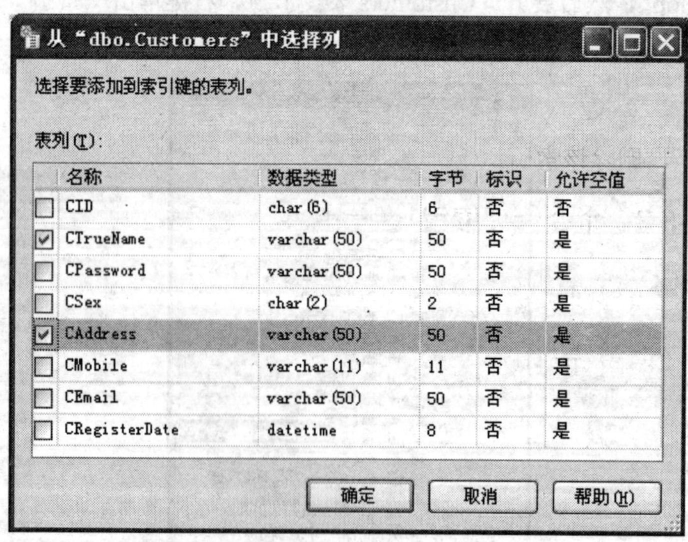


图 9-4 为索引添加索引列

(3) 单击“确定”按钮，返回到“新建索引”对话框，然后在“索引键列”中选择 CTrueName“降序”、CAddress“升序”，如图 9-5 所示。单击“确定”按钮，完成索引的创建。

索引键列(K):

| 名称 | 排序顺序 | 数据类型 | 大小 | 标识 | 允许空值 |
|---|---|---|---|---|---|
| CTrueName | 降序 | varchar(50) | 50 | 否 | 是 |
| CAddress | 升序 | varchar(50) | 50 | 否 | 是 |

图 9-5　设置索引键列

还有一种使用 SSMS 创建索引的方法，具体步骤是先进入表结构的设计窗口，在窗口中单击鼠标右键，从快捷菜单中选择“索引/键”，会打开“索引/键”对话框，可以添加新索引或删除已有的索引，具体方法从略。

**提示**

- 索引创建后，在执行查询操作时数据库管理系统自动使用。
- 对指定的索引可以选择禁用，此时该索引就不起作用了。

### 2. 使用 SSMS 向导查看索引

在对象资源管理器中，展开“数据库”节点，再展开具体数据库节点“BookShop”，然后展开“Customers 表”节点，再展开“索引”节点，选择索引“IX_Customer”，右键单击选择“属性”，查看该索引的详情，同时可以进行相关的修改操作。

### 3. 使用 SSMS 向导禁用索引

在对象资源管理器中，展开“数据库”节点，再展开具体数据库节点“BookShop”，然后展开“Customers 表”节点，再展开“索引”节点，选择索引“IX_Customer”，右键单击选择“禁用”，禁用该索引。

### 4. 使用 SSMS 向导删除索引

在对象资源管理器中，展开“数据库”节点，再展开具体数据库节点“BookShop”，然后展开“Customers 表”节点，再展开“索引“节点，选择索引“IX_Customer”，右键单击选择“删除”，删除该索引。

## 9.1.4　使用 T-SQL 命令管理索引

### 1. 使用 T-SQL 创建索引

创建索引的基本语法格式如下：

```
CREATE [UNIQUE] [CLUSTERED | NONCLUSTERED]
INDEX 索引名
ON 表名(字段名[ ASC | DESC ] [ , ...n ])
```

各参数说明如下：

UNIQUE：用于指定为表或视图创建唯一索引。

CLUSTERED：用于指定创建的索引为聚集索引。

NONCLUSTERED：用于指定创建的索引为非聚集索引。

表名：用于指定创建索引的表名称。

字段名：用于指定被索引的列名。

ASC|DESC：用于指定某个具体索引列的升序或降序排序方向。默认值为升序(ASC)。

【例 9-1-2】假设 BookShop 数据库的 Goods 表中 GName 字段不允许有图书重名，现创建一个唯一索引 IX_Goods，要求按照 GName 字段降序进行排列。

语句如下：

```
CREATE UNIQUE NONCLUSTERED INDEX IX_Goods
ON Goods（GName DESC）
```

如果 Goods 表中 GName 字段已经有相同名称的图书，该语句执行时会出现错误，如图 9-6 所示。在创建唯一索引时，要求索引字段不能有重复的键值。

消息

消息 1505，级别 16，状态 1，第 1 行
CREATE UNIQUE INDEX 终止，因为发现对象名称 'dbo.Goods' 和索引名称 'IX_Goods' 有重复的键。
语句已终止。

图 9-6 错误提示

**提示**

- 一个表创建了主键约束，就相当于对主键同时创建了聚集索引和唯一索引，所以不必也不能再对主键创建聚集索引。
- 一个表创建唯一约束，实际上是系统通过自动创建唯一索引来实现唯一约束。

### 2. 使用 T-SQL 查看索引信息

查看数据表上的索引信息的基本语句格式如下：

```
sp_helpindex 索引名
```

【例 9-1-3】查看索引 TX_Goods 的基本信息。

语句如下：

```
sp_helpindex Goods
```

输出结果如图 9-7 所示。

结果 消息

| | index_name | index_description | index_keys |
|---|---|---|---|
| 1 | IX_Goods | nonclustered, unique located on PRIMARY | GName(-) |
| 2 | PK__Goods__00551192 | clustered, unique, primary key located on PRIMARY | GID |

图 9-7 索引 TX_Goods 的基本信息

### 3. 使用 SSMS 向导维护索引

在创建索引后，为了得到最佳的性能，必须对索引进行维护。因为随着时间的推移，用户需要在数据库上进行插入、更新和删除等一系列操作，这将使数据变得支离破碎，从而造成索引性能的下降。

(1) 使用 DBCC SHOWCONTIG 语句扫描表

对表进行数据操作可能会导致表碎片，而表碎片会导致额外的页读取，从而造成数据库查询性能的降低。此时用户可以通过使用 DBCC SHOWCONTIG 语句来扫描表，并通过其返回值确定该表的索引页是否已经严重不连续。

扫描表的基本语句格式如下：

```
DBCC SHOWCONTIG[(表名[, 索引名])]
```

如果没有指定数据表，则对当前数据库的所有表执行扫描。如果指定了表名[, 索引名]，则对指定的数据表和索引执行扫描。

【例 9-1-4】扫描指定数据表 Goods 表。

语句如下：

```
DBCC SHOWCONTIG（Goods）
```

输出结果如图 9-8 所示。

```
消息
DBCC SHOWCONTIG 正在扫描 'Goods' 表...
表: 'Goods' (2137058649); 索引 ID: 2, 数据库 ID: 5
已执行 LEAF 级别的扫描。
- 扫描页数.................................: 1
- 扫描区数...............................: 1
- 区切换次数...............................: 0
- 每个区的平均页数.........................: 1.0
- 扫描密度 [最佳计数:实际计数].......: 100.00% [1:1]
- 逻辑扫描碎片 ..................: 0.00%
- 区扫描碎片 ..................: 0.00%
- 每页的平均可用字节数.........................: 7810.0
- 平均页密度(满).....................: 3.51%
DBCC 执行完毕。如果 DBCC 输出了错误信息，请与系统管理员联系。
```

图 9-8　扫描 Goods 表结果

(2) 使用 DBCC INDEXDEFRAG 语句进行碎片整理

当表或视图上的聚集索引和非聚集索引页级上存在碎片时，可以通过 DBCC INDEXDEFRAG 对其进行碎片整理。

整理碎片的基本语句格式如下：

```
DBCC INDEXDEFRAG(数据库名, 表名[, 索引名])
```

如果仅指定了表名，而没有指定索引名，则对指定表名的所有索引进行碎片整理操作。如果指定了索引名，则对指定索引进行碎片整理操作。

【例 9-1-5】对 BookShop 数据库中 Goods 表的 IX_Goods 索引进行碎片整理。

**解答**　语句如下：

```
DBCC INDEXDEFRAG（BookShop, Goods, IX_Goods）
```

输出结果如图 9-9 所示。

结果　消息

| | Pages Scanned | Pages Moved | Pages Removed |
|---|---|---|---|
| 1 | 1 | 0 | 0 |

图 9-9　Goods 表的 IX_Goods 索引碎片整理结果信息

(3) 使用 DBCC DBREINDEX 语句重建索引

当表上的索引被损坏时，可以使用 DBCC DBREINDEX 语句重建索引。

重建索引的基本语句格式如下：

```
DBCC DBREINDEX(表名[，索引名])
```

如果仅指定了表名，而没有指定索引名，则对指定表名的所有索引进行重建。如果指定了索引名，则对指定索引进行重建。

**【例 9-1-6】**对 BookShop 数据库中 Goods 表的索引 IX_Goods 进行重建索引操作。

语句如下：

```
DBCC DBREINDEX (Goods, IX_Goods)
```

输出结果如图 9-10 所示。

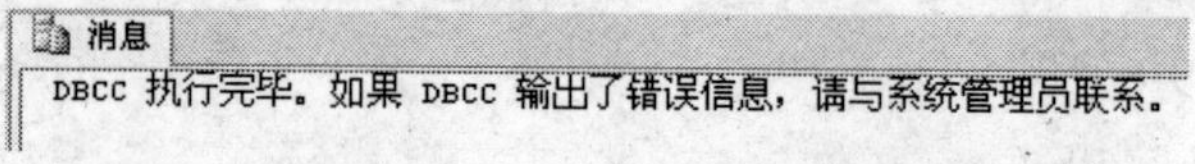

消息

DBCC 执行完毕。如果 DBCC 输出了错误信息，请与系统管理员联系。

图 9-10 对 Goods 表的 IX_Goods 索引进行重建

(4) 使用 UPDATE STATISTICS 语句更新索引的统计信息

SQL SERVER 将索引的可用概要信息存储在分布页上，通过这些信息来决定索引的使用。分布页信息的更新需要有一个周期，当数据表进行更新操作时，该分布页信息不一定进行更新。通过使用 UPDATE STATISTICS 语句，可以更新索引的分布统计页，从而保持索引的统计信息是最新的。

更新分布页信息的基本语句格式如下：

```
UPDATE STATISTICS  表名[索引名]
```

如果仅指定了表名，而没有指定索引名，则对指定表名的所有索引的概要信息进行更新。如果指定了索引名，则对指定索引的概要信息进行更新。

**【例 9-1-7】**对 BookShop 数据库中 Goods 表的 IX_Goods 索引概要信息进行更新。

语句如下：

```
UPDATE STATISTICS Goods IX_Goods
```

输出结果如图 9-11 所示。

消息

命令已成功完成。

图 9-11 更新 Goods 表的 IX_Goods 索引概要信息

**4. 使用 T-SQL 删除索引**

删除索引的基本语句格式如下：

```
DROP INDEX 表名.索引名
```

**【例 9-1-8】**删除 Goods 表的 IX_Goods 索引。

语句如下：

```
DROP INDEX Goods.IX_Goods
```

● 不能删除通过 CREATE TABLE 或者 ALTER TABLE 命令自动创建的主键索引约束和唯一索引约束。

● DBCC DBREINDEX 可以重新生成一个表上的所有索引，相比使用 DROP INDEX 和 CREATE INDEX 命令先删除索引再次创建索引，前一种方式编程更加方便。

# 任务 9.2　创建与管理视图

## 9.2.1　视图的概念

### 1. 视图的概念

视图(View)是一个虚拟表，其内容由 SELECT 查询语句指定。同真实的表一样，视图包含一系列带有名称的列和行数据。视图定义后便存储在数据库中，但是视图并不在数据库中存储数据，视图中的数据来源于视图定义中查询语句所引用的基本表，并在使用视图时动态生成这些基本表中的数据。

### 2. 视图的功能

使用视图可以为使用者带来如下便利：

(1) 由于视图只包含定义语句，不包含真实数据，减小了数据的存储空间，方便用户根据不同的业务需求，便利地使用数据。

(2) 由于视图可以从不同的数据表组织数据，可以使用复杂的连接查询操作定义视图的数据来源，从而隐藏了表的结构和数据的来源，数据使用时更加安全。

(3) 在数据库设计者改变数据库结构时，使用视图能更好地体现数据库逻辑数据独立性强的特征。

### 3. 视图的创建准则

若要创建视图，必须获得创建视图的权限，并且如果使用架构绑定创建视图，必须对视图定义中所引用的表或视图具有适当的权限。创建视图前应考虑如下准则：

(1) 只能在当前数据库中创建视图。

(2) 视图名称必须遵循标识符的规则，且对每个架构都必须唯一。

(3) 可以在其他视图的基础上创建视图。

(4) 不能将 AFTER 触发器与视图相关联，只有 INSTEAD OF 触发器可以与之相关联。

(5) 定义视图的查询不能包含 COMPUTE 子句、COMPUTE BY 子句或 INTO 关键字。

(6) 定义视图的查询不能包含 ORDER BY 子句，除非在 SELECT 语句的选择列表中还有一个 TOP 子句。

(7) 不能为视图定义全文索引。

(8) 不能创建临时视图，也不能对临时表创建视图。

## 9.2.2　使用 SSMS 向导管理视图

### 1. 使用 SSMS 向导创建视图

【例 9-2-1】在 BookShop 数据库中创建管理员信息的视图 v_manager，要求显示管理员的登录名(“登录名”)、手机号(“手机”)和电子邮箱(“email”)信息。

(1) 启动 SSMS，在对象资源管理器中，展开“数据库”节点，再展开具体数据库节点“BookShop”，右键单击“视图”，选择“新建视图”命令，如图 9-12 所示。

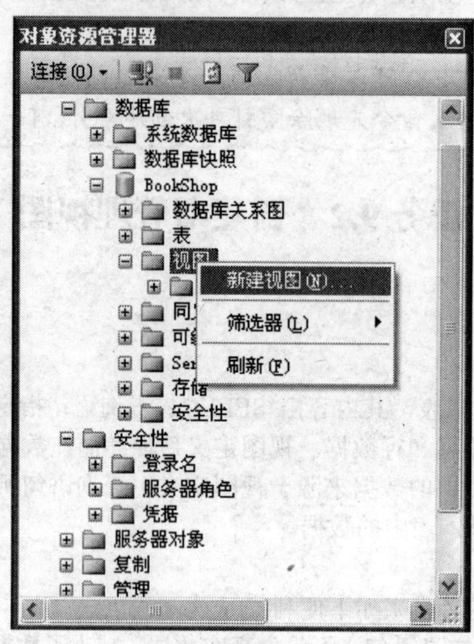


图 9-12　新建视图

(2) 在弹出的“添加表”对话框中，选择所需的表或视图等。例如选择需要的表，如“Manager”表，单击“添加”按钮，如果不再添加其他表，则单击“关闭”按钮，如图 9-13 所示。

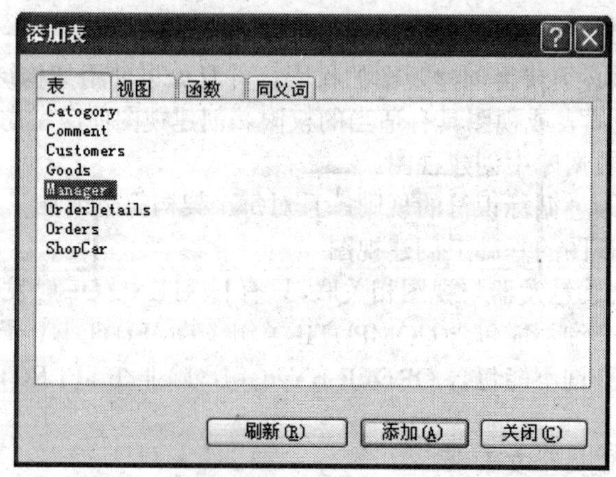


图 9-13　添加表

(3) 打开视图设计器，在视图设计器中选择要投影的列，可以为这些列设置别名和条件等，如图 9-14 所示。

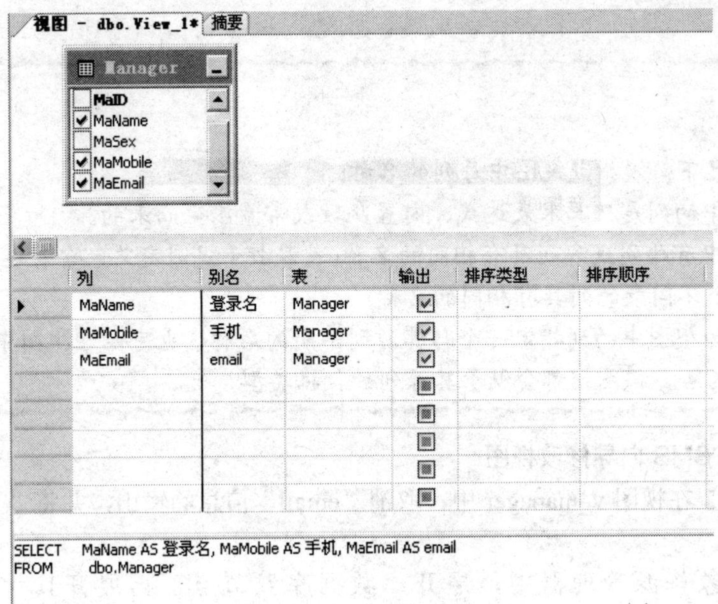


图 9-14　设计视图

(4) 在视图设计器中，可以看到自动生成的 SQL 语句，单击工具栏上的“执行 SQL”按钮，可以看到查询结果。如果查询结果正确，选择“文件”→“保存视图”，在弹出的“选择名称”菜单中输入“v_manager”，如图 9-15 所示。

图 9-15　为视图命名

(5) 单击“确定”按钮，完成视图的创建，如图 9-16 所示。

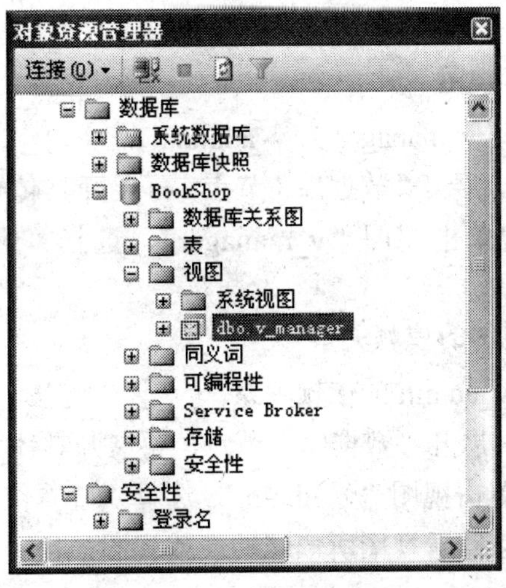


图 9-16　新建视图成功

 提示

下列情况下必须指定视图中每列的名称：

● 视图中的列是从算术表达式、内置函数或常量派生而来的。

● 视图中有两列或多列具有相同的名称(通常由于视图定义包含表连接，因此来自两个或多个不同表的列具有相同的名称)。

● 希望为视图中的列指定一个与其源列不同的名称，也可以在视图中重命名列，无论重命名与否，视图列都会继承其源列的数据类型。

### 2. 使用 SSMS 向导修改视图

【例 9-2-2】在视图 v_manager 中，取消“email”信息的输出，并将“登录名”按照降序排列。

(1) 在对象资源管理器中，展开“数据库”节点，再展开具体数据库节点“BookShop”，展开“视图”节点，右键单击视图“v_manager”，选择“修改”命令，取消“email”输出，并选择“登录名”的“排序类型”为“降序”，排序顺序为“1”，如图 9-17 所示。

| | 列 | 别名 | 表 | 输出 | 排序类型 | 排序顺序 |
|---|---|---|---|---|---|---|
| ▶ | MaName | 登录名 | Manager | ☑ | 降序 | 1 |
| | MaMobile | 手机 | Manager | ☑ | | |
| | MaEmail | | Manager | ☐ | | |
| | | | | | | |

图 9-17　修改视图

(2) 在视图设计器中，可以看到自动生成的 SQL 语句，单击工具栏上的“执行 SQL”按钮，可以看到查询结果。如果查询结果正确，选择“文件”→“保存视图”，完成视图的创建。

### 3. 使用 SSMS 重命名视图

【例 9-2-3】重命名视图 v_manager 为 v_admin。

在对象资源管理器中，展开“数据库”节点，再展开具体数据库节点“BookShop”，展开“视图”节点，右键单击视图“v_manager”，选择“重命名”命令，重命名为“v_admin”。

### 4. 使用 SSMS 查看视图的依赖关系

【例 9-2-4】查看视图 v_admin 的依赖关系。

在对象资源管理器中，展开“数据库”节点，再展开具体数据库节点“BookShop”，展开“视图”节点，右键单击视图“v_admin”，选择“查看依赖关系”命令，弹出“对象依赖关系”对话框，可以查看视图所依赖的表或视图，也可以查看依赖于该视图的其他视图，如图 9-18 所示。

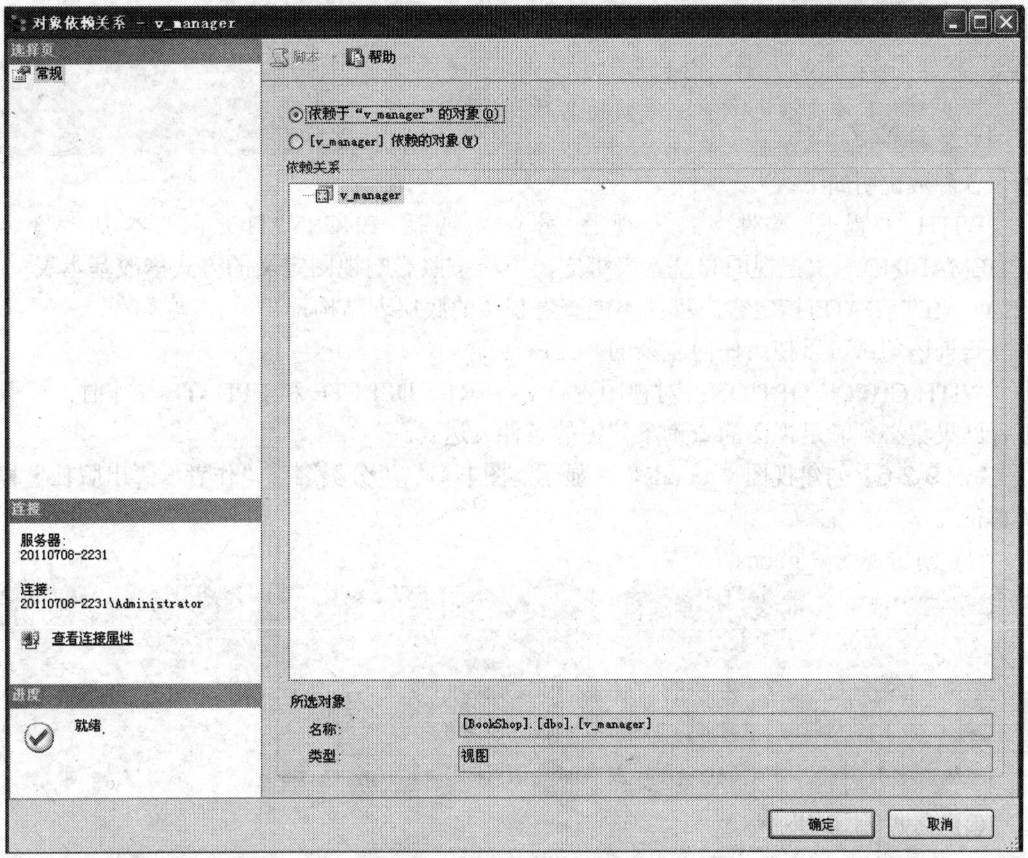

图 9-18　视图的依赖关系

#### 5. 使用 SSMS 删除视图

【例 9-2-5】删除视图 v_manager。

在对象资源管理器中，展开“数据库”节点，再展开具体数据库节点“BookShop”，展开“视图”节点，右键单击视图“v_manager”，选择“删除”命令，或者按 Delete 键，或者选择菜单“编辑”→“删除”命令，都可以删除视图。

提示

- 视图的建立和删除不影响基本表。
- 如果要删除的视图是其他视图的依赖视图，那么当删除该视图时，系统会提示错误，所以一般不要基于其他视图定义新视图，而应通过基本表定义新视图。

### 9.2.3　使用 T-SQL 语句管理视图

#### 1. 使用 T-SQL 语句创建视图

基本语句格式如下：

```
CREATE VIEW 视图名
[WITH <视图属性>]
AS
查询语句
[WITH CHECK OPTION]
```

各参数说明如下：

WITH <视图属性>：<视图属性>包括 ENCRYPTION(文本加密)、SCHEMABINDING(把视图和基本表绑定，不能按照影响视图定义的方式修改基本表)、VIEW_METADATA(指定客户程序不能查看视图的底层表结构)。

查询语句：可以使用任何复杂的 SELECT 语句。

WITH CHECK OPTION：对视图进行 INSERT、DELETE 和 UPDATE 操作时，要保证行结果集必须满足视图的查询条件中的条件表达式。

**【例 9-2-6】** 创建视图 v_goods，要显示“图书名”、“分类名”、“作者”、“出版社”和“单价”。

(1) 创建视图 v_goods。

```
CREATE VIEW v_goods
AS
SELECT Goods.GName AS 图书名, Catogory.CaName AS 分类名, Goods.GWriter AS 作者,
Goods.GPublisher AS 出版社, Goods.GPrice AS 单价
FROM Goods INNER JOIN Catogory ON Goods.GTypeID = Catogory.CaID;
```

(2) 查询视图的内容。

```
SELECT * FROM  v_goods
```

输出结果如图 9-19 所示。

结果 | 消息

| | 图书名 | 分类名 | 作者 | 出版社 | 单价 |
|---|---|---|---|---|---|
| 1 | 高分子物理 | 自然科学 | 何曼君 | 复旦大学出版社 | 35.00 |
| 2 | 现代遗传学 | 医学卫生 | 赵寿元 | 高等教育出版社 | 36.00 |
| 3 | 野外求生宝典 | 旅游地理 | 梶原玲 | 南海出版社 | 28.00 |
| 4 | 欧洲日记 | 旅游地理 | 张明 | 湖南教育出版社 | 60.00 |
| 5 | 1西藏行 | 旅游地理 | 毛毛 | 湖南教育出版社 | 50.00 |
| 6 | 游园惊梦 | 青春文学 | 夏达明 | 湖南少儿出版社 | 24.00 |
| 7 | 软件工程导论 | 软件开发 | 张海藩 | 清华大学出版社 | 35.00 |
| 8 | 软件架构设计 | 软件开发 | 张海藩 | 清华大学出版社 | 40.00 |
| 9 | 走进软件世界 | 软件开发 | 刘一明 | 科学出版社 | 30.00 |
| 10 | 自动控制原理 | 人工智能 | 胡寿松 | 科学出版社 | 52.00 |
| 11 | 算法导论 | 计算机理论 | 科曼 | 机械工业出版社 | 85.00 |

图 9-19　查询视图结果

### 2. 使用 T-SQL 语句修改视图

基本语句格式如下：

```
ALTER [WITH <视图属性>]
AS
查询语句
[WITH CHECK OPTION]
```

【例 9-2-7】修改视图 v_goods，显示价格大于 30 的图书信息，并且增加 WITH CHECK OPTION 选项。

(1) 修改视图 v_goods。

```
ALTER VIEW v_goods
AS
SELECT Goods.GName AS 图书名, Catogory.CaName AS 分类名, Goods.GWriter AS 作者,
Goods.GPublisher AS 出版社, Goods.GPrice AS 单价
FROM Goods INNER JOIN Catogory ON Goods.GTypeID = Catogory.CaID
WHERE GPrice>30
WITH CHECK OPTION
```

(2) 测试 WITH CHECK OPTION 选项的作用。

```
DELETE  FROM V_Goods WHERE GName='软件工程导论'
```

输出结果如图 9-20 所示。

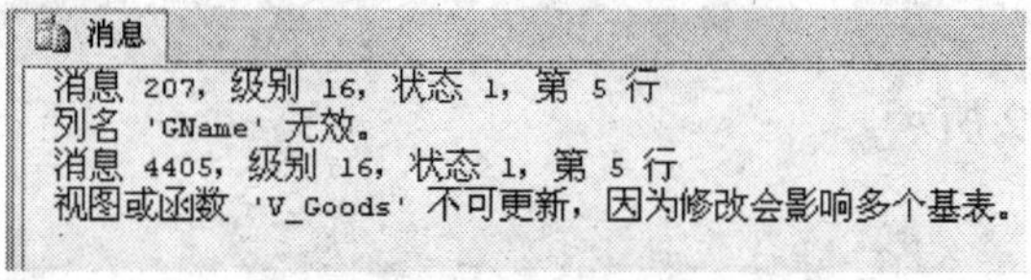

```
消息
消息 207, 级别 16, 状态 1, 第 5 行
列名 'GName' 无效。
消息 4405, 级别 16, 状态 1, 第 5 行
视图或函数 'V_Goods' 不可更新，因为修改会影响多个基表。
```

图 9-20 修改视图

- 如果在 SELECT 查询语句中使用 TOP 关键字，则不能指定 WITII CIIECK OPTION。
- 指定 WITH CHECK OPTION，可以保证对视图的修改必须符合 SELECT 语句的条件表达式。

### 3. 使用 T-SQL 语句查看视图信息

(1) 查看视图的定义

基本语句格式如下：

```
sp_help 视图名
```

【例 9-2-8】查看视图 v_goods 的基本信息。

语句如下：

```
sp_help v_goods
```

输出结果如图 9-21 所示。

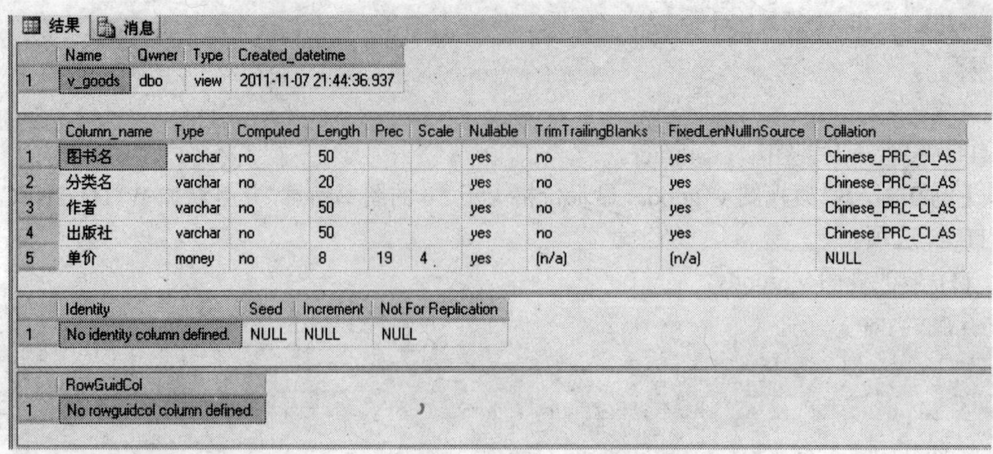

结果 | 消息

| | Name | Owner | Type | Created_datetime |
|---|---|---|---|---|
| 1 | v_goods | dbo | view | 2011-11-07 21:44:36.937 |

| | Column_name | Type | Computed | Length | Prec | Scale | Nullable | TrimTrailingBlanks | FixedLenNullInSource | Collation |
|---|---|---|---|---|---|---|---|---|---|---|
| 1 | 图书名 | varchar | no | 50 | | | yes | no | yes | Chinese_PRC_CI_AS |
| 2 | 分类名 | varchar | no | 20 | | | yes | no | yes | Chinese_PRC_CI_AS |
| 3 | 作者 | varchar | no | 50 | | | yes | no | yes | Chinese_PRC_CI_AS |
| 4 | 出版社 | varchar | no | 50 | | | yes | no | yes | Chinese_PRC_CI_AS |
| 5 | 单价 | money | no | 8 | 19 | 4 | yes | (n/a) | (n/a) | NULL |

| | Identity | Seed | Increment | Not For Replication |
|---|---|---|---|---|
| 1 | No identity column defined. | NULL | NULL | NULL |

| | RowGuidCol |
|---|---|
| 1 | No rowguidcol column defined. |

图 9-21　视图 v_goods 的基本信息

(2) 查看视图的文本。

基本语句格式如下：

```
sp_helptext 视图名
```

【例 9-2-9】查看视图的文本定义。

语句如下：

```
sp_helptext v_goods
```

输出结果如图 9-22 所示。

| | Text |
|---|---|
| 1 | create VIEW v_goods |
| 2 | AS |
| 3 | SELECT Goods.GName AS 图书名, Catogory.CaName AS 分类... |
| 4 | Goods.GPublisher AS 出版社, Goods.GPrice AS 单价 |
| 5 | FROM Goods INNER JOIN Catogory ON Goods.GTypeID = Catog... |
| 6 | WHERE GPrice>30 |
| 7 | WITH CHECK OPTION |
| 8 | |

图 9-22　视图的文本定义

### 4. 使用 T-SQL 删除视图

```
DROP VIEW 视图名
```

【例 9-2-10】删除视图 v_goods。

语句如下：

```
DELETE  VIEW V_Goods
```

## 9.2.4　视图的应用

在 SQL Server 中可以通过视图检索数据，这是视图最基本的应用。除此之外，还可以通过视图修改基本表中的数据。对视图的检索和对表的查询完全相同，可以直接打开视图查看，也可以通过 T-SQL 的 SELECT 查询语句进行检索。

**【例 9-2-11】**创建客户表的视图 v_customer，然后对该视图实现添加、修改和删除记录操作，并查看 customers 表的变化。

(1) 创建客户表视图 v_customer。

```
CREATE VIEW v_customer
AS
SELECT  CID, CTrueName, CPassword FROM Customers
WITH CHECK OPTION
```

(2) 添加一条记录('C0030'，'李晓红'，'123456')。

```
INSERT INTO v_customer (CID, CTrueName, CPassword)
VALUES ('C0030', '李晓红', '123456')
```

查看 customers 表是否新增了客户 ID 为“C0030”的客户信息。

(3) 修改 CID 为'C0030'的记录。

```
UPDATE v_customer SET CTrueName='李丽' WHERE CID='C0030'
```

查看 customers 表客户 ID 为“C0030”的客户姓名是否被修改。

(4) 删除 CID 为'C0030'的记录

```
DELETE FROM v_customer  WHERE CID='C0030'
```

查看 customers 表客户 ID 为“C0030”的客户是否被删除。

对视图进行的修改操作有以下限制：

- 对视图内容的更新(添加、删除和修改)直接影响基本表。
- 视图的数据来自多个基本表时，不允许通过视图对基本表添加或删除数据。
- 对视图的修改必须遵守视图基表中的各种约束条件。
- 若视图的字段来自表达式或常量，则不允许对该视图执行 INSERT 和 UPDATE 操作，但允许执行 DELETE 操作。
- 若视图的字段来自聚集函数，则此视图不允许修改操作。
- 若视图定义中含有 GROUP BY 子句，则此视图不允许修改操作。
- 若视图定义中含有 DISTINCT 关键字，则此视图不允许修改操作。
- 若视图的定义不允许被修改，则视图也不允许修改操作。

# 项目实训 9　创建“图书管理系统”的索引与视图

## 一、实训目的

1．掌握索引和视图的功能和作用。

2．掌握索引和视图的创建和管理方法。

## 二、实训内容

1. 在 Library 数据库中 BookStorage 表上创建索引 IX_BookStorage，按照图书条形码 BookbarCode 的降序、入库时间 BookInTime 升序排列。

2. 在 Library 数据库中创建视图 V_BOOKS，显示图书的编号、书名和作者。

3. 在 Library 数据库中创建视图 V_BookBorrow，显示图书名、读者名和还书日期，并增加 WITH CHECK OPTION 选项要求。

## 三、实训小结

本章重点讲述了视图和索引的创建、使用、修改和删除操作。索引可以提高数据查询的效率，同时维护索引需要大量的空间和时间，所以要控制创建索引的数量。使用视图可以进行查询，而且使用视图的过程中可以操作基本表。希望同学们通过练习，加深对视图和索引的理解，提高运用能力。

# 练 习 题

## 一、选择题

1. 下列不适合创建索引的数据是(　　)。

A. 经常被查询搜索的列，如经常在 Where 子句中出现的列

B. 是外键或主键的列

C. 包含太多重复选用值的列

D. 在 ORDER BY 子句中使用的列

2. 在视图上不能完成的操作是(　　)。

A. 更新视图　　B. 查询

C. 在视图上定义新的表　　D. 在视图上定义新的视图

3. SQL 语言中，删除一个视图的命令是(　　)。

A. DELETE　　B. DROP　　C. CLEAR　　D. REMOVE

## 二、编程题

1. 在 stuCourse 数据库中创建新视图 VIEW_SCORE_AVG。要求计算每个同学的选课成绩的平均分。

2. 在 stuCourse 数据库中使用 CREATE INDEX 语句为表 stu 创建一个非聚集索引，索引字段为 S_NAME，索引名为 IX_STUDENT_Name。

3. 在 stuCourse 数据库中为表 courseinfo 创建一个复合索引，按照 cname 为降序、ctest 为升序进行排序。

# 项目 10　数据库的日常管理与维护

## 项目简介

数据库的日常管理与维护工作是必不可少的，也是至关重要的。本项目将介绍数据库常见的管理与维护工作，包括数据库的备份与恢复、数据的导入与导出等。

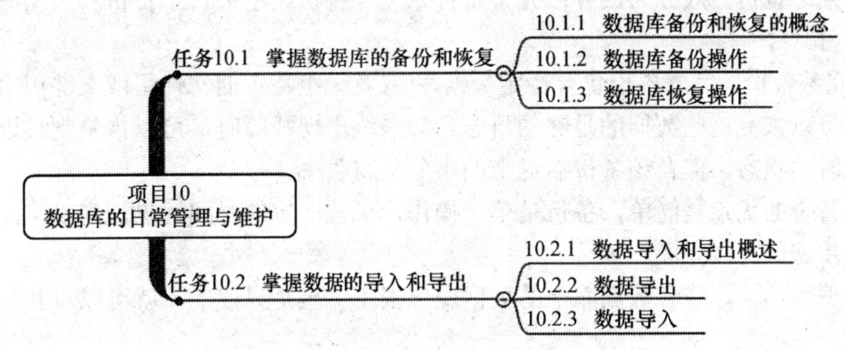


图 10-1　本项目知识要点

## 单词学习

1. backup：备份　　2. restore：恢复
3. recovery：覆盖　　4. Log：日志

# 任务 10.1　掌握数据库的备份和恢复

尽管数据库系统采取了各种保护措施来防止数据库的安全性和完整性被破坏，保证事务的正确执行，但是计算机系统中硬件的故障、软件的错误、操作员的失误以及恶意的破坏仍是不可避免的。这些故障轻则造成运行事务非正常中断，影响数据库中数据的正确性；重则破坏数据库，使数据库中全部或部分数据丢失。因此，数据库管理的一个重要方面就是要对数据库进行备份，在必要时进行恢复。规划良好的备份和还原策略，有助于防止数据库因各种故障而造成数据丢失，有效地应对灾难。

## 10.1.1　数据库备份和恢复的概念

### 1. 备份操作

所谓备份，就是数据库管理员定期地将整个数据库复制到磁带或另一个磁盘上保存起来的过程。用于还原和恢复数据的数据文件称为“后备副本”。通过妥善的备份，可以从多种故障中恢复，例如：

(1) 介质故障。

(2) 用户错误(如误删除了某个表)。

(3) 硬件故障(如磁盘驱动器损坏或服务器报废)。

(4) 自然灾难。

此外，数据库备份对于进行日常管理也非常有用，如将数据库从一台服务器复制到另一台服务器，设置数据库镜像以及进行存档。

数据备份的范围可以是完整的数据库、部分数据库或者一组文件或文件组。备份是十分耗费时间和资源的，不能频繁进行。DBA 应该根据数据库的使用情况确定一个适当的备份周期。备份一般分为四种：完整备份、差异备份、事务日志备份和数据库文件或文件组备份。

(1) 完整备份。完整备份包含特定数据库(或者一组特定的文件组或文件)中的所有数据，以及可以恢复这些数据的足够的日志。当系统出现故障时，可以恢复到最近一次数据库备份时的状态，但自该备份后提交的事务都将丢失。

完整备份的优点是简单，备份是单一操作，可按一定的时间间隔预先设定，恢复时只需一个步骤就可以完成。

若数据库不大，或者数据库中的数据变化很小甚至是只读的，就可以对其进行完整备份。

(2) 差异备份。差异备份基于数据的最新完整备份。差异备份只备份自上次数据库备份后发生更改的数据，它用来扩充完整备份或事务日志备份。差异备份比完整备份工作量小，而且备份速度快，对正在运行的系统影响也较小。因此，使用差异备份可以加快进行频繁备份的速度，从而降低数据丢失的风险。

还原时，首先还原完整备份，然后还原最新的差异备份。经过一段时间后，随着数据库的更新，包含在差异备份中的数据量会增加。这使得创建和还原备份的速度变慢。因此，必须重新创建一个完整备份，为另一系列的差异备份提供新的差异基准。

对于一个经常修改的数据库，采用差异备份可以缩短备份和恢复的时间。

(3) 事务日志备份。在完整恢复模式或大容量日志恢复模式下，需要定期进行事务日志备份(简称“日志备份”)。每个日志备份都包括创建备份时处于活动状态的部分事务日志，以及先前日志备份中未备份的所有日志记录。

这种方法不需要很频繁地定期进行数据库备份，而是在两次完整备份期间，进行事务日志备份，所备份的事务日志记录了两次数据库备份之间所有的数据库活动记录。当系统出现故障时，能够恢复所有备份的事务，而只丢失未提交或提交但未执行的事务。

执行恢复时，需要两步：首先恢复最近的数据库完整备份；然后恢复在该完整备份以后的所有事务日志备份。

(4) 数据库文件或文件组备份。这种方法只备份特定的数据库文件或文件组，同时还要定期备份事务日志。这样在恢复时可以只还原已损坏的文件，而不用还原数据库的其余部分，从而加快了恢复速度。

对于被分割在多个文件中的大型数据库，可以使用这种方法进行备份。文件或文件组备份和还原操作必须与事务日志备份一起使用。

文件或文件组备份能够更快地恢复已隔离的媒体故障，迅速还原损坏的文件，在调度和媒体处理上具有更大的灵活性。

**2. 恢复模式**

备份和还原操作是在恢复模式下进行的。恢复模式是一个数据库属性，它用于控制数据库备份和还原操作的基本行为。恢复模式有三类：简单恢复模式、完整恢复模式和大容量日志恢复模式。

(1) 简单恢复模式。简单恢复模式可最大程度地减少事务日志的管理开销，因为不备份事务日志。如果数据库损坏，则简单恢复模式将面临极大的工作丢失风险。数据只能恢复到已丢失数据的最新备份。因此，在简单恢复模式下，备份间隔应尽可能短，以防止大量丢失数据。在备份策略中加入差异备份有助于减少开销。通常，对于用户数据库，简单恢复模式用于测试和开发数据库，或用于主要包含只读数据的数据库(如数据仓库)。简单恢复模式并不适合生产系统，因为对生产系统而言，丢失最新的更改是无法接受的。

(2) 完整恢复模式。完整恢复模式为需要事务持久性的数据库提供了常规数据库维护模式。此模式完整记录所有事务，并将事务日志记录保留到对其备份完毕为止。如果能够在出现故障后备份日志尾部，则可以使用完整恢复模式将数据库恢复到故障点。

(3) 大容量日志恢复模式。此恢复模式可用大容量日志记录大多数大容量操作，它只用作完整恢复模式的附加模式。对于某些大规模、大容量操作(如大容量导入或索引创建)，暂时切换到大容量日志恢复模式可提高性能并减小日志空间使用量。与完整恢复模式相同，大容量日志恢复模式也将事务日志记录保留到对其备份完毕为止。

相对于简单恢复模式而言。完整恢复模式和大容量日志恢复模式提供了更强的数据保护功能。这些恢复模式基于备份事务日志来提供完整的可恢复性，并在最大范围的故障情形内防止丢失工作。

## 10.1.2　数据库备份操作

在进行备份以前，必须首先指定或创建备份设备。备份设备是指在备份或还原操作中使用的磁带机或磁盘驱动器。备份设备可以被定义成本地的磁盘文件、远程服务器上的磁盘文件或磁带，使用物理设备名称或逻辑设备名称来标识。物理设备名称是具体的文件名，如“d:\backup\backup01.bak”；逻辑设备名称是用户定义的别名，如“bookshop_backup”。使用逻辑备份设备的优点是比物理设备名称简单。

**1. 使用 SSMS 备份数据库**

【例 10-1-1】使用 SQL Server Management Studio 创建备份设备，并将数据库 BOOKSHOP 备份到此设备中。

步骤如下：

(1) 启动 SSMS，在对象资源管理器中展开“服务器对象”节点。

(2) 右键单击“备份设备”，选择“新建备份设备”，如图 10-2 所示。

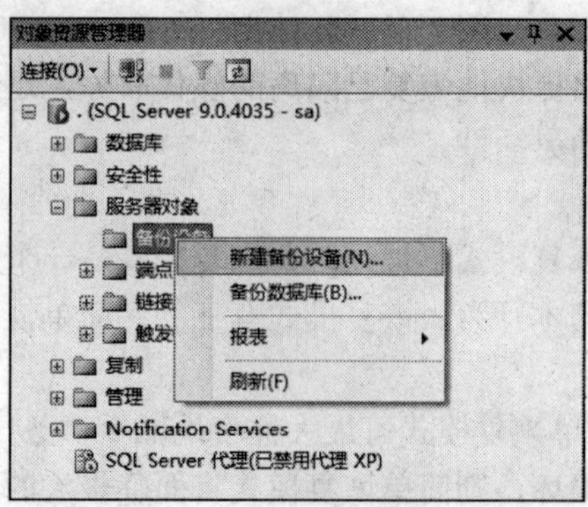


图 10-2 新建备份设备

(3) 打开“备份设备”对话框，在“设备名称”文本框中输入逻辑名称“BookShop_Backup”，对应的物理文件名为“C:\Program Files(x86)\Microsoft SQL Server\MSSQL.1\MSSQL\Backup\BookShop_Backup.bak”，也可以通过“文件”菜单选按钮后面的指定备份设备对应的物理文件名，如图 10-3 所示。

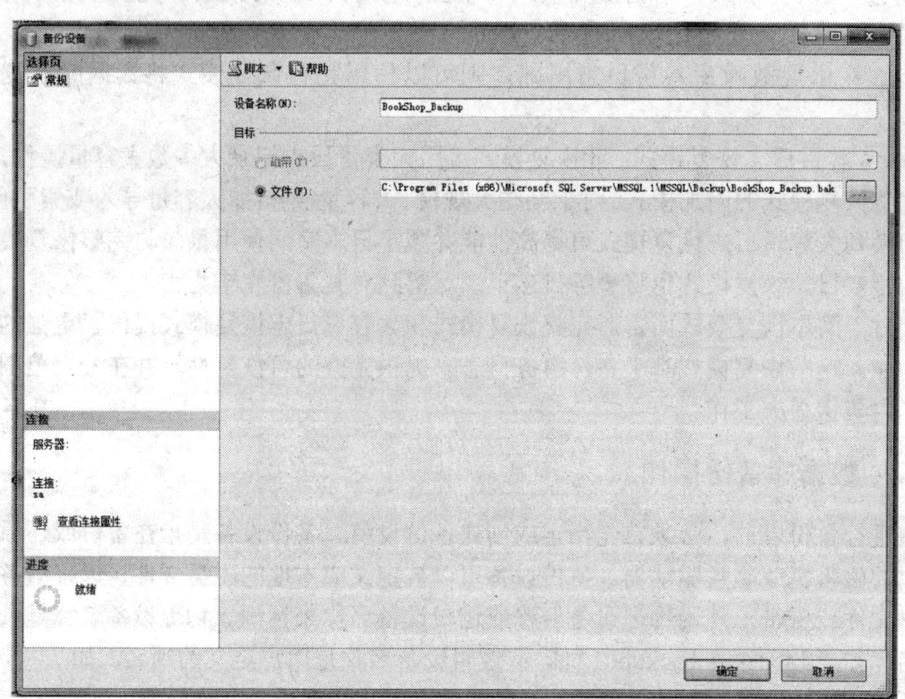


图 10-3 “备份设备”对话框

(4) 单击“确定”按钮，完成备份设备的创建，在“备份设备”节点下出现一个备份设备对象“BookShop_Backup”。

(5) 在对象资源管理器中展开“数据库”节点。

(6) 右键单击“BookShop”，选择“任务”后再选择“备份”，如图 10-4 所示。

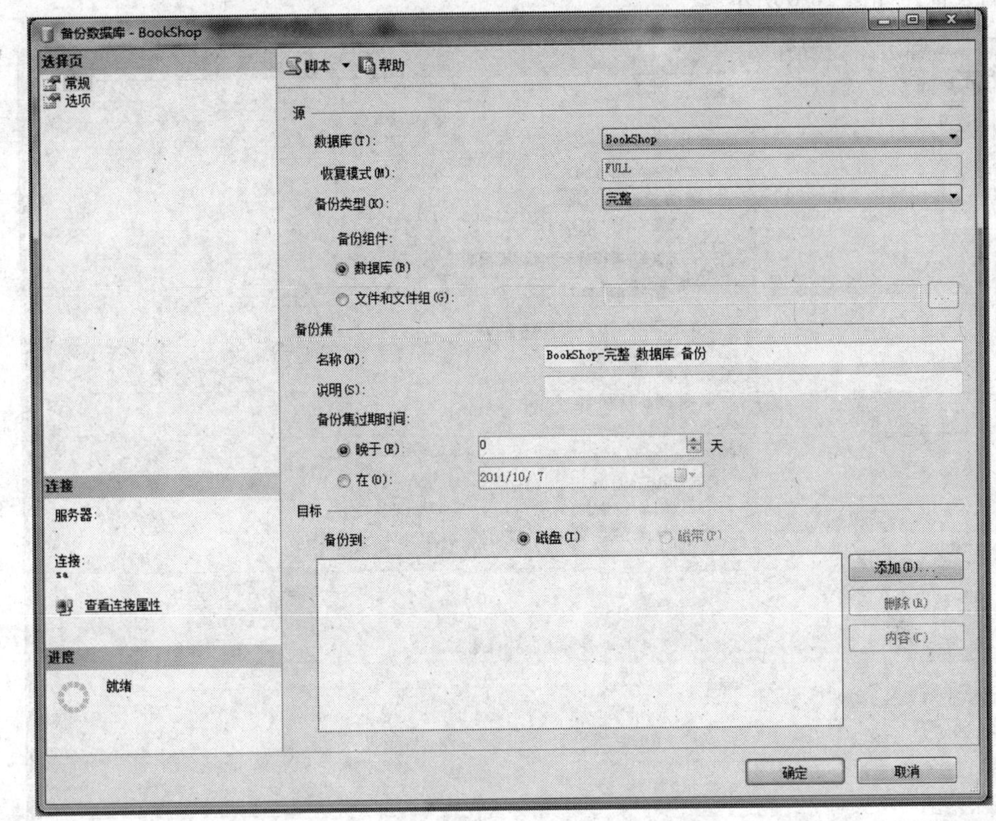


图 10-4　“备份数据库”对话框

(7) 打开“备份数据库”对话框，指定备份的数据库，设置备份类型为完整、差异或事务日志，设置备份过期时间。

(8) 单击“添加”按钮，打开“选择备份目标”对话框，指定使用文件名或备份设备的逻辑名称，如图 10-5 所示。

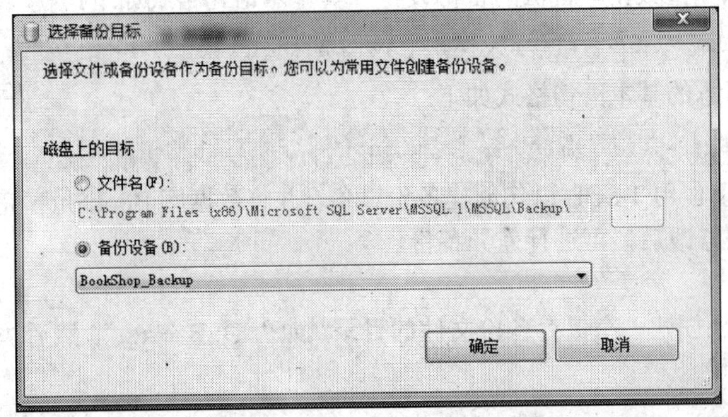


图 10-5　“选择备份目标”对话框

(9) 在如图 10-4 所示“备份数据库”对话框中选择“选项”，可以进行数据库备份选项的设置，如图 10-6 所示。

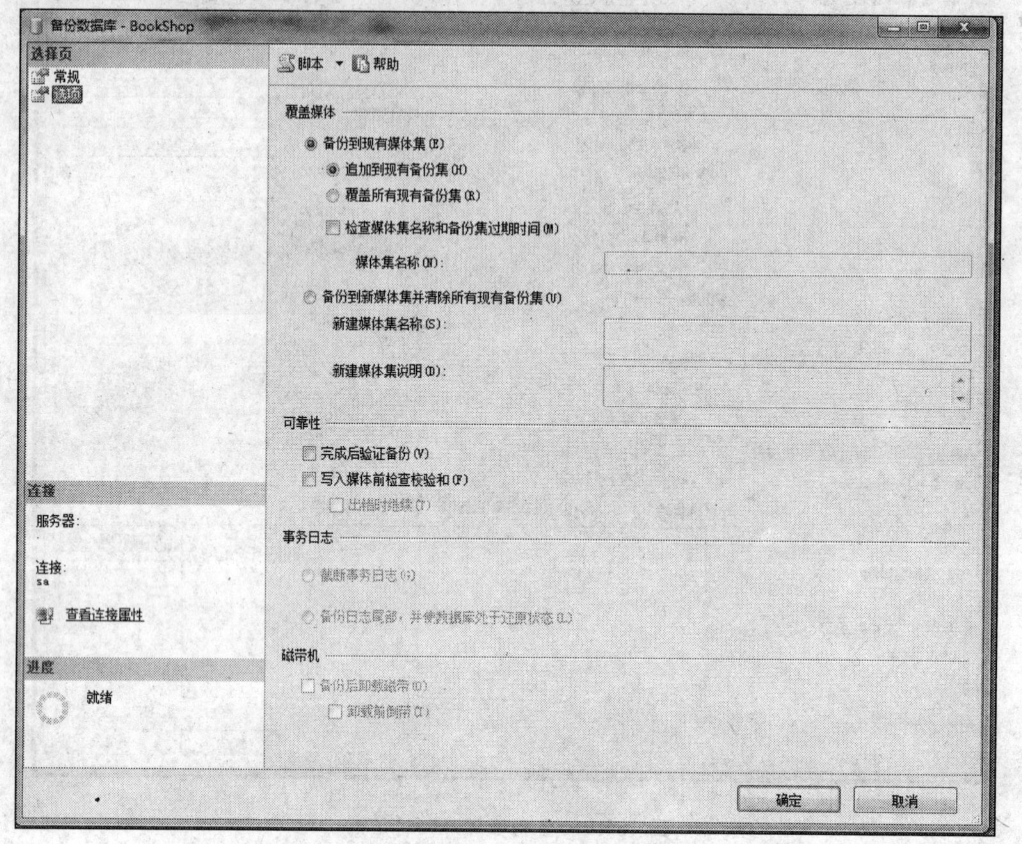

图 10-6　“备份数据库”对话框的“选项”选项卡

(10) 设置完成后，单击“确定”按钮，完成 BookShop 数据库的备份。

**2. 使用 T_SQL 备份数据库**

执行 BACKUP DATABASE 语句可以创建完整数据库备份，同时指定要备份的数据库的名称和写入完整数据库备份的备份设备。其基本语句格式如下：

```
BACKUP DATABASE 数据库名 TO 备份设备 [ , ...n ]
```

备份事务日志的基本语句格式如下：

```
BACKUP LOG 数据库名  TO 备份设备 [ , ...n ]
```

**【例 10-1-2】**使用 T-SQL 语句创建备份设备，并将数据库 BookShop 完整备份到此设备中。数据库被修改后，再进行差异备份。

步骤如下：

(1) 在磁盘上创建一个保存备份文件的目录，如“ D:\Backup”，然后执行如下 T-SQL 语句：

```
USE MASTER
GO
```

```
--创建备份设备BookShop_FULL，完整备份数据库
EXEC sp_addumpdevice 'disk', 'BookShop_FULL', 'd:\backup\BookShop.bak'
BACKUP DATABASE BookShop TO BookShop_FULL
GO
--创建备份设备BookShop_LOG1备份日志
EXEC sp_addumpdevice 'disk', 'BookShop_LOG1', 'd:\backup\BookShopLOG1.bak'
```

该段代码创建了备份设备'BookShop_FULL'和'BookShop_LOG1'，分别对应于物理文件'd:\backup\BookShop.bak'和'd:\backup\BookShopLOG1.bak'，将数据库完整备份到备份设备'BookShop_FULL'，日志文件备份到备份设备'BookShop_LOG1'。执行结果如下：

```
消息
已为数据库 'BookShop'，文件 'BookShop' (位于文件 4 上)处理了 208 页。
已为数据库 'BookShop'，文件 'BookShop_log' (位于文件 4 上)处理了 1 页。
BACKUP DATABASE 成功处理了 209 页，花费 0.197 秒(8.691 MB/秒)。
已为数据库 'BookShop'，文件 'BookShop_log' (位于文件 1 上)处理了 9 页。
BACKUP LOG 成功处理了 9 页，花费 0.040 秒(1.766 MB/秒)。
```

图 10-7　完整备份运行结果

(2) 为了测试效果，在 Category 表中添加一条记录。

```
USE BookShop
GO
INSERT INTO Catogory VALUES ('11', '儿童文学', 0)
```

(3) 使用 T-SQL 语句对数据库 BookShop 实现完整差异备份。

```
BACKUP DATABASE BookShop TO backup01 TO DISK='d:\backup\backup.diff'
WITH DIFFERENTIAL
GO
```

DIFFERENTIAL 子句可以指定只对在创建最后一个完整备份后数据库中发生变化的部分进行备份。该段代码中，没有创建备份设备，而是直接将差异备份到文件'd:\backup\backup.diff'中。这也是备份数据库的方法之一。在后面的数据库恢复操作中将讲述如何恢复数据库 BookShop。

## 10.1.3　数据库恢复操作

### 1. 使用 SSMS 恢复数据库

【例 10-1-3】使用“SQL Server Management Studio”恢复 BookShop 数据库的完整备份。

步骤如下：

(1) 启动 SSMS，在对象资源管理器中展开“数据库”节点。

(2) 右键单击“BookShop”，选择“任务”→“还原”→“数据库”，如图 10-8 所示。

(3) 打开“还原数据库”对话框，设置好目标数据库、目标时间点、源数据库以及用于还原的备份集，如图 10-9 所示。

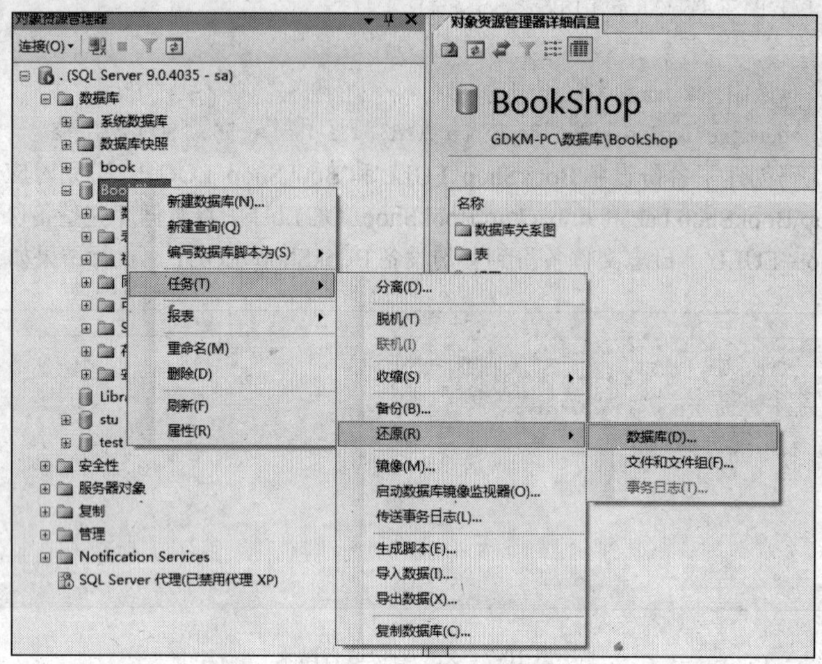


图 10-8　数据库还原操作

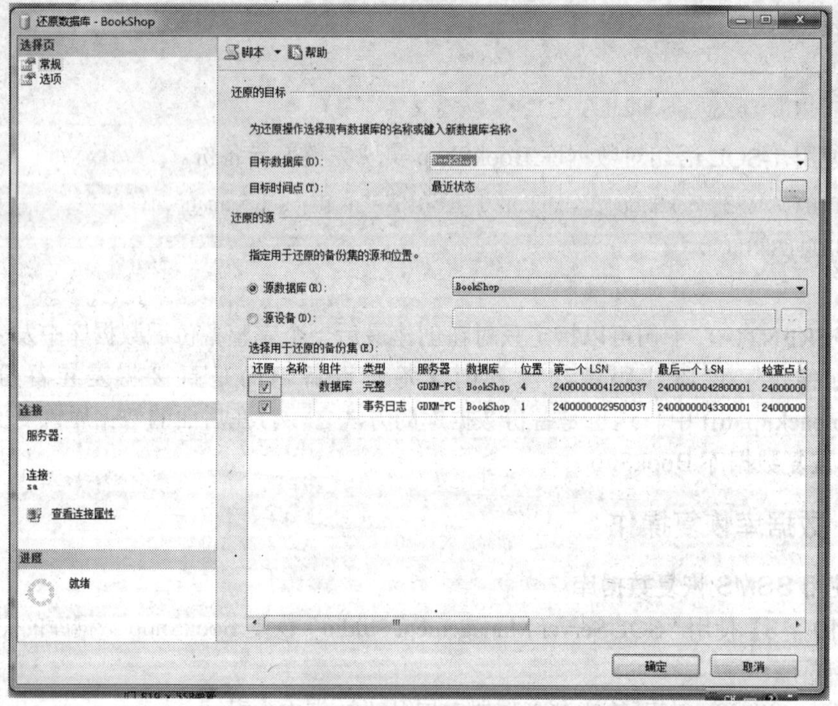


图 10-9　“还原数据库”对话框

(4) 在“还原数据库”对话框中，还可选择“选项”，进行数据库还原选项的设置，如图 10-10 所示。

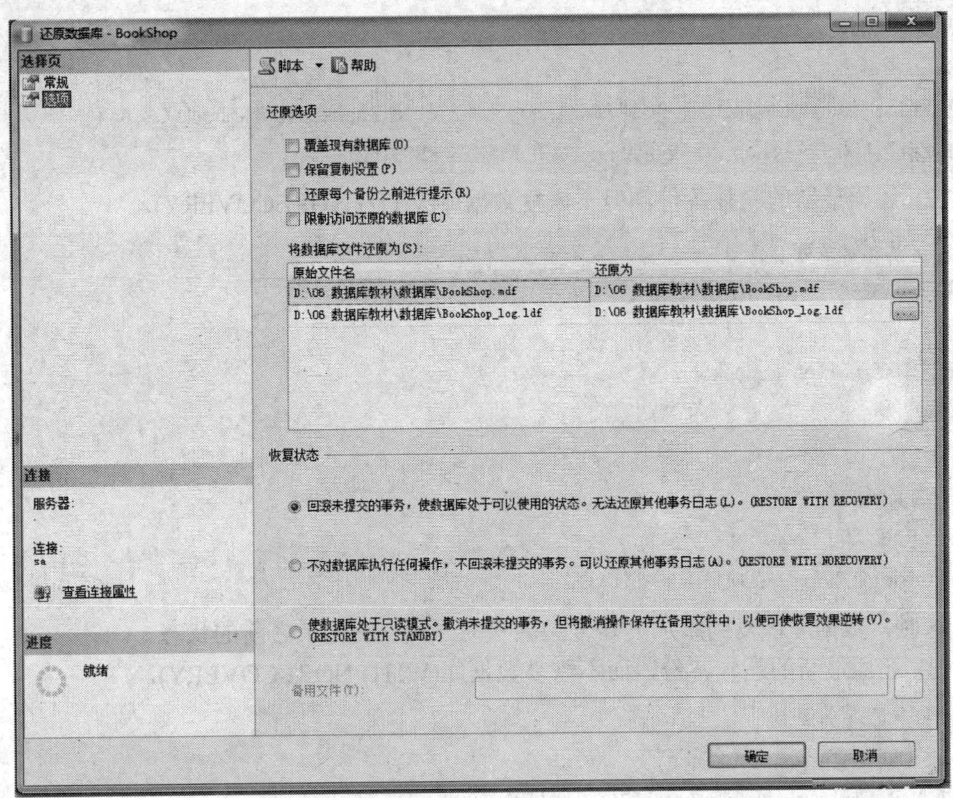


图 10-10　“还原数据库”对话框的“选项”选项卡

(5) 设置完成后，单击“确定”按钮即可完成数据库的还原操作。

### 2. 使用 T_SQL 语句恢复数据库

还原(即恢复)数据库可以使用 RESTORE DATABASE 语句完成，可以实现以下操作：

(1) 基于完整备份还原整个数据库(完整还原)。

(2) 还原数据库的一部分(部分还原)。

(3) 将特定文件、文件组或页面还原到数据库(文件还原或页面还原)。

(4) 将事务日志还原到数据库(事务日志还原)。

恢复数据库时，对于不同的类型，有不同的语句格式。

还原整个数据库的基本语句格式如下：

```
RESTORE DATABASE 数据库名 FROM 备份设备 [ , ...n ]
```

还原事务日志的基本语法如下：

```
RESTORE LOG 数据库名 FROM 备份设备 [ , ...n ]
```

**【例 10-1-4】**假设系统遭到了破坏，使用 T-SQL 语句在完整恢复模式下还原 BookShop 数据库。

步骤如下：

(1) 备份活动事务日志(称为日志尾部)。此操作将创建尾日志备份，如果活动事务日志不可用，则该日志部分的所有事务都将丢失。

```
--创建尾日志备份
USE Master
GO
EXEC sp_addumpdevice 'disk', 'BookShop_LOG2', 'd:\backup\BookShopLOG2.bak'
BACKUP LOG BookShop TO BookShop_LOG2 WITH NORECOVERY
```

(2) 还原最新的完整备份，但不恢复数据库(WITH NORECOVERY)。

```
--恢复完整备份
USE Master
GO
RESTORE DATABASE BookShop
FROM BookShop_FULL WITH NORECOVERY
GO
--恢复日志备份
RESTORE LOG BookShop
FROM BookShop_LOG1 WITH NORECOVERY
```

这时，数据库恢复到添加书籍分类编号为“11”的记录之前的状态。

(3) 还原最新的差异备份，而不恢复数据库(WITH NORECOVERY)。

```
--恢复差异备份
RESTORE DATABASE BookShop
FROM DISK='d:\backup\backup.diff' WITH NORECOVERY
```

这时书籍分类编号为“11”的记录被恢复。

(4) 从还原备份后创建的第一个事务日志备份开始，使用 NORECOVERY 依次还原日志。

```
--恢复尾日志备份
RESTORE LOG BookShop
FROM BookShop_LOG2 WITH NORECOVERY
```

这时，数据库备份后的事务被恢复。

(5) 恢复数据库。

```
--恢复数据库
RESTORE DATABASE BookShop WITH RECOVERY
```

这时，数据库完全被恢复。然后查看 Category 表，发现刚刚添加的编号为“11”的那条记录已经被恢复了。

**提示**

RECOVERY：指示还原操作回滚任何未提交的事务。

NORECOVERY：指示还原操作不回滚任何未提交的事务。

还原数据库备份和一个或多个事务日志，或者需要多个 RESTORE 语句时，RESTORE 需要对所有语句使用 WITH NORECOVERY 选项，但最后的 RESTORE 语句除外。

# 任务 10.2　掌握数据的导入和导出

## 10.2.1　数据导入和导出概述

当用户建立一个数据库，并且想将分散在各处的不同类型的数据库分类汇总在这个新建的数据库中时，尤其是在进行数据检验、净化和转换时，将会面临很大的挑战。SQL Server 提供了强大、丰富的数据导入、导出功能，并且在导入、导出的同时可以对数据进行灵活的处理。

SQL Server 中主要有三种导入、导出数据的方式：使用 Transact-SQL 对数据进行处理；调用命令行工具 BCP 处理数据；使用数据转换服务(DTS)对数据进行处理。通过数据导入、导出操作，可以完成在 SQL Server 数据库和其他类型数据库之间进行数据的转换，从而实现各种不同应用系统之间的数据移植和共享。下面重点讲解数据转换服务(DTS)方法中的导入、导出功能。

SQL Server 导入和导出向导可以访问各种数据源，可以向下列源中复制数据或从其中复制数据：

(1) SQL Server。

(2) 文本文件。

(3) Access。

(4) Excel。

(5) 其他 OLE DB 访问接口。

根据数据源的不同，需要设置身份验证模式、服务器名称、数据库名称和文件格式等的选项。

## 10.2.2　数据导出

**【例 10-2-1】**将数据库 BookShop 中的数据导出到 Excel 表中。

步骤如下：

(1) 启动 SSMS，在对象资源管理器中展开“数据库”节点。

(2) 右键单击“BookShop”，选择“任务”后再选择“导出数据”，如图 10-11 所示。

(3) 打开“SQL Server 导入和导出向导”对话框，单击“下一步”按钮。

(4) 打开“选择数据源”对话框，在“数据源”中选择“SQL Native Client”，表示选择 SQL 本地客户端。选择身份验证方式和要导出数据的数据库 BookShop，如图 10-12 所示。

(5) 单击“下一步”按钮，打开“选择目标”对话框，在“目标”中选择“MicroSoft Excel”，设置 Excel 文件的路径和版本，如图 10-13 所示。如果选中“首行包含列名称”，则导出的数据第一行是表的列名。

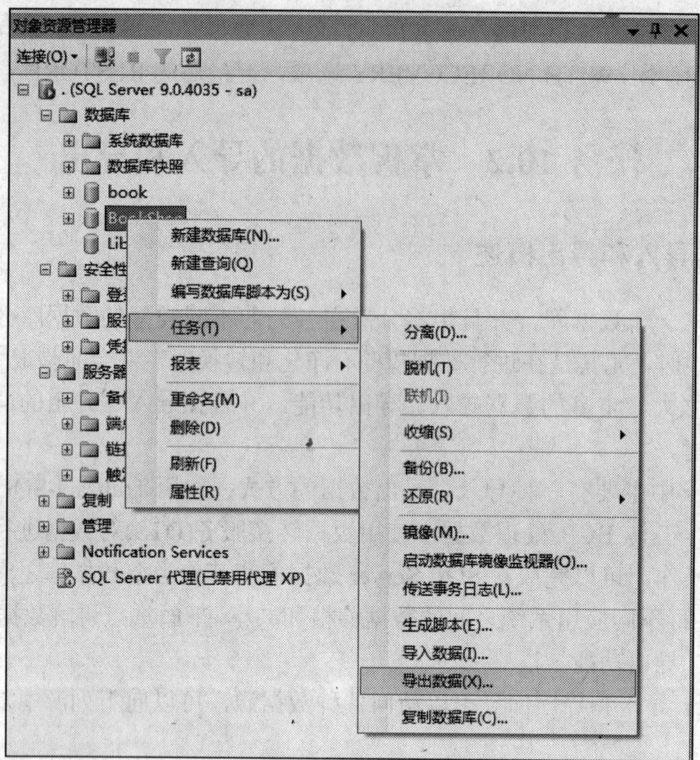


图 10-11　选择“导出数据”

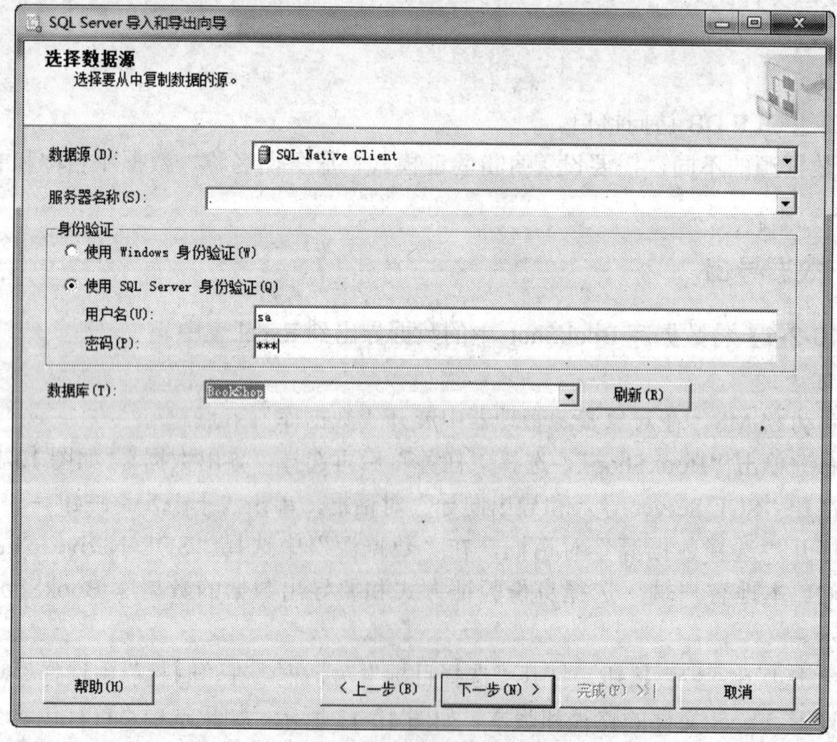


图 10-12　“选择数据源”对话框

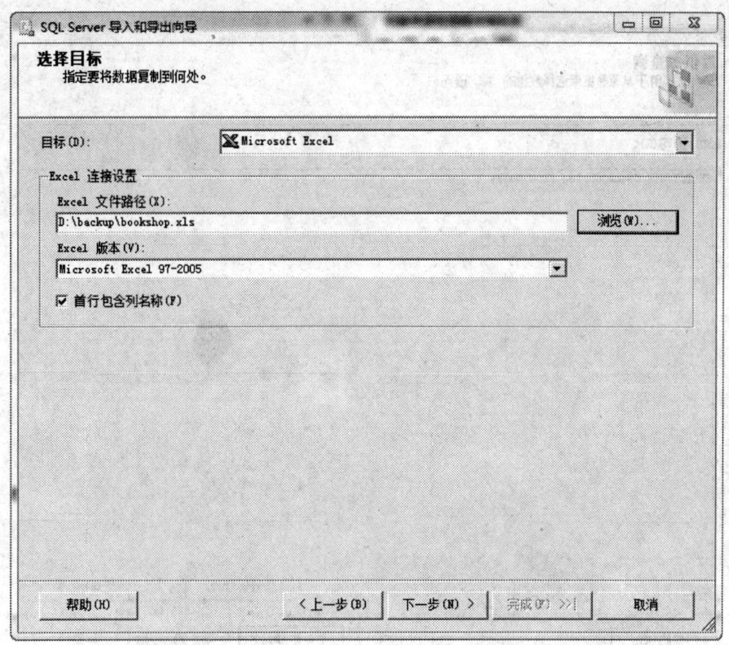


图 10-13　“选择目标”对话框

(6) 单击“下一步”按钮，打开“指定表复制或查询”对话框，选择“复制一个或多个表或视图的数据”，如图 10-14 所示。

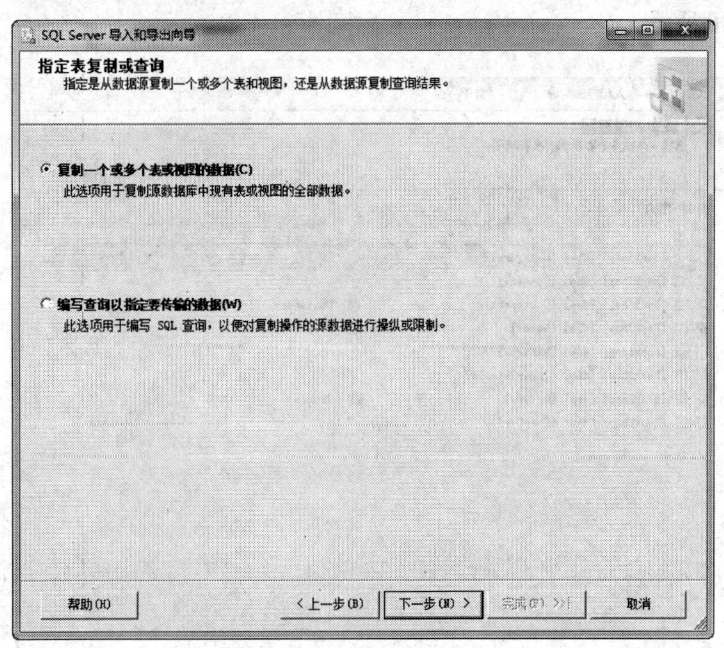


图 10-14　“指定表复制或查询”对话框

(7) 在第 6 步中，也可以选择“编写查询以指定要传输的数据”，进行表的部分列数据的导出。单击“下一步”按钮后，将打开“提供源查询”对话框，输入查询语句，如图 10-15 所示。

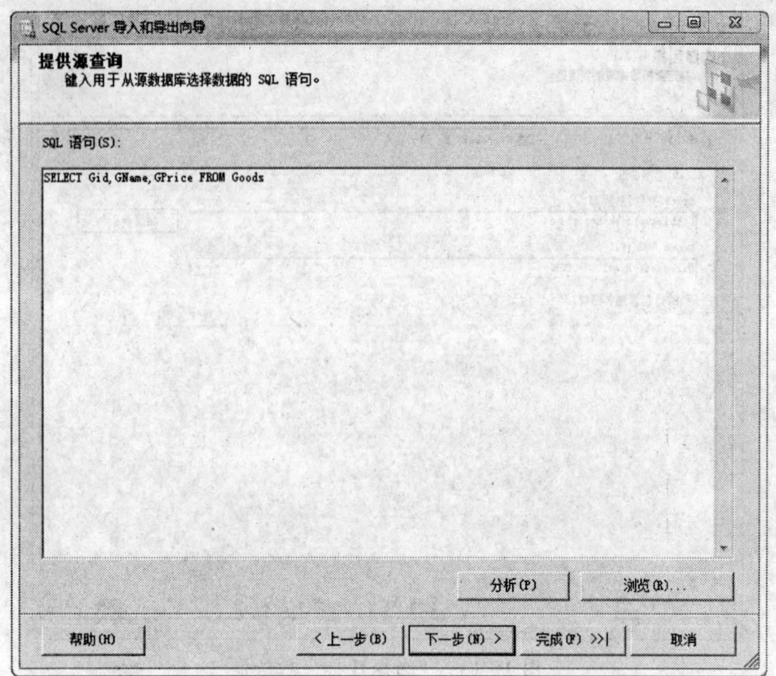


图 10-15 “提供源查询”对话框

(8) 单击“下一步”按钮，打开“选择源表和源视图”对话框，选择要导出的表和视图，如图 10-16 所示。

图 10-16 “选择源表和源视图”对话框

(9) 设置好导出源数据后，单击“下一步”按钮，打开“保存并执行包”对话框，选择“立刻执行”，如图 10-17 所示。

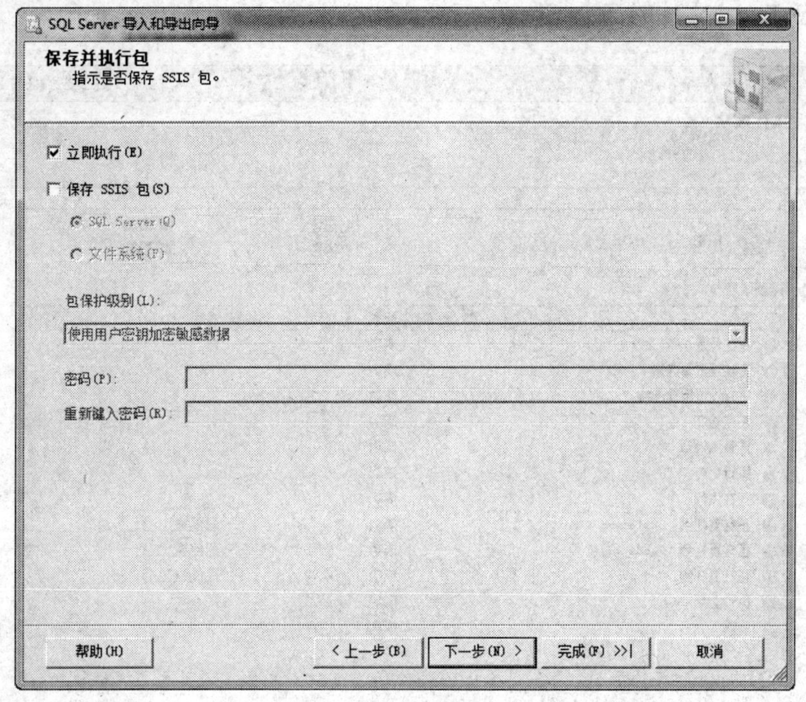


图 10-17　“保存并执行包”对话框

(10) 单击“下一步”按钮，打开“完成该向导”对话框，如图 10-18 所示。

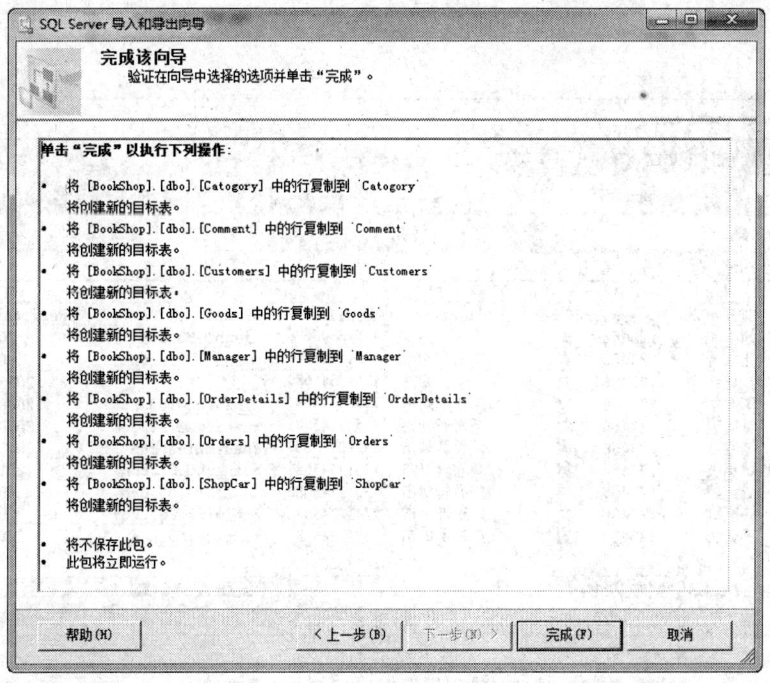


图 10-18　“完成该向导”对话框

(11) 单击“完成”按钮，数据执行导出，并打开“执行成功”对话框，如图 10-19 所示。在 d:\backup 目录下生成 BookShop.xls 文件，其内容如图 10-20 所示，导出的三张表分别对应 Excel 文件的三个 Sheet。

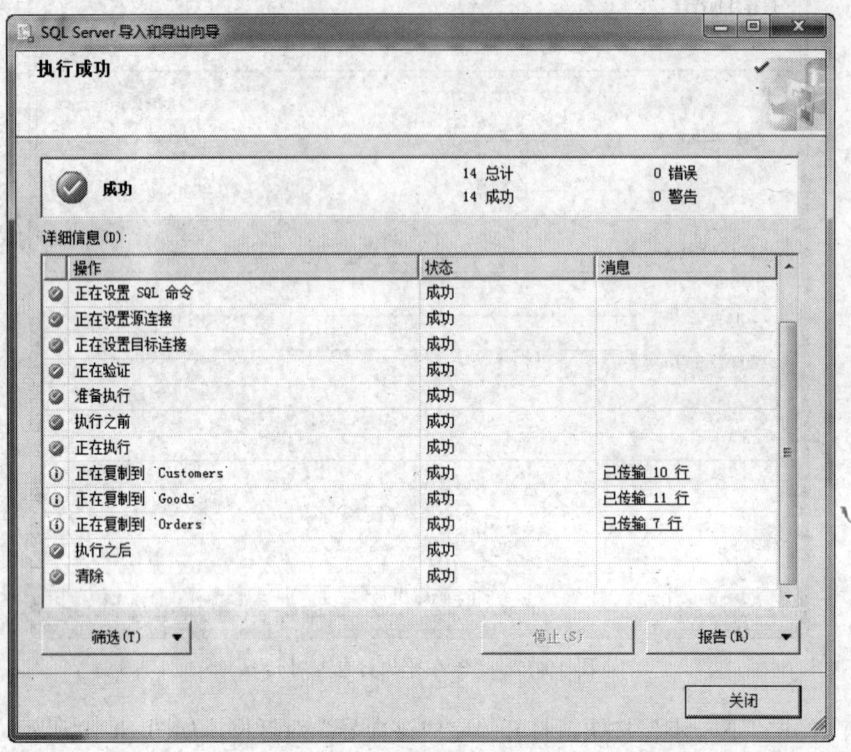


图 10-19 “执行成功”对话框

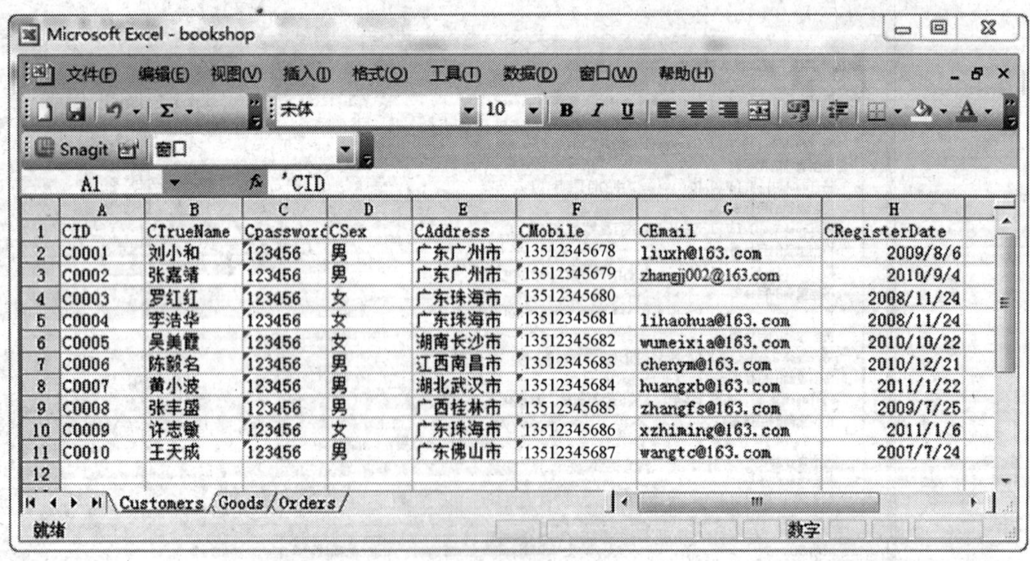


| | A | B | C | D | E | F | G | H |
|---|---|---|---|---|---|---|---|---|
| 1 | CID | CTrueName | Cpassword | CSex | CAddress | CMobile | CEmail | CRegisterDate |
| 2 | C0001 | 刘小和 | 123456 | 男 | 广东广州市 | 13512345678 | liuxh@163.com | 2009/8/6 |
| 3 | C0002 | 张嘉靖 | 123456 | 男 | 广东广州市 | 13512345679 | zhangjj002@163.com | 2010/9/4 |
| 4 | C0003 | 罗红红 | 123456 | 女 | 广东珠海市 | 13512345680 | | 2008/11/24 |
| 5 | C0004 | 李浩华 | 123456 | 女 | 广东珠海市 | 13512345681 | lihaohua@163.com | 2008/11/24 |
| 6 | C0005 | 吴美霞 | 123456 | 女 | 湖南长沙市 | 13512345682 | wumeixia@163.com | 2010/10/22 |
| 7 | C0006 | 陈毅名 | 123456 | 男 | 江西南昌市 | 13512345683 | chenym@163.com | 2010/12/21 |
| 8 | C0007 | 黄小波 | 123456 | 男 | 湖北武汉市 | 13512345684 | huangxb@163.com | 2011/1/22 |
| 9 | C0008 | 张丰盛 | 123456 | 男 | 广西桂林市 | 13512345685 | zhangfs@163.com | 2009/7/25 |
| 10 | C0009 | 许志敏 | 123456 | 女 | 广东珠海市 | 13512345686 | xzhiming@163.com | 2011/1/6 |
| 11 | C0010 | 王天成 | 123456 | 男 | 广东佛山市 | 13512345687 | wangtc@163.com | 2007/7/24 |
| 12 | | | | | | | | |

图 10-20 导出得到的 Excel 文件

### 10.2.3　数据导入

【例 10-2-2】有一网上书店系统采用的是 ACCESS 数据库，由于系统数据的不断增加，需要将数据移植到 SQL Server 数据库系统。

步骤如下：

(1) 启动 SSMS，在对象资源管理器中展开“数据库”节点。

(2) 单击右键，单击“新建数据库”，新建名为“BookStore”的数据库。

(3) 右键单击“BookStore”，选择“任务”后再选择“导入数据”，如图 10-21 所示。

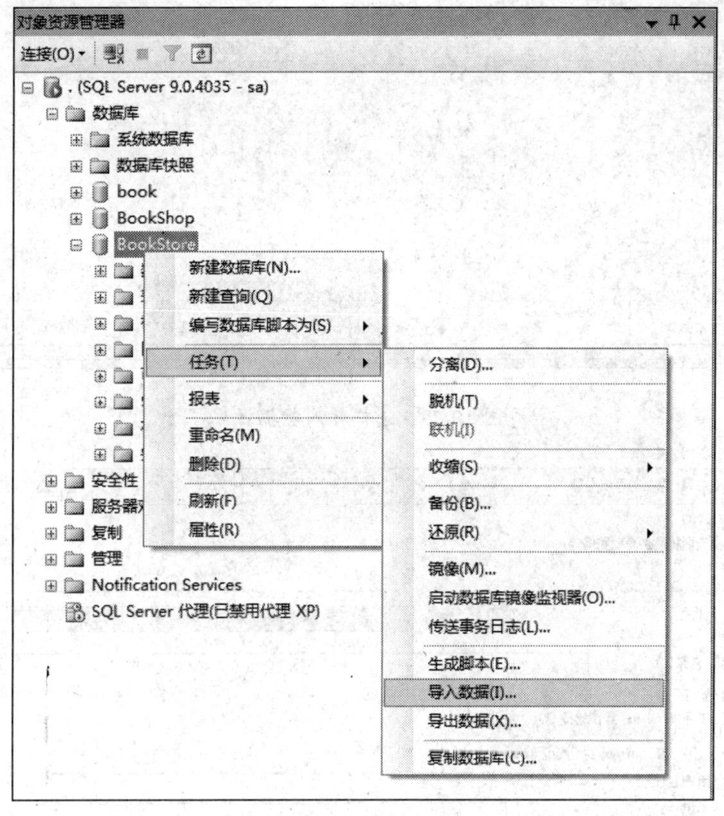


图 10-21　数据导入

(4) 打开“SQL Server 导入和导出向导”对话框，单击“下一步”按钮。

(5) 打开“选择数据源”对话框，在“数据源”中选择“MicroSoft Access”，设置好要导入的 Access 数据库名称，如果没有用户名和密码，则无需输入，如图 10-22 所示。

(6) 单击“下一步”按钮，打开“选择目标”对话框，在“目标”中选择“SQL Native Client”，如图 10-23 所示。

(7) 单击“下一步”按钮，后续操作同数据导出时的操作。

(8) 导入成功后，在 BookStore 数据库中可以查看到导入的所有表，如图 10-24 所示。

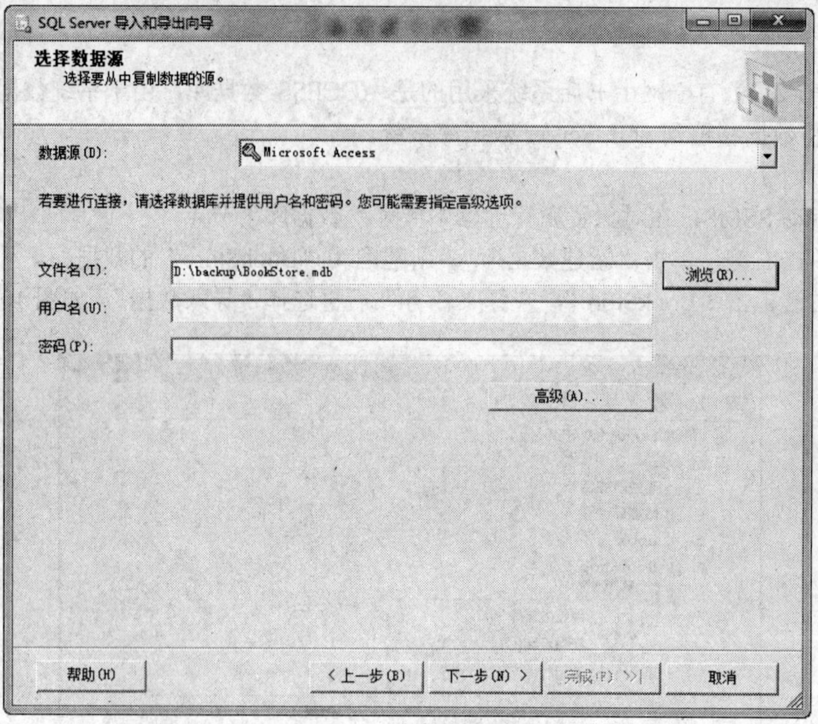

图 10-22　选择导入数据源

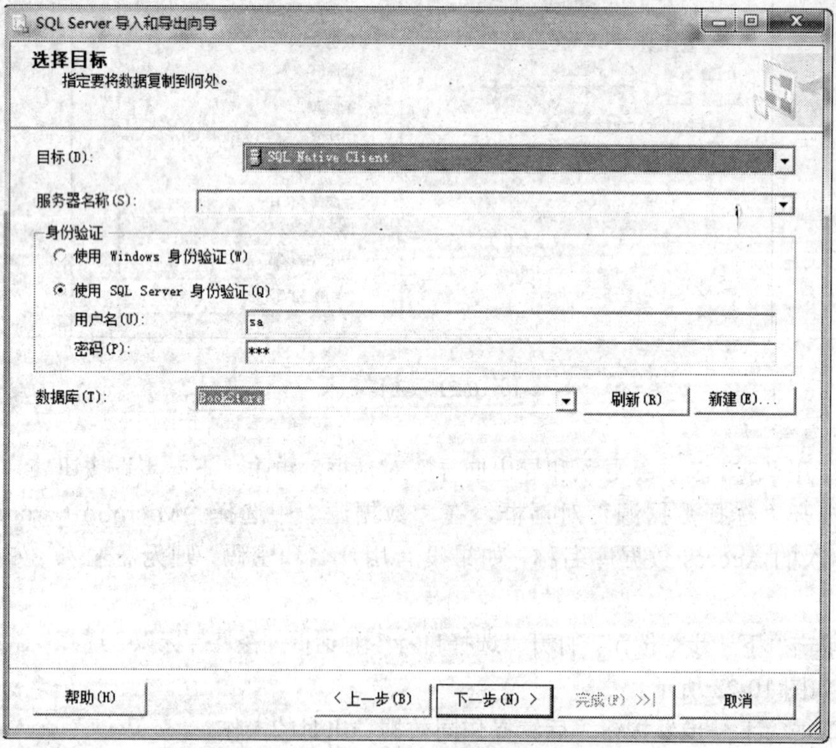

图 10-23　选择导出目标

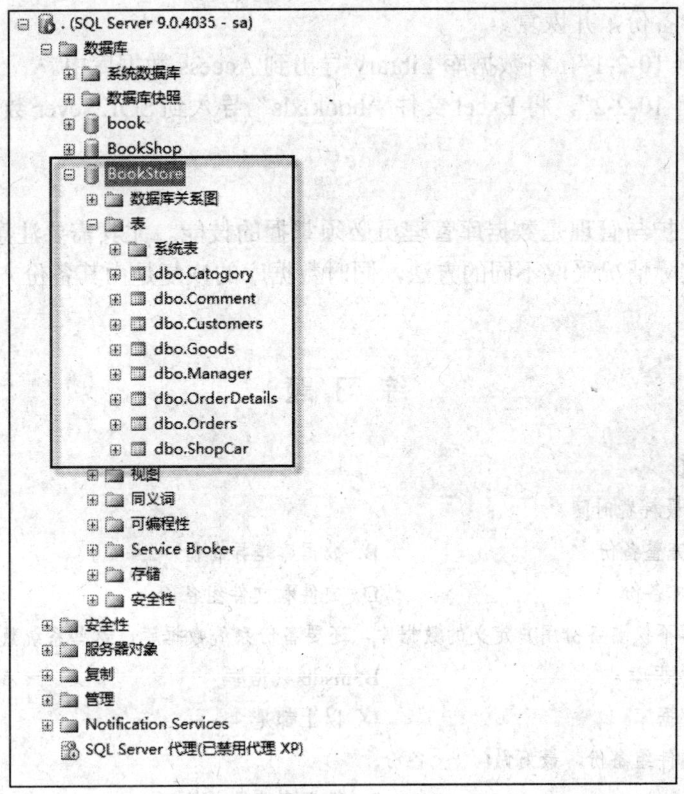


图 10-24　导入后的数据库

提示

因为每种数据库的数据类型有所不同，在数据导入或导出后，要注意列的类型可能会发生变化。如果列的类型发生了变化，需要进行适当的修改。

# 项目实训 10　数据库备份与恢复、导入与导出操作

## 一、实训目的

1. 了解数据库备份与恢复的原理。
2. 掌握数据库备份与恢复的方法。
3. 了解数据导入和导出的目的。
4. 掌握数据导入和导出的方法。

## 二、实训内容

1. 参照“例 10-1-1”和“例 10-1-3”，使用 SSMS 对数据库 Libarary 进行完整备份和恢复。

2. 参照“例 10-1-2”和“例 10-1-4”，使用 T-SQL 对数据库 Libarary 进行完整备份、

日志备份和差异备份，并恢复。

3. 参照“例 10-2-1”，将数据库 Library 导出到 Access 数据库中。

4. 参照“例 10-2-2”，将 Excel 文件“book.xls”导入到 SQL Sever 数据库中。

## 三、实训小结

数据库的维护与管理是数据库管理员必须掌握的技能。尤其需要注意的是，数据库的备份要根据实际情况采取不同的方法，同时数据库的恢复是由其备份方式决定的。

## 练 习 题

### 一、选择题

1. (　　)备份最耗费时间。

A. 数据库完整备份　　B. 数据库差异备份

C. 事务日志备份　　D. 文件和文件组备份

2. 备份数据库不仅要备份用户定义的数据库，还要备份系统数据库，这些系统数据库是(　　)。

A. master 数据库　　B. msdb 数据库

C. model 数据库　　D. 以上都是

3. 做文件和文件组备份，最好做(　　)备份。

A. 数据库备份　　B. 数据库差异备份

C. 事务日志备份　　D. 文件和文件组备份

4. 下列哪一种备份方式只备份了自上次备份操作发生后重新发生改变的数据？(　　)

A. 完全备份　　B. 日志备份

C. 增量备份　　D. 文件和文件组备份

### 二、思考题

1. 在数据库恢复的方法中，必须考虑的因素有哪些？

2. 数据库备份有哪些方法？它们分别适合在什么情况下使用？

# 项目 11　SQL Server 的安全和管理

## 项目简介

安全管理是数据库管理系统一个非常重要的组成部分，是数据库中数据被合理访问和修改的基本保证，SQL Server 2005 提供有效的数据访问安全机制。本项目主要从用户、角色和权限等方面进行安全性的分析和操作。通过本项目的学习，应该掌握 SQL Server 2005 服务器的安全性机制及其运用，并熟练掌握创建和管理安全账户、管理数据库用户、角色及权限的方法。

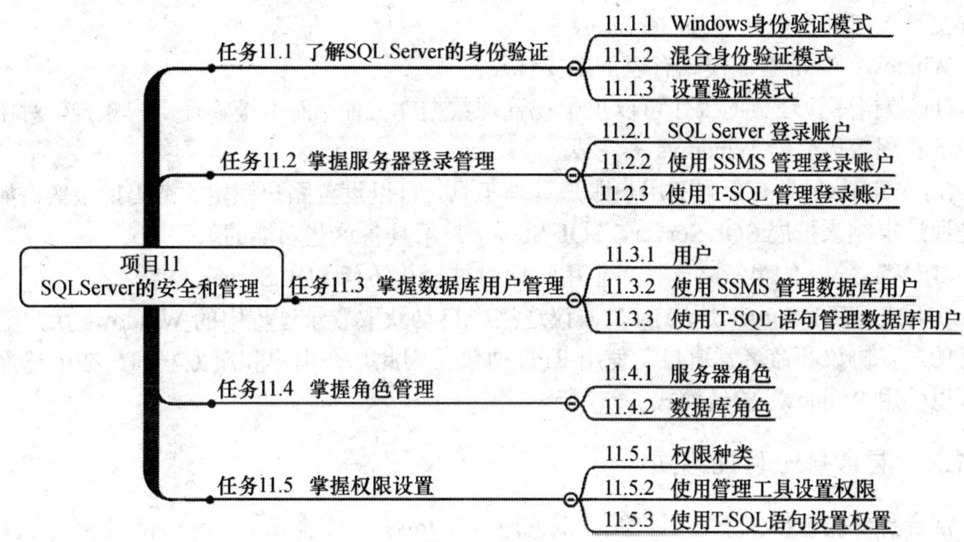


图 11-1　本项目知识要点

## 单词学习

1. authentication：验证
2. permission Validation：权限认证
3. login：登录
4. grant：授权
5. deny：拒绝
6. revoke：撤销
7. role：角色
8. user：用户

## 任务 11.1　了解 SQL Server 的身份验证

当使用 SQL Server 2005 时，需要经过两个安全性验证阶段，即身份验证阶段和权限认证阶段。为了实现安全性，SQL Server 对用户的访问进行两个阶段的检验。

(1) 身份验证阶段(Authentication)。用户在 SQL Server 上获得对任何数据库的访问权限之前，必须登录到 SQL Server 上，并且被认为是合法的。SQL Server 或者 Windows 对用户进行验证。如果验证通过，用户就可以连接到 SQL Server 上；否则，服务器将拒绝用户登录，从而保证系统安全。

(2) 权限认证阶段(Permission Validation)。在身份验证阶段，系统只验证用户是否有连接 SQL Server 2005 的权限，如果身份验证通过，只表示用户可以连接到 SQL Server 服务器上；否则，系统将拒绝用户的连接。然后，检测用户是否有访问服务器数据的权限，为此需要授予每个数据库中映射到用户登录的账户访问权限，权限认证可以控制用户对数据库进行操作。

### 11.1.1 Windows 身份验证模式

在 Windows 身份验证模式下，SQL Server 检测当前使用 Windows 的用户账户，并在系统注册表中查找该用户，以确定该用户账户是否有权限登录。在这种方式下，用户不必提交登录名和密码让 SQL Server 验证。

Windows 身份验证模式有以下主要优点：

(1) 数据库管理员的工作可以集中在管理数据库上面，而不是管理用户账户。对用户账户的管理可以交给 Windows 去完成。

(2) Windows 具有更强的用户账户管理工具，可以设置账户锁定、密码期限等。如果不是通过定制来扩展 SQL Server，SQL Server 是不具备这些功能的。

(3) Windows 的组策略支持多个用户同时被授权访问 SQL Server。

实际上，SQL Server 是从 RPC 协议连接中自动获取登录过程中的 Windows 用户账户信息的。多协议和命名管道自动使用 RPC 协议。因此，在用户和服务器间，在上述网络中可以使用 Windows 验证模式。

### 11.1.2 混合身份验证模式

混合身份验证模式下，用户既可以使用 Windows 身份验证，也可以使用 SQL Server 身份验证连接到一个 SQL Server 2005 实例。

所谓 SQL Server 身份验证，就是一个数据库管理员创建的 SQL Server 2005 登录账户和密码。当用户用指定的登录名称和密码从非信任连接进行连接时，SQL Server 通过检查是否已设置 SQL Server 登录账户，以及指定的密码是否与以前记录的密码匹配，自己进行身份验证。如果 SQL Server 未设置登录账户，则身份验证将失败，而且用户将收到错误信息。

在混合验证模式下，SQL Server 系统会优先采用 Windows 认证来确认用户，即如果将要连接服务器的用户是通过信任连接协议登录系统的，那么系统就会自动采用 Windows 认证进程确认用户。只有对那些通过非信任连接协议登录系统的用户，系统才采用 SQL Server 2005 认证确认用户的身份。

混合验证模式具有如下优点：

(1) 创建了 Windows 之上的另外一个安全层次。

(2) 支持更大范围的用户，例如非 Windows 客户、Novell 网络等。

(3) 一个应用程序可以使用单个的 SQL Server 登录和口令。

### 11.1.3　设置身份验证模式

设置身份验证模式的操作步骤如下：

(1) 启动 SSMS，在窗口中展开一个服务器组，并连接到需要设置安全模式的那个服务器上。

(2) 选择服务器后右击，在弹出的快捷菜单中选择“属性”命令(图 11-2)，系统弹出“服务器属性”对话框，选择“安全性”选项卡，如图 11-3 所示。

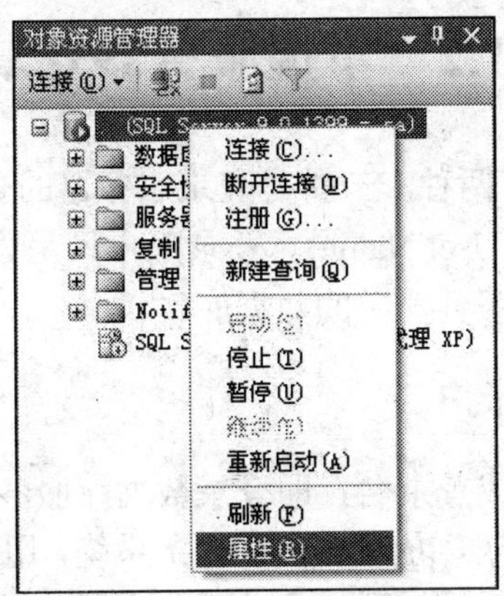


图 11-2　选择服务器属性

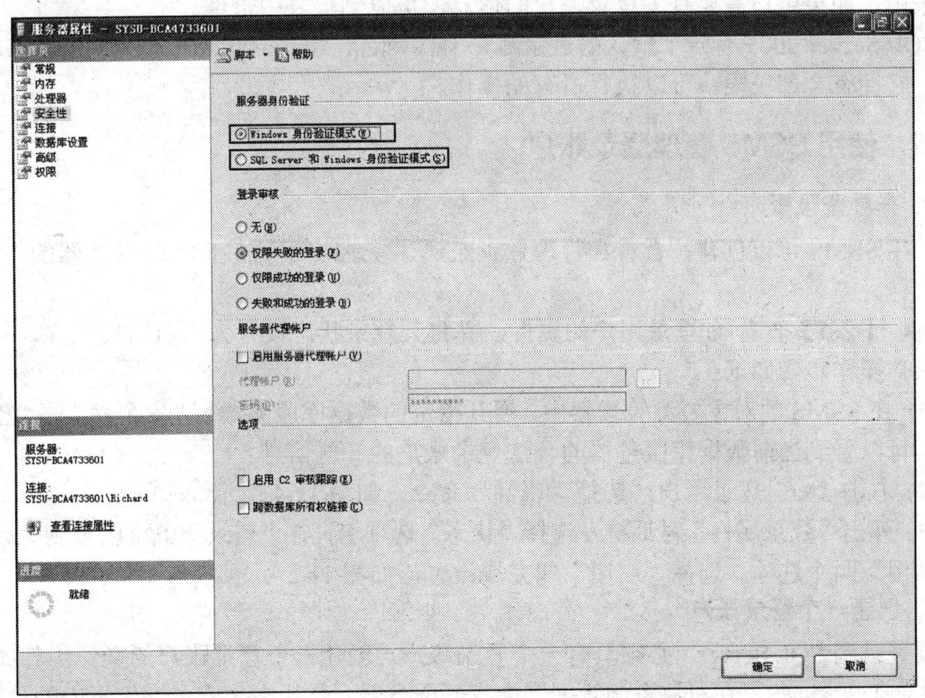


图 11-3　“安全性”选项卡

(3) 在“服务器身份验证”区域中选择“Windows 身份验证模式”或“SQL Server 和 Windows 身份验证模式”选项。

(4) 在“登录审核”区域中选择用户访问 SQL Server 的级别：

① 如果选择“无”，表示不执行审核。

② 如果选择“仅限失败的登录”，表示只审核用户连接失败的事件。

③ 如果选择“仅限成功的登录”，表示只审核用户连接成功的事件。

④ 如果选择“失败和成功的登录”，表示审核用户的所有事件。

(5) 设置完毕后单击“确定”按钮，关闭对话框，结束整个操作过程，但是如果需要使用户设置的安全模式生效，需要重新启动 SQL Server。

# 任务 11.2　掌握服务器登录管理

在 SQL Server 中，账户有两种，一种是登录服务器的登录账户(Login Name)，另外一种是使用数据库的用户账户(User Name)。登录账户只是让用户登录到 SQL Server 中，登录名本身并不能让用户访问服务器中的数据库。

## 11.2.1　SQL Server 登录账户

登录账户也称为登录用户或登录名，即登录数据库服务器的账户，是 SQL Server 数据库服务器的安全控制手段。为了访问 SQL Server 系统，用户必须提供正确的登录账户，这些登录账户既可以是 Windows 登录账户，也可以是 SQL Server 登录账户，但它必须是符合标识规则的唯一名字。登录账户的信息是系统信息，存储在 master 数据库的 sysxlogins 系统表中，如果用户需要有关登录账户的信息，可以到该表中查询。

SQL Server 2005 有一个默认的登录账户 sa(System Administrator)，在 SQL Server 系统中，它拥有全部权限，可以执行所有的操作。

## 11.2.2　使用 SSMS 管理登录账户

### 1. 查看登录账户

使用 SSMS 可以创建、查看和管理登录账户。登录账户存放在 SQL 服务器的“安全性”文件夹中。

**【例 11-2-1】**查看 sa 登录用户的属性，并将其登录状态设置为“启用”。

具体操作步骤如下：

(1) 在 SSMS 的对象资源管理器中，展开指定的数据库服务器→“安全性”→“登录”节点，可以看到当前数据库服务器的合法登录账户的一些信息。

(2) 右击“sa”登录用户，选择“属性”命令，如图 11-4 所示。

(3) 弹出“登录属性”对话框，选择“状态”选项卡，在“登录”中可以看到“启用”和“禁用”两个选项。选择“启用”即完成设置，如图 11-5 所示。

### 2. 创建一个登录账户

要登录到 SQL Server，必须具有一个登录账户。创建一个登录账户的操作步骤如下：

(1) 打开 SSMS，在对象资源管理器中打开服务器，然后在“安全性”下面的“登录名”上右击，在打开的快捷菜单中选择“新建登录名”命令，如图 11-6 所示。

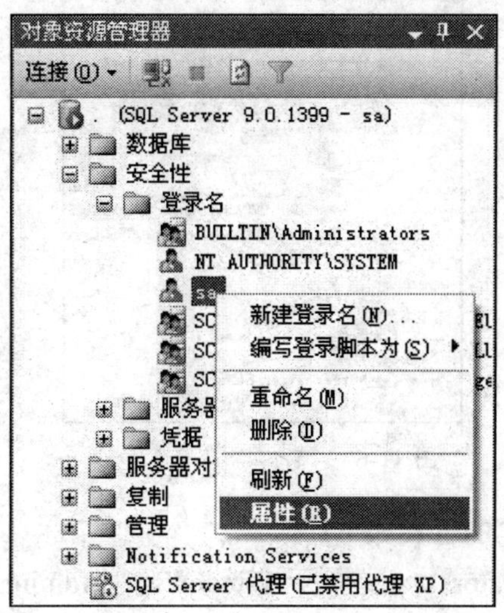


图 11-4　选择“属性”命令

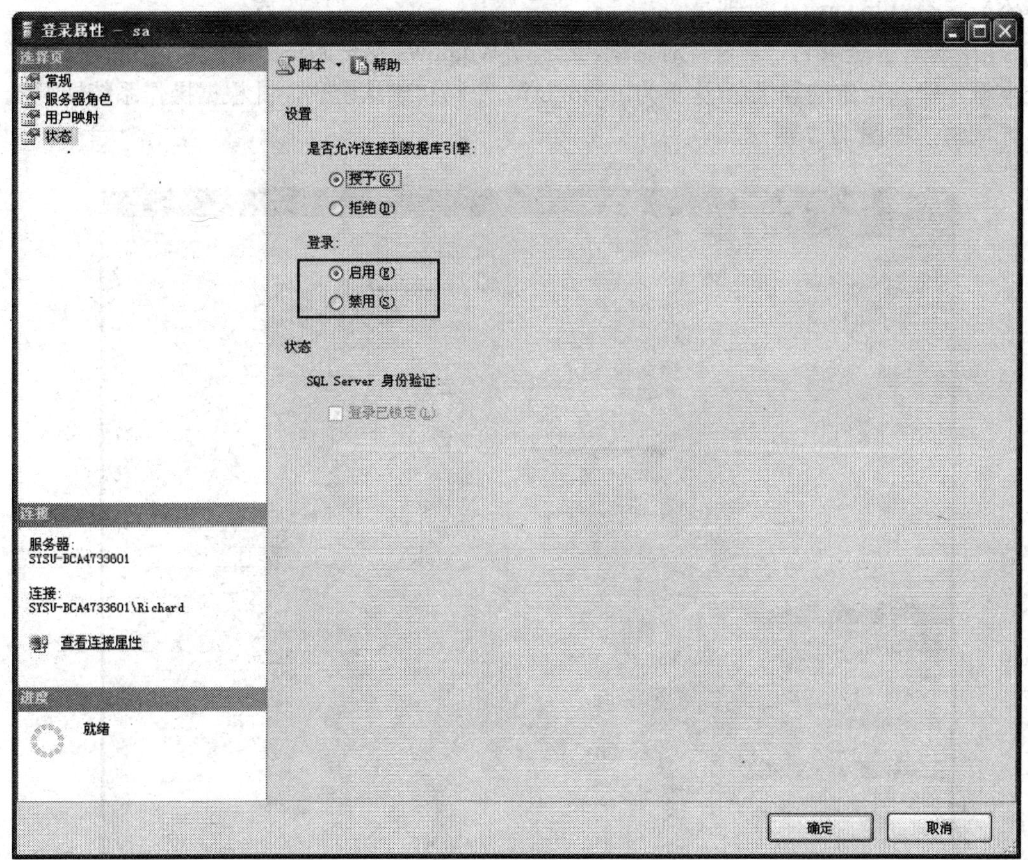


图 11-5　“登录属性”对话框

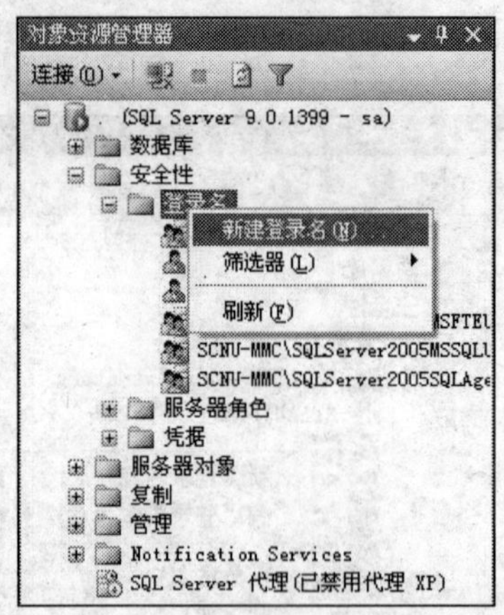


图 11-6 “新建登录名”命令

其中两个默认登录账户的含义如下：

① BUILTIN\Administrators。凡是属于 Windows 中 Administrators 组的账户都允许登录 SQL Server。

② sa。超级管理员账户，允许 SQL Server 的系统管理员登录，此 SQL Server 的管理员不一定是 Windows 的管理员。

(2) 打开“登录名—新建”对话框，选择“Windows 身份验证”登录名，在“登录名”文本框中输入指定的登录名(这里为 mylogin)、密码和确认密码，并根据操作系统情况选中或取消，如图 11-7 所示。

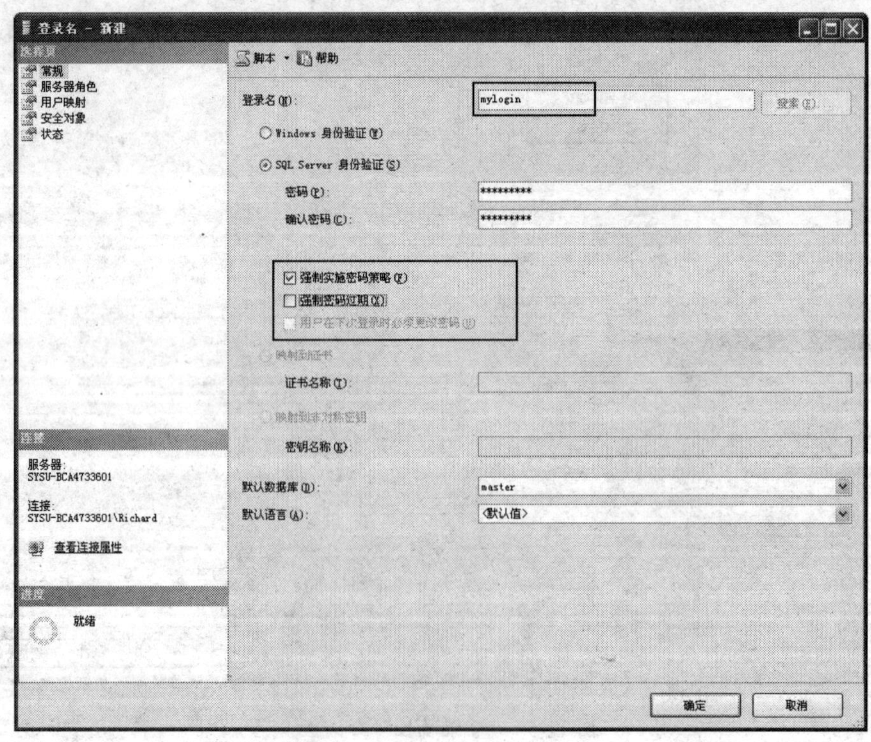


图 11-7 “登录名—新建”对话框

(3) 单击“确定”按钮，就可以创建新的登录用户。

**3. 编辑或删除登录账户**

展开“登录名”节点，在显示出的登录名中，右击需要操作的登录名，选择“属性”命令，可对该登录名已设定内容进行重新编辑，如图 11-7 所示；选择“删除”命令便可删除该登录名。

### 11.2.3 使用 T-SQL 管理登录账户

SQL Server 2005 提供了 CREATE LOGIN、ALTER LOGIN 和 DROP LOGIN 语句，进行登录名的创建、修改和删除操作。

**1. 新建登录名**

(1) 创建 SQL Server 登录名。使用 CREATE LOGIN 语句可以创建登录名，其基本语句格式如下：

```
CREATE LOGIN <登录名> { WITH <选择项> | FROM <登录名来源> }
```

创建名为“mylogin”的登录，初始密码为“123456”，并指定默认数据库为 BookShop，完成语句如下：

```
CREATE LOGIN mylogin
WITH PASSWORD='123456 ',
DEFAULT_DATABASE=BookShop
GO
```

(2) 创建名为“winlogin”的 Windows 用户登录名(对应的 Windows 用户为 winlogin)。完成语句如下：

```
CREATE LOGIN [SYSU Wwinlogin]     -- SYSU 为服务器名称
FROM WINDOWS
GO
```

**2. 修改登录名**

使用 ALTER LOGIN 语句可以改变登录名的密码和用户名称，基本语句格式如下：

```
ALTER LOGIN <登录名>  WITH <修改项> [, ...n]
```

将名为“mylogin”的登录账户密码由“123456”修改为“learningSQL”。完成语句如下：

```
ALTER LOGIN mylogin
WITH PASSWORD='learningSQL'
GO
```

**3. 删除登录名**

使用 DROP LOGIN 语句可以删除登录名，基本语句格式如下：

```
DROP LOGIN <登录名>
```

删除登录名“mylogin”，完成语句如下：

```
DROP LOGIN mylogin
```

### 4. 查看登录账

在查询分析器输入 sp_helplogins，可查看登录用户名，如图 11-8 所示。

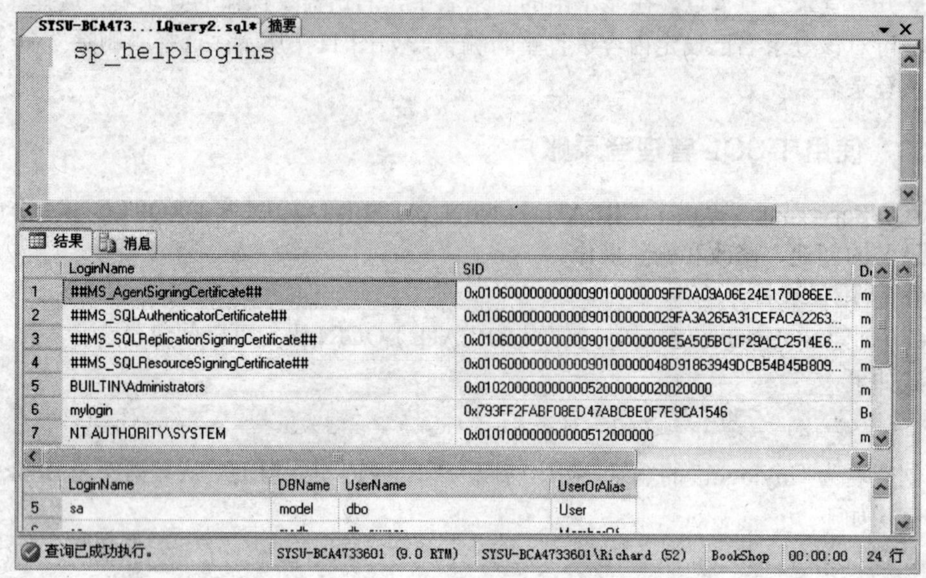

图 11-8　查看登录用户名

# 任务 11.3　掌握数据库用户管理

## 11.3.1　用户

SQL Server 2005 的账户有两种：一种登录服务器的登录账户，另外一种是使用数据库的用户账户。登录账户是指能登录到 SQL Server 2005 服务器的账户，属于服务器的层面，它本身并不能让用户访问服务器中的数据库。登录到 SQL Server 2005 服务器后，必须使用用户账户才能够存取数据。

每个数据库的用户信息都存放在系统表 sysusers 中，通过查看该表可以看到当前数据库所有用户的情况。在该表中，每一行数据表示一个 SQL Server 用户或 SQL Server 角色信息。创建数据库的用户称为数据库所有者(dbo)，他具有该数据库的所有权限。创建数据库对象的用户称为数据库对象的所有者(dbo)他具有对该对象的所有权限。在每一个 SQL Server 2005 数据库中，至少有一个名称为 dbo 的用户。系统管理员 sa 是其所管理系统中任何数据库的 dbo 用户。

 提示

每个数据库都有两个默认的用户，即 dbo 和 guest。

- dbo 代表数据库的创建者即数据库的所有者，dbo 对应于创建该数据库的登录账户，在数据库中拥有执行所有操作的最高权限。
- guest 用户允许那些没有映射为数据库用户的服务器登录账户访问数据库。

## 11.3.2　使用 SSMS 管理数据库用户

### 1. 查看用户

使用 SSMS 可以创建、查看和管理数据库用户。例如，要查看数据库 BookShop 的用户，具体操作步骤如下：

(1) 在对象资源管理器中，依次展开"数据库"→"BookShop"→"安全性"→"用户"节点。如图 11-9 所示。

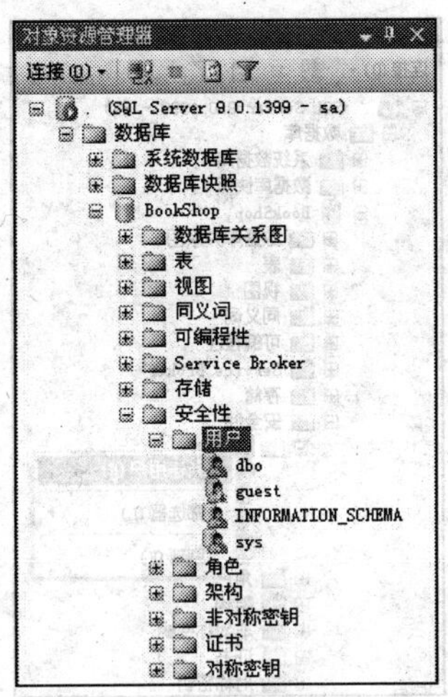


图 11-9　查看用户信息

(2) 右击某个用户，在弹出的快捷方式中选择"属性"命令，即可以看到该用户在该数据库中的一些信息，如图 11-10 所示。

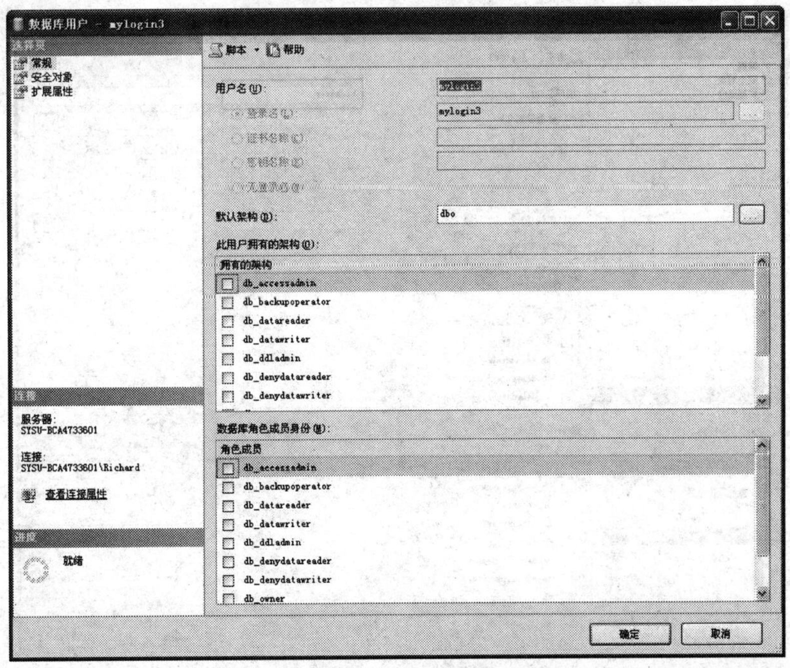


图 11-10　用户信息窗口

### 2. 创建新的数据库用户

如果在创建登录账户时，没有指定对某个数据库的存取权限，则在该数据库中，创建一个新的用户账户 bookuser，并关联到该登录账户 mylogin，则该登录账户会自动具有该数据库的访问权限。在数据库 BookShop 登录账户中，具体操作步骤如下：

(1) 打开 SSMS，在对象资源管理器中，依次展开“数据库”→“BookShop”→“安全性”→“用户”。在“用户”上右击，在弹出的快捷菜单中，选择“新建用户”命令，如图 11-11 所示。

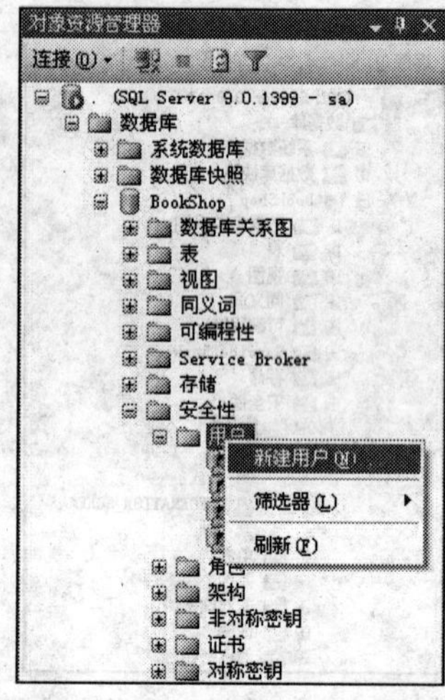


图 11-11 “新建用户”命令

(2) 在弹出的“数据库用户—新建”对话框中，输入数据库用户名 bookuser，如图 11-12 所示。

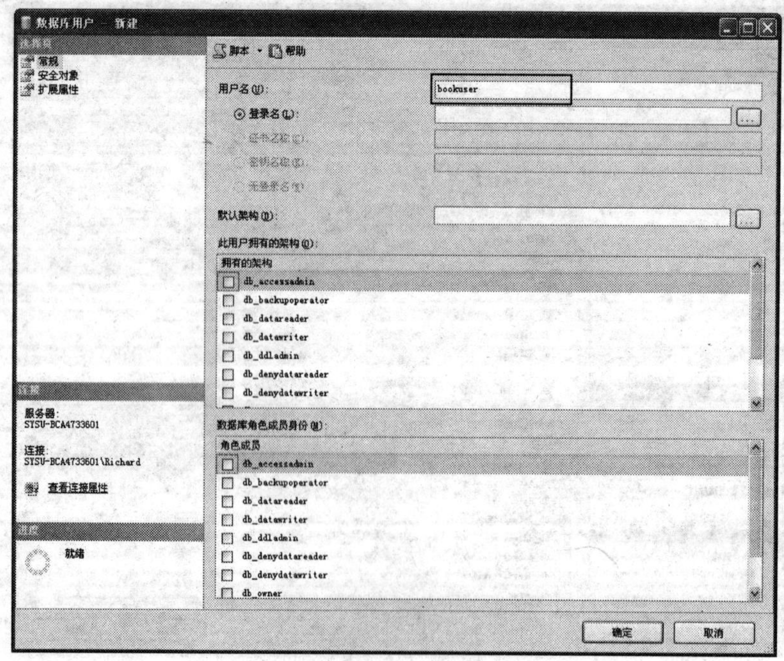


图 11-12 输入数据库用户名

(3) 单击“登录名”文本框右边的按钮[...]，打开“选择登录名”对话框，单击“浏览”按钮，打开“查找对象”对话框，选择 mylogin 登录账户，如图 11-13、11-14 所示。

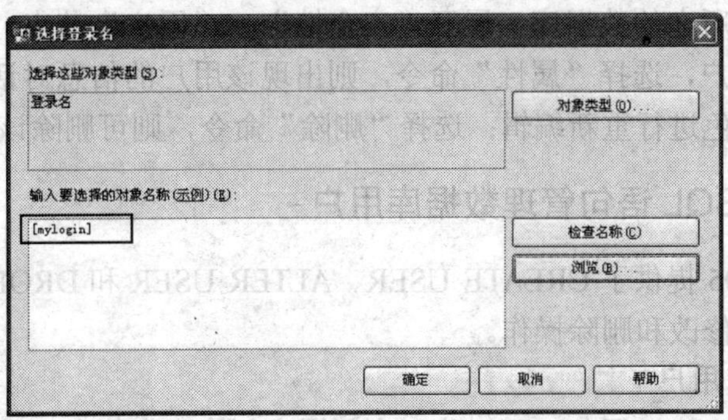


图 11-13　“选择登录名”对话框

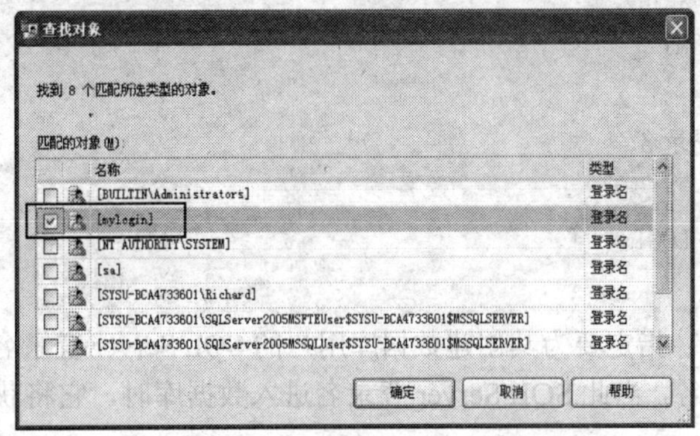


图 11-14　“查找对象”对话框

(4) 单击“确定”按钮，返回到“数据库用户—新建”窗口。在此窗口设置用户拥有的架构以及数据库角色成员身份，如图 11-15 所示。

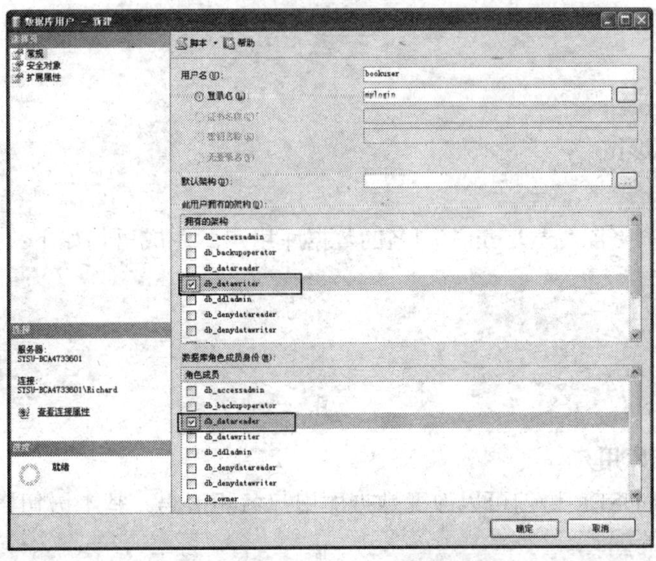


图 11-15　设置架构和角色成员身份

(5) 设置完成后，单击“确定”按钮，即创建了一个新的数据库用户。

**3. 编辑或删除数据库用户**

首先选择用户所在的数据库，展开“安全性”→“用户”节点，在显示的用户中，右击需要操作的用户，选择“属性”命令，则出现该用户的信息对话框，可以对该用户已设定的数据库角色进行重新编辑；选择“删除”命令，则可删除该数据库用户。

### 11.3.3 使用 T-SQL 语句管理数据库用户

SQL Server2005 提供了 CREATE USER、ALTER USER 和 DROP USER 语句进行数据库用户的创建、修改和删除操作。

**1. 创建数据库用户**

使用 CREATE USER 语句，可以为一个新用户创建账户信息。基本语句格式如下：

```
CREATE USER 数据库用户名
    [{{FOR | FROM}
      {
        LOGIN 登录名
      }
      | WITHOUT LOGIN
    ]
```

LOGIN 登录名：指定要为其创建数据库用户的 SQL Server 登录名。登录名必须是服务器中有效的登录名。当此 SQL Server 登录名进入数据库时，它将获取正在创建的数据库用户的名称和 ID。

WITHOUT LOGIN：指定不将用户映射到现有登录名。

(1) 为数据库 BookShop 创建一个与登录名 mylogin 关联的数据库用户，名为“bookuser”。完成语句如下：

```
USE BookShop
GO
CREATE USER bookuser
FOR LOGIN mylogin
GO
```

(2) 创建与登录名“mylogin”同名的数据库用户。完成语句如下：

```
USE BookShop
GO
CREATE USER mylogin
GO
```

**2. 修改数据库用户**

使用 ALTER USER 语句可以改变数据库用户名和密码。基本语句格式如下：

```
ALTER USER 数据库用户名
WITH <修改项> [, ...n]
```

将数据库用户“bookuser”改名为“b_user”。完成语句如下：

```
USE BookShop
GO
ALTER USER bookuser
WITH NAME= b_user
GO
```

**3. 删除数据库用户**

DROP USER 语句用于删除数据库中指定的用户。它不删除数据库中此用户所有的表、视图或其他对象。基本语句格式如下：

```
DROP USER 数据库用户名
```

从 BookShop 数据库删除创建的数据库用户“b_user”，完成语句如下：

```
USE BookShop
GO
DROP USER b_user
```

**4. 查看数据库用户**

在查询分析器中输入 sp_helpuser，可以列出数据库中所有的数据库用户账户，如图 11-16 所示。

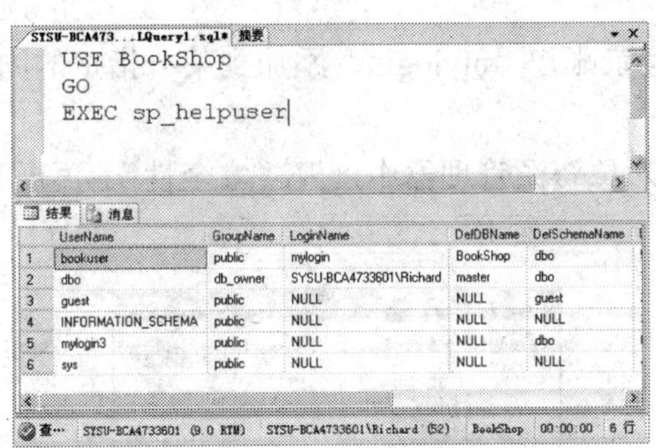


图 11-16 查看数据库用户账户

# 任务 11.4 掌握角色管理

角色可以将用户集中到一个单元中，然后对单元应用权限，这些用户称为该角色的成员。当对该角色进行权限设置时，其成员自动继承该角色的权限。这样，只要对角色进行权限管理，就可以实现对属于该角色的所有成员的权限管理，大大减少了管理员的工作量。

SQL Server 中有两种类型的角色，即服务器角色和数据库角色。

(1) 服务器角色。由服务器账户组成的组，负责管理和维护 SQL Server 组。

(2) 数据库角色。由数据库成员组成的组，其中成员可以是用户或者其他数据库角色。

## 11.4.1 服务器角色

SQL Server 2005 系统提供了 8 个固定的服务器角色。这些角色是对服务器级用户及登录而言的，是指在登录时授予该登录账户对服务器范围内的权限。这类角色可以在服务器上进行相应的管理操作，完全独立于具体的数据库，不能被增加、删除和修改。

固定服务器角色的信息存储在 master 数据库的 sysxlogins 系统表中。常用的固定服务器角色如表 11-1 所示。

表 11-1 固定服务器角色

| 固定服务器角色 | 说 明 | 描 述 |
|---|---|---|
| sysadmin | 系统管理员 | 执行 SQL Server 中的任何活动 |
| serveradmin | 服务器管理员 | 配置服务器范围内的配置选项以及关闭服务器 |
| setupadmin | 安装程序管理员 | 添加和删除连接服务器，并且可以执行某些系统存储过程 |
| securityadmin | 安全管理员 | 管理登录和创建数据库的权限，还可以读取错误日志和更改密码 |
| processadmin | 进程管理员 | 可以管理在 SQL Server 中运行的进程 |
| dbcreator | 数据库创建者 | 可以创建、更改和删除数据库 |
| diskadmin | 磁盘管理员 | 可以管理磁盘文件 |
| bulladmin | BULL INSERT 操作员 | 可以执行 BULL INSERT(大容量插入)语句 |

### 1. 使用 SSMS 向固定服务器角色添加成员

**【例 11-4-1】**在 SQL Server 2005 中使用 SSMS，将登录名“mylogin”添加到“dbcreator”固定服务器角色。

可以使用 SSMS 将登录账户“mylogin”添加到某一指定的固定服务器角色作为其成员。具体操作步骤如下：

(1) 启动 SSMS，在对象资源管理器中展开“安全性”，再展开“服务器角色”节点，如图 11-17 所示。

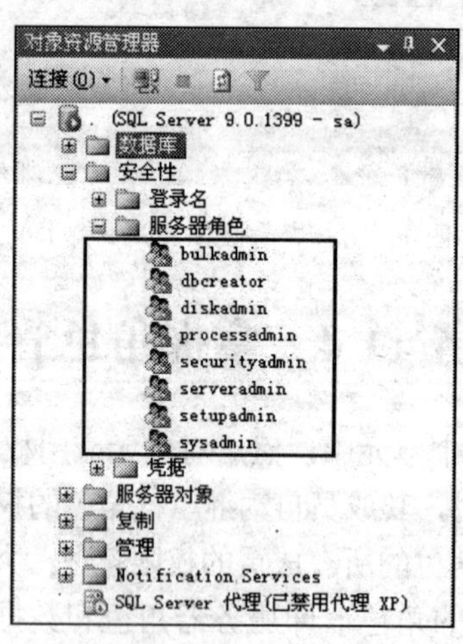


图 11-17 查看服务器角色

(2) 鼠标右键单击“dbcreator”，选择属性，在弹出的“服务器角色属性- dbcreator”对话框中，单击“浏览”按钮，打开“选择登录名”对话框。单击“浏览”按钮，从中选择要添加到 dbcreator 服务器角色的登录名“mylogin”，如图 11-18 和 11-19 所示。

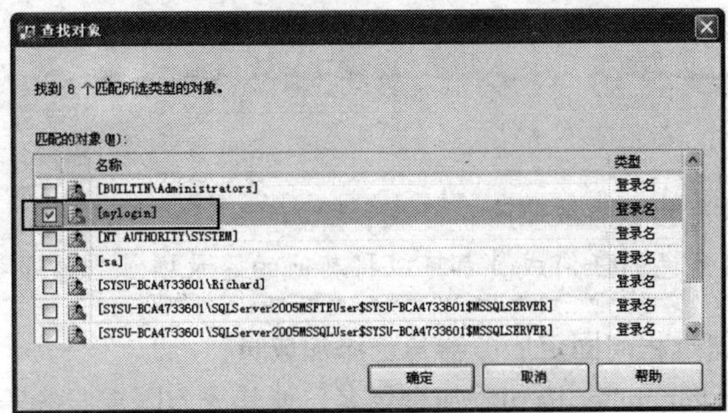


图 11-18　查找对象

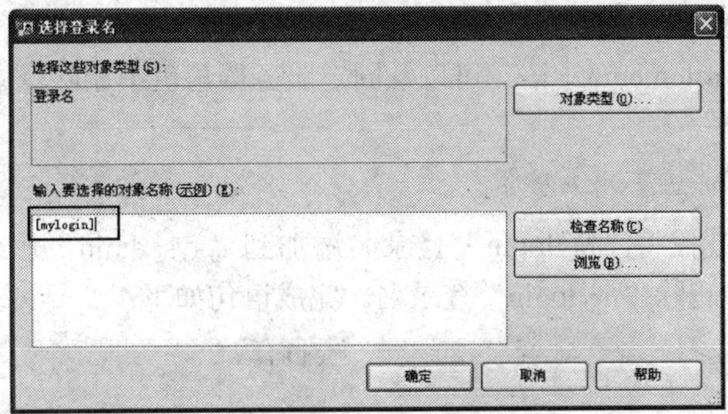


图 11-19　选择登录名

(3) 单击“确定”后，即可在“服务器角色属性- dbcreator”对话框中看到要添加的登录名，如图 11-20 所示。

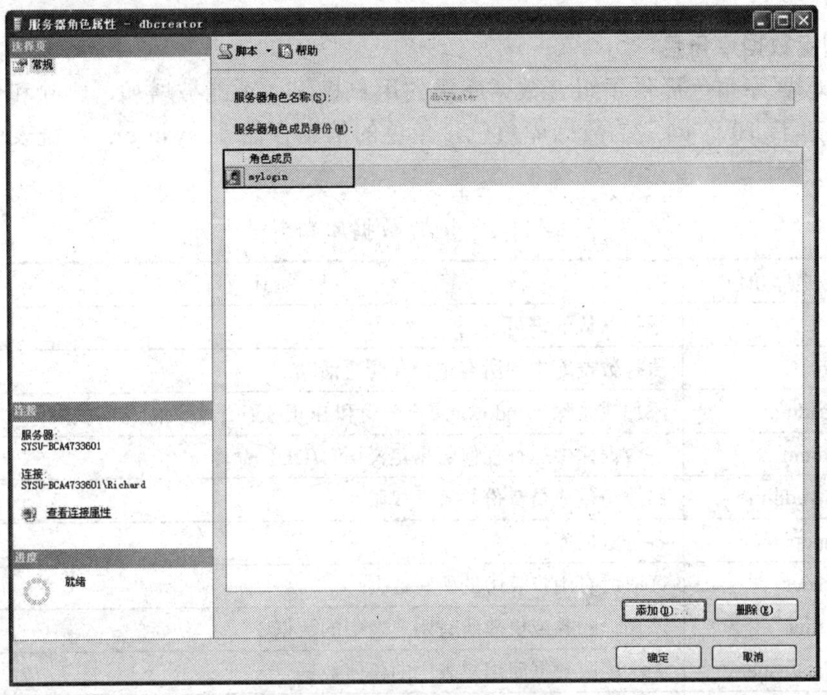


图 11-20　查看 dbcreator 属性

(4) 单击“删除”后，可以将该登录从该角色的成员中删除。

● 固定服务器角色不能被删除、修改和增加；

● 固定服务器角色的任何成员都可以将其他的登录增加到该服务器角色中。

2. 使用系统存储过程向固定服务器角色添加成员

使用 sp_addsrvrolemember 语句添加登录名，使其成为固定服务器角色的成员，其语句格式如下：

```
sp_addsrvrolemember 登录名 服务器角色
```

使用 sp_dropsrvrolemember 语句可以从固定服务器角色中删除登录账户，其语法格式如下：

```
sp_dropsrvrolemember 登录名 服务器角色
```

使用系统存储过程将“mylogin”登录名添加到“sysadmin”服务器角色中，并从“dbcreator”角色中删除“mylogin”登录名。完成语句如下：

```
EXEC sp_addsrvrolemember ' mylogin ', ' sysadmin '
GO
EXEC sp_dropsrvrolemember ' mylogin ', ' dbcreator '
GO
```

## 11.4.2 数据库角色

### 1. 固定数据库角色

固定数据库角色提供了组合数据库级的用户权限，不能被增加、删除和修改。系统默认创建了 10 个固定的数据库角色，角色的信息存储在 sysusers 系统表中，如表 11-2 所示。

表 11-2 固定数据库角色

| 固定数据库角色 | 描 述 |
|---|---|
| public | 维护默认的许可 |
| db_owner | 执行数据库中的所有维护和配置活动 |
| db_accessadmin | 添加或删除 Windows 用户、组和 SQL Server 登录的访问权限 |
| db_addladmin | 在数据库中运行任何数据定义语言(DDL)命令 |
| db_securityadmin | 修改角色成员身份并管理权限 |
| db_backupoperator | 备份数据库 |
| db_datareader | 读取所有用户表中的所有数据 |
| db_datawriter | 添加、删除或更改所有用户表中的数据 |
| db_denydatareader | 无法读取数据库用户表中的任何数据 |
| db_denydatawriter | 无法添加、修改或删除任何用户表或视图中的数据 |

**【例 11-4-2】**在 SQL Server 2005 中使用 SSMS，将 BookShop 数据库用户名“bookuser”添加到“db_owner”固定数据库角色。

在SSMS的对象资源管理器中可以查看固定数据库角色，还可以将某些数据库用户添加到固定数据库角色中，使数据库用户成为该角色的成员，也可以将固定数据库角色的成员删除。

将BookShop数据库用户名“bookuser”添加到“db_owner”固定数据库角色，具体操作步骤如下：

(1) 启动 SSMS，依次展开“数据库”→“BookShop”→“安全性”→“角色”→“数据库角色”节点，如图 11-21 所示。

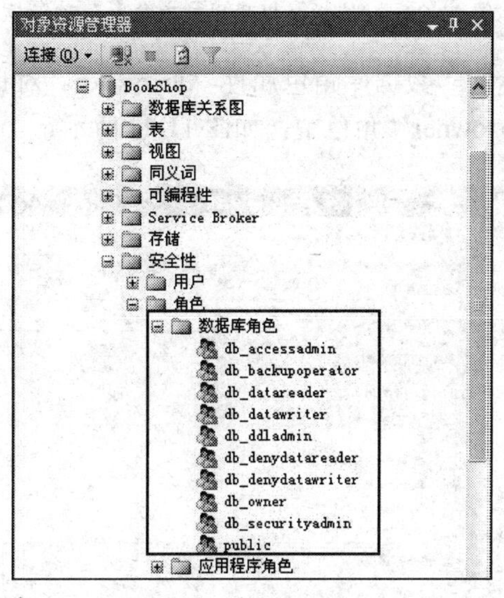


图 11-21　数据库用户角色

(2) 右击“db_owner”，选择“属性”命令，打开“数据库角色属性- db_owner”对话框。单击“添加”按钮，打开“选择数据库用户或角色”对话框，选择“浏览”，在列表中选择指定的登录名“bookuser”，如图 11-22 和 11-23 所示。

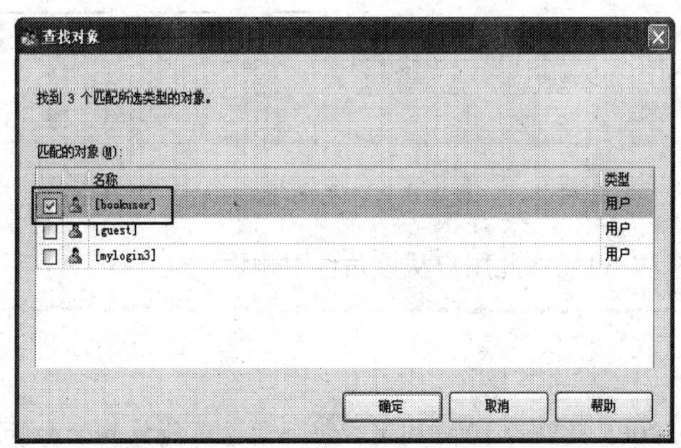


图 11-22　“查找对象”对话框

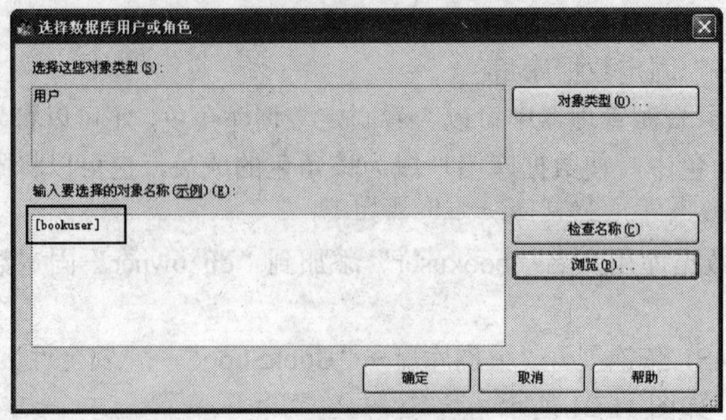


图 11-23 “选择数据库用户或角色”对话框

(3) 单击“确定”，返回“数据库角色属性- db_owner”对话框，可以看到已将用户“bookuser”添加到“db_owner”角色中，如图 11-24 所示。

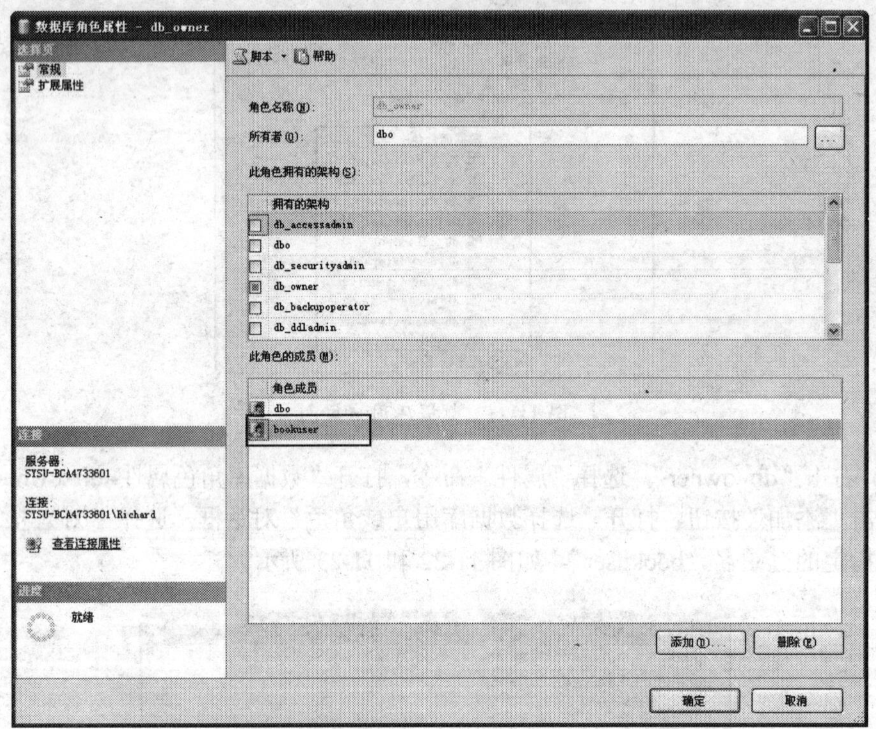


图 11-24 “数据库角色属性- db_owner”对话框

(4) 单击“删除”，可以将此用户从该角色中删除。

**提示**

- SQL Server 2005 提供的 10 种固定数据库角色不能被删除和修改。
- 固定数据库角色的成员可以增加其他用户到该角色中。

### 2. 用户定义的数据库角色

在许多情况下，固定数据库角色不能满足要求，需要用户自定义新的数据库角色。

**【例 11-4-3】**在 SQL Server 2005 中使用 SSMS，创建用户定义数据库角色，命名为“admin”。

创建用户定义数据库角色具体操作步骤如下：

(1) 在 SSMS 的对象资源管理器中依次展开“数据库”→“BookShop”→“安全性”→“角色”节点。右击“角色”节点，在弹出的快捷菜单中选择“新建数据库角色”命令。如图 11-25 所示。

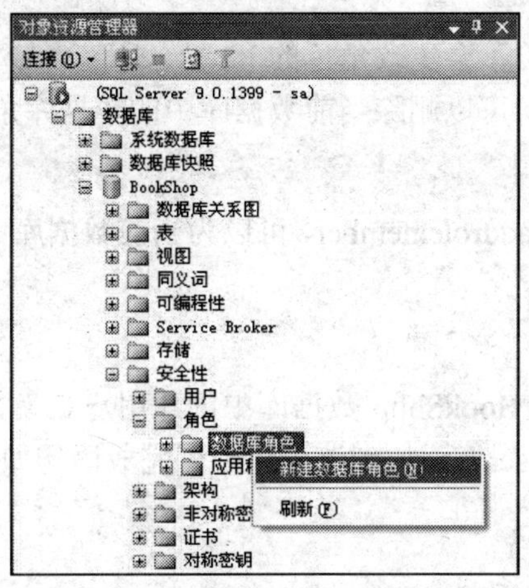


图 11-25　“新建数据库角色”命令

(2) 在弹出的“数据库角色—新建”对话框中，输入新角色名称、所有者、角色拥有的架构等信息，还可以添加数据库用户到这个角色中，如图 11-26 所示。

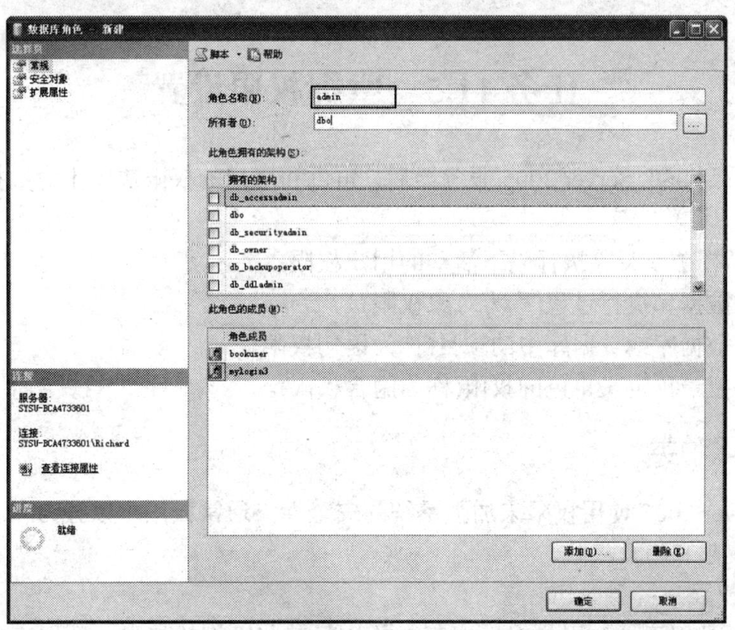


图 11-26　“数据库角色—新建”对话框

(3) 单击“确定”按钮，完成数据库角色的创建。

### 3. 使用 T-SQL 管理数据库角色

CREATE ROLE 语句用于定义一个新的数据库角色。基本语句格式如下：

```
CREATE ROLE 角色名 [AUTHORIZATION 所有者名]
```

AUTHORIZATION 所有者名：将拥有新角色的数据库用户或角色。如果未指定用户，则执行 CREATE ROLE 的用户将拥有该角色。

使用 ALTER ROLE 语句可以修改当前数据库中的数据库角色。基本语句格式如下：

```
ALTER ROLE 角色名 WITH NAME=新名称
```

更改数据库角色的名称不会更改角色的 ID 号、所有者或权限。

使用 DROP ROLE 语句可以删除当前数据库中的数据库角色。基本语句格式如下：

```
DROP ROLE 角色名
```

使用系统存储过程sp_addrolemember，可以为当前数据库中的数据库角色添加数据库用户。基本语句格式如下：

```
sp_addrolemember 角色名，账户名
```

例如，使用 T-SQL 在 BookShop 数据库中创建用户定义数据库角色“admin”，并将所建的数据库用户“bookuser”添加到该角色中。完成语句如下：

```
USE BookShop
GO
CREATE ROLE admin
GO
EXEC sp_addrolemember 'admin ', ' bookuser '
GO
```

# 任务 11.5　掌握权限设置

用户登录到 SQL Server 2005 服务器后，角色和用户的权限决定了对数据库所能执行的操作权限。

权限包括授予或废除执行以下活动的用户权限：

(1) 处理数据和执行过程(称为对象权限)。

(2) 创建数据库或数据库中的项目(称为语句权限)。

(3) 利用授予预定义角色的权限(称为隐含权限)。

## 11.5.1　权限种类

SQL Server 2005 使用权限来加强系统的安全性，通常权限可以分为三种类型：对象权限、语句权限和隐含权限。

### 1. 对象权限

对象权限是用于控制用户对数据库对象执行某些操作的权限。数据库对象类型包括

数据库、表、视图、存储过程、函数等。

对象权限是针对数据库设置的，它由数据库对象所有者授予或撤销。对象权限适用的数据库对象和 T-SQL 语句如表 11-3 所示。

表 11-3　对象权限适用的数据库对象和语句

| 语　句 | 数据库对象 | 语　句 | 数据库对象 |
|---|---|---|---|
| SELECT | 表、视图、表和视图中的列 | DELETE | 表、视图 |
| UPDATE | 表、视图、表的列 | REFERENCE | 表 |
| INSERT | 表、视图 | EXECUTE | 存储过程 |

### 2. 语句权限

数据库或数据库中的项(如表或存储过程)所涉及的活动要求的权限称为语句权限。语句权限用于语句本身，它只能由 sa 或 dbo 授予或撤销。语句权限的授予对象一般为数据库角色或数据库用户。语句权限适用的 T-SQL 语句如表 11-4 所示。

表 11-4　语句权限适用的 T-SQL 语句

| 语　句 | 权 限 说 明 | 语　句 | 权 限 说 明 |
|---|---|---|---|
| BACKUP DATABASE | 允许用户备份数据库 | CREATE PROCEDURE | 允许用户创建存储过程 |
| BACKUP LOG | 允许用户备份事务日志 | CREATE RULE | 允许用户创建规则 |
| CREATE DATABASE | 允许用户创建数据库 | CREATE TABLE | 允许用户创建表 |
| CREATE DEFAULT | 允许用户创建默认对象 | CREATE VIEW | 允许用户创建视图 |
| CREATE FUNCTION | 允许用户创建用户定义函数 | | |

### 3. 隐含权限

隐含权限控制那些只能预定义系统角色的成员或数据库对象所有者执行的活动。例如，sysadmin 固定服务器角色成员自动继承在 SQL Server 2005 安装中进行操作或查看的全部权限。

在 SQL Server 2005 中，数据库对象所有者及服务器固定角色均具有隐含权限，可以对所拥有的对象执行一切活动。例如，拥有表的用户可以查看、添加或删除数据，更改表定义或控制允许其他用户对表进行操作的权限。

## 11.5.2　使用管理工具设置权限

**【例 11-5-1】**使用 SQL Server Management Studio 管理数据库 BookShop 中 Customers 表的权限。

使用 SSMS 管理工具实现对象权限管理的操作步骤如下：

(1) 启动 SSMS，在对象资源管理器中依次展开“数据库”→“BookShop”→“表”→“Customers”节点。右击“Customers”，选择“属性”，如图 11-27 所示。

(2) 在弹出的“表属性—Customers”对话框中选择“权限”选项板，如图 11-28 所示。窗口上部的“用户和角色”列表中显示的是对该数据对象有权限的用户和角色。选择其中一个用户或角色，对话框下部显示其对该数据库的权限，可以对权限进行重新设置。

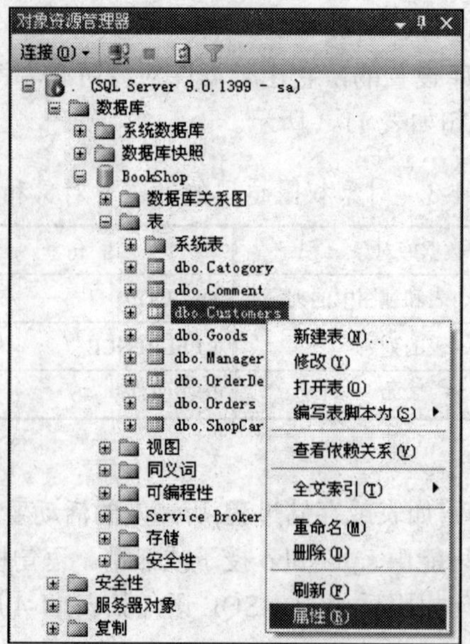


图 11-27　Customers 表属性命令

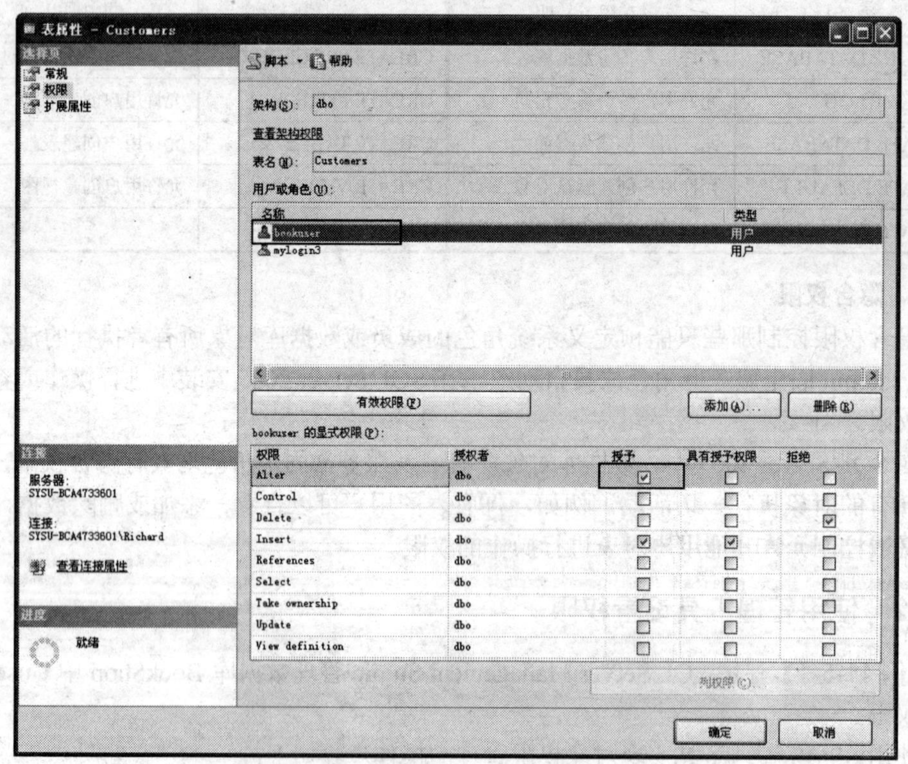


图 11-28　“表属性—Customers”对话框

(3) 窗口的下方是有关数据库用户和角色所对应的权限表。这些权限均以复选框的形式表示。每种权限都有“授予”、“具有授予权限”、“拒绝”三个复选框，含义与数据库角色中意义相同。

(4) 设置完成后，单击“确定”按钮。

## 11.5.3　使用 T-SQL 语句设置权限

### 1. 授予权限

授予权限的操作可通过 GRANT 语句来完成。基本语句格式如下：

```
GRANT <permission> ON <object> TO<user>
```

参数含义：

Rmission：权限的名称。

object 被授权的对象，可以是表、视图、列或存储过程。

user：被授权的一个或多个用户或组。

(1) 语句授权。使用 T-SQL 语句授予用户 bookuser 对数据库 BookShop 创建数据表的权限。完成语句如下：

```
USE BookShop
GO
GRANT CREATE TABLE
TO bookuser
GO
```

(2) 对象授权。使用 T-SQL 语句授予用户 bookuser 对数据库 BookShop 创建数据表 Customers 的权限。完成语句如下：

```
USE BookShop
GO
GRANT CREATE TABLE
ON Customers
TO bookuser
GO
```

### 2. 拒绝权限

拒绝权限在一定程序上类似于废除权限，但是这种设置拥有最高优先权，即只要制定一个保护对象拒绝一个用户或者角色访问，则即使该用户或者角色被明确授予某种权限，仍然不允许执行相应的操作。

拒绝权限的基本语句格式如下：

```
DENY <permission> ON <object> TO<user>
```

参数含义同 GRANT 语句。

(1) 拒绝语句权限。使用 T-SQL 语句拒绝用户 bookuser2(如果没有这个用户，应该先添加这个用户)对数据库 BookShop 创建数据表的权限。完成语句如下：

```
USE BookShop
GO
DENY CREATE TABLE
TO bookuser2
GO
```

(2) 拒绝对象权限。使用 T-SQL 语句拒绝用户 bookuser 对数据库 BookShop 中数据表 Goods 的插入和删除权限。完成语句如下：

```
USE BookShop
GO
DENY INSERT, DELETE
ON Goods
TO bookuser
GO
```

可以使用 DENY 语句限制用户或角色的某些权限。这样不仅删除了以前授予用户或角色的某些权限，而且禁止这些用户或角色从其他角色继承被禁止的权限。

**3. 撤销权限**

在撤销前给当前数据库内的用户授予或拒绝的权限称为撤销权限。可通过 REVOKE 语句来完成任务。

撤销权限的基本语句格式如下：

```
REVOKE <permission> ON <object> TO<user>
```

参数含义同 GRANT 语句。

(1) 撤销语句权限。使用 T-SQL 语句撤销用户 bookuser 对数据库 BookShop 的 CREATE TABLE 语句权限。完成语句如下：

```
USE BookShop
GO
REVOKE CREATE TABLE
TO bookuser
GO
```

(2) 撤销对象权限。使用T-SQL语句撤销用户“bookuser”对数据库BookShop中 Customers表删除的语句权限。完成语句如下所示。

```
USE BookShop
GO
REVOKE DELETE
ON Customers
TO bookuser
GO
```

撤销权限的作用是删除用户或角色的指定权限。但是，撤销权限仅仅删除用户或角色拥有的某些权限，并不禁止用户或角色通过其他方式继承已被撤销的权限。

# 项目实训 11　数据库的安全管理

## 一、实训目的

1. 了解 SQL Server 2005 的身份验证模式以及设置方式。
2. 掌握创建和管理登录账户的方法。
3. 掌握创建和管理数据库账户的方法。
4. 掌握创建和管理服务器角色和数据库角色的方法。
5. 掌握授予、拒绝和撤销权限的方法。

## 二、实训内容

**1. 创建登录账户**。

(1) 使用对象资源管理器创建 SQL Server2005 身份验证模式的登录，其中登录名称是 Lib_Login1，密码是 123456，默认的数据库是 Library，其他使用默认值。

(2) 使用T-SQL语句CREATE LOGIN创建登录，其登录名为Lib_Login2，密码是123456，默认的数据库是Library，其他使用默认值。在“查询”窗口中输入和执行语句，并在对象资源管理器中显示其结果。

**2. 创建和管理数据库用户**。

(1) 在数据库Library中，使用SSMS创建与登录名Lib_Login1对应的数据库用户Lib_User1。

(2) 在数据库Library中，使用T-SQL创建与登录名Lib_Login2对应的数据库用户Lib_User2。

(3) 使用T-SQL语句查看BookShop数据库中数据库用户的信息。

**3. 设置数据库用户角色**。

(1) 将数据库用户 Lib_User1 添加到 db_owner 角色中。

(2) 使用 T-SQL 在 BookShop 数据库中创建用户定义数据库角色 Lib_role。

(3) 使用系统存储过程将数据库用户 Lib_User2 添加到“Lib_role”角色中。

**4. 设置权限**。

(1) 使用 SSMS 授予数据库用户 Lib_User1 对 Book 表的查询和更新权限。

(2) 使用 T-SQL 授予数据库用户 Lib_User2 对 ReaderInfo 表的插入和修改权限，并查看授权后的 ReaderInfo 表的权限属性。

(3) 使用 T-SQL 拒绝数据库用户 Lib_User2 对 ReaderInfo 表的删除权限，并查看授权后的 ReaderInfo 表的权限属性。

(4) 使用 T-SQL 撤销数据库 Lib_User2 对 BorrowReturn 表的修改权限，并查看授权后的 BorrowReturn 表的权限属性。

(5) 撤销所有用户对 BorrowReturn 表的查询权限。

## 三、实训小结

结合操作的实际情况，写出实训小结。

# 练 习 题

## 一、选择题

1. SQL Server 2005 系统提供了(　　)个固定的服务器角色。

A. 9　　B. 8　　C. 7　　D. 10

2. 连接 SQL Server 服务器时，(　　)安全认证模式不用输入密码。

A. Windows　　B. SQL Server

C. 域用户登录　　D. SQL Server 数据库用户登录

3. 以下关于授权的说法，正确的是(　　)。

A. 授予一个用户权限需要具有该权限的授予权限的用户操作

B. 权限的授予只能由单个用户进行

C. 撤销角色的某一权限，该角色成员用户的权限不受影响

D. 撤销用户的权限时，该用户授予其他用户的权限将一并被撤销

4. 下列不属于 SQL Server 中权限类型的是(　　)。

A. 隐含权限　　B. 对象权限

C. 语句权限　　D. 用户定义权限

5. SQL Server 服务器登录账户默认的数据库角色为(　　)。

A. public　　B. db_owner

C. db_accessadmin　　D. db_securityadmin

## 二、填空题

1. SQL Server 2005 用户安全认证有两种模式，分别是＿＿＿＿＿与＿＿＿＿＿。

2. SQL Server 2005 为用户提供了两类角色，分别为＿＿＿＿＿与＿＿＿＿＿。

3. ＿＿＿＿＿角色可以进行大容量的插入操作。

4. SQL Server 2005 权限管理的语句是授予权限 GRANT、拒绝权限＿＿＿＿＿和撤销权限＿＿＿＿＿。

5. 使用＿＿＿＿＿存储过程可以查询登录账户的信息，使用＿＿＿＿＿存储过程可以查询数据库用户的信息。

## 三、设计题

在“图书管理系统”中，完成以下操作：

(1) 在数据库 Library 中创建角色 Reader，授予其对表 BookBorrow 查询权限。

(2) 创建数据库用户 Stu_1、Stu_2，使它们成为角色 Reader 的成员，测试 Stu_1 和 Stu_2 的权限。

(3) 在数据库 Library 创建一个组 testgroup，并将用户 Stu_1 和 Stu_2 设置为该组成员，设置 testgroup 可以访问 Library 数据库，并设置该用户为 Library 的 db_owner 的角色，然后测试该用户组的访问情况。例如，可测试用户 Stu_2 是否可以访问 model 数据库，是否可以访问 master 数据库。

# 参 考 文 献

[1] 刘志成．SQL Server 实例教程．北京：电子工业出版社，2011．

[2] 郑阿奇．SQL Server 实用教程(第 3 版)．北京：电子工业出版社，2009．

[3] 马军．SQL 语言与数据库操作技术大全．北京：电子工业出版社，2008．

[4] 北京阿博泰克北大青鸟信息技术有限公司．SQL Server 数据库设计和高级查询．北京：科学技术文献出版社，2008．

[5] 梁竞敏．SQL Server 2005 数据库任务化教程．北京：中国水利水电出版社．2009．

[6] 李存斌．数据库应用技术——SQL Server 2005 实用教程．北京：中国水利水电出版社．2006．

[7] 岳国英．数据库与 SQL Server2005 实用教程．北京：中国电力出版社．2010．

[8] 周奇．SQL Server 2005 数据库及应用．北京：清华大学出版社．2009．

[9] 赵森．SQL Server 2005 程序设计教程．北京：冶金出版社．2006．

[10] 苗雪兰．数据库系统原理及应用教程．北京：机械工业出版社，2003．

马检
1